住房和城乡建设领域"十四五"热点培训教材

新时期乡村建设工匠
知识与技能提升

青海省住房和城乡建设厅　组织编写

张连忠　主编

中国建筑工业出版社

图书在版编目（CIP）数据

新时期乡村建设工匠知识与技能提升 / 青海省住房
和城乡建设厅组织编写；张连忠主编. -- 北京：中国
建筑工业出版社，2025. 6. --（住房和城乡建设领域"
十四五"热点培训教材）. -- ISBN 978-7-112-31192-7

Ⅰ. TU

中国国家版本馆 CIP 数据核字第 2025Q9F475 号

本书内容主要包括五部分：基础知识，涵盖职业道德、房屋构造、工程材料等知识；职业技能，包含泥瓦工、钢筋工、木工、水电安装工等岗位技能；建筑安全与防灾减灾；建筑修缮、加固和修复以及河湟建筑文化保护。

本书系统性、实用性强，可作为乡村建设工匠的培训教材，也可作为乡村施工管理人员、施工操作人员的培训教材及相关人员自学用的辅导材料。

责任编辑：赵云波

责任校对：张　颖

住房和城乡建设领域"十四五"热点培训教材

新时期乡村建设工匠知识与技能提升

青海省住房和城乡建设厅　组织编写

张连忠　主编

*

中国建筑工业出版社出版、发行（北京海淀三里河路 9 号）

各地新华书店、建筑书店经销

北京科地亚盟排版公司制版

天津安泰印刷有限公司印刷

*

开本：787 毫米×1092 毫米　1/16　印张：14¾　字数：363 千字

2025 年 6 月第一版　　2025 年 6 月第一次印刷

定价：**56.00** 元

ISBN 978-7-112-31192-7

（44799）

前 言

新时代,乡村振兴战略已成为我国推动城乡融合发展、实现中华民族伟大复兴的重要举措。为落实《住房和城乡建设部 人力资源和社会保障部关于加强乡村建设工匠培训和管理的指导意见》(建村规〔2023〕5 号)的要求,进一步规范乡村建设工匠培训工作,大力培育乡村建设工匠队伍,更好地服务农房和村庄建设,根据《乡村建设工匠培训大纲》(2024)的要求,我们组织青海建筑职业技术学院教师及建筑设计、施工、项目管理等企业人员编写了《新时期乡村建设工匠知识与技能提升》。

本教材根据乡村振兴要求,紧贴近年来乡村建设中应用的新材料、新技术、新规范,考虑到乡村建设工匠的专业知识水平,力求贴近乡村建设工作实际,以图文并茂的形式,对乡村建设工匠相关知识进行了系统介绍。本教材内容共五部分,包括:基础知识、职业技能、建筑安全与防灾减灾、建筑修缮、加固和修复、河湟建筑文化保护。教材从传统建筑工艺传承创新到现代技术融合应用,均有涉及。旨在助力乡村建设工匠全面系统掌握专业技能,同时,结合国家与地方建设规范及质量标准,确保工匠打造高质量乡村建设工程。期望通过学习,使工匠们提升技能,成为乡村振兴的坚实力量,为建设美丽宜居乡村贡献智慧与汗水。

本教材由青海省住房和城乡建设厅组织编写,由青海建筑职业技术学院张连忠任主编,青海建筑职业技术学院马贵、马喜宁任副主编。主要编写人员有青海建筑职业技术学院宋洁萱、李晋、张献芮、施文君、张艳霞、赵雪燕、包平、张奎,青海卓览建设工程有限公司王强,青海锦迈建设工程有限公司张丽妍,青海明轮藏建建筑设计有限公司杨启恩,青海忻贤建设工程有限公司贺咏梅。

全书系统性、实用性强,可作为乡村建设工匠的培训教材,也可作为相关乡村施工管理人员、施工操作人员的培训教材及相关人员自学辅导材料。

书中不妥与疏漏之处,热忱欢迎读者批评、指正。

编者

2025 年 1 月

目　　录

第1部分 基 础 知 识

1.1 职业道德基本知识

1.1.1 职业道德概述

职业道德是从业人员在职业活动中应该遵循的行为准则，涵盖了职业活动中的各个方面，它不仅规范着从业者的行为，更是保障行业健康发展、维护社会公共利益的重要基石。

在乡村建设领域，职业道德具有重要的意义。乡村建设工作直接关系到广大农民群众的生活质量、乡村的整体面貌以及乡村经济社会的可持续发展。乡村建设工匠秉持良好的职业道德，能够确保各项建设工程的质量，提升乡村建设的整体水平，为乡村振兴战略的实施奠定坚实基础。

1.1.2 职业道德主要范畴

1. 职业理想

乡村建设工匠应树立为改善乡村居住环境、推动乡村发展而努力的职业理想，明确自身工作对于乡村建设的重要性，将个人的职业发展与乡村振兴的伟大事业紧密相连，以打造美丽宜居乡村为目标，不断激励自己在工作中追求卓越。

2. 职业态度

保持积极认真、严谨负责的职业态度至关重要。对待每一个建设项目，无论大小，都要全身心投入，注重细节，严格把控工程质量，做到不敷衍、不马虎，以高度的责任心确保乡村建设工程的顺利进行和高质量完成。

3. 职业义务

乡村建设工匠有义务遵守国家相关法律法规、行业规范以及乡村建设的各项规章制度。同时，还应积极履行对雇主、对村民、对社会的责任，如按期保质保量完成工程任务、保障施工安全、保护乡村生态环境等。

4. 职业纪律

严格遵守施工现场的纪律要求，包括按时上下班、听从指挥调度、不擅自离岗等。在材料使用、施工工艺等方面也必须遵循现行的规范和标准，杜绝违规操作，维护正常的施工秩序。

5. 职业良心

职业良心是一种内在的道德约束机制。乡村建设工匠要凭良心做事，在工程质量、造价控制等方面做到问心无愧。不偷工减料、不以次充好，即使在无人监督的情况下，也能坚守道德底线，确保建设工程经得起时间和实践的检验。

1.1.3　乡村建设工匠职业道德

乡村建设工匠的职业道德除了具备一般职业道德的共性要求外，还有其自身的特点。

首先，要具有深厚的乡土情怀。乡村是工匠们成长和服务的地方，对乡村的热爱和对乡亲们的责任感是推动他们做好乡村建设工作的内在动力。乡村建设工匠应充分了解乡村的文化习俗、地理环境等特点，在建设过程中注重保护乡村的传统文化元素，让新建的乡村设施与乡村整体风貌相协调。

其次，要注重可持续发展理念。在乡村建设中，要考虑资源的合理利用和生态环境的保护。选用环保材料，采用节能施工技术，避免过度开发和破坏乡村的自然资源，为乡村的长远发展留下足够的空间和资源。

最后，要有良好的沟通协作能力。乡村建设往往涉及村民、村委会、投资方等多个方面的利益相关者，乡村建设工匠需要与各方进行有效的沟通，了解他们的需求和期望，及时解决建设过程中出现的问题和矛盾，确保项目能够顺利推进。

1.2　职　业　守　则

1.2.1　爱岗敬业、忠于职守精神

爱岗敬业是乡村建设工匠应具备的首要品质，是对职业的一种高度热爱和全身心投入的态度。乡村建设工匠应热爱自己的工作岗位，对乡村建设事业充满热情，全身心投入到每一个建设项目中。乡村建设工匠应遇到困难和挑战时，都能坚守岗位，努力克服，始终保持积极主动的状态，用心去钻研业务、提升技能，力求把每一项任务都做到尽善尽美。

忠于职守强调从业者对自己岗位责任的坚守和忠诚履行。这要求从业者严格遵守工作中的各项规章制度、操作规程，在其位谋其政，尽心尽力地完成本职工作，不推诿、不敷衍，面对各种诱惑或者外界干扰时，也能坚守岗位底线，维护职业的尊严和荣誉。

1.2.2　工匠协作精神与钻研精神

1. 协作精神

乡村建设是一个系统工程，需要不同工种的工匠们密切配合。在协作过程中，要树立团队意识，尊重其他工匠的专业技能和劳动成果，及时沟通交流施工中的各种情况，如进度安排、技术难题等，共同寻求解决方案。遇到分歧时，要以项目的整体利益为重，通过协商达成一致意见，确保施工的顺利进行。

2. 钻研精神

随着时代的发展和科技的进步，乡村建设也面临着新的要求和挑战。工匠们不能满足于现有的技能水平，要具有钻研精神，不断学习和探索新的施工技术、材料和工艺。

1.2.3　诚实守信精神

诚实守信是乡村建设工匠的立身之本。在与雇主、村民、供应商等打交道的过程中，要做到言行一致，遵守承诺。

在工程报价方面，要提供真实合理的报价，不故意抬高价格，也不恶意压低价格以获取不正当竞争优势。在工程施工过程中，严格按照合同约定的内容执行，包括工程质量、施工工期等方面。如果因为不可抗力等因素导致工程出现变化，要及时与相关方沟通协商，重新确定解决方案，确保各方的合法权益不受侵害。在材料采购方面，要如实向供应商说明所需材料的规格、数量等情况，不弄虚作假。同时，要确保所采购的材料质量符合工程要求，不以次充好，维护良好的市场秩序和自身的信誉。

1.2.4　乡村建设创新精神

乡村建设需要创新精神来推动其不断发展。在新时代，乡村建设的需求和环境都发生了很大变化，传统的建设模式和方法可能无法满足现实需求。乡村建设创新可从以下几个方面进行：

1. 设计创新

结合乡村的地域特色、文化传统和村民的生活习惯，对乡村建筑、公共设施等进行创新性设计，设计出既保留传统乡村建筑风格又融入现代生活元素的民居，或者打造具有独特乡村文化内涵的公共活动空间，让乡村建设更具特色和吸引力。

2. 技术创新

积极探索和应用新的施工技术和工艺。利用先进的节能技术降低乡村建筑的能耗，采用新型的环保材料减少对乡村环境的污染，运用数字化技术提高施工管理的效率和精准度等。

3. 管理创新

在乡村建设项目的管理方面，尝试新的管理模式和方法。引入信息化管理手段，对工程进度、质量、安全等进行实时监控和管理；建立村民参与机制，让村民在建设过程中有更多的发言权和参与权，提高村民对建设项目的满意度和支持度。

通过不断创新，乡村建设工匠能够为乡村建设事业注入新的活力，打造出更加符合新时代要求的美丽宜居乡村。

1.3　房屋构造与识图知识

1.3.1　建筑构造基本知识与结构选型

1. 建筑构造基本知识

（1）建筑基本组成

建筑物一般由基础、墙体、楼板、屋顶、楼梯、门窗等基本部分组成。如图1-1所示。

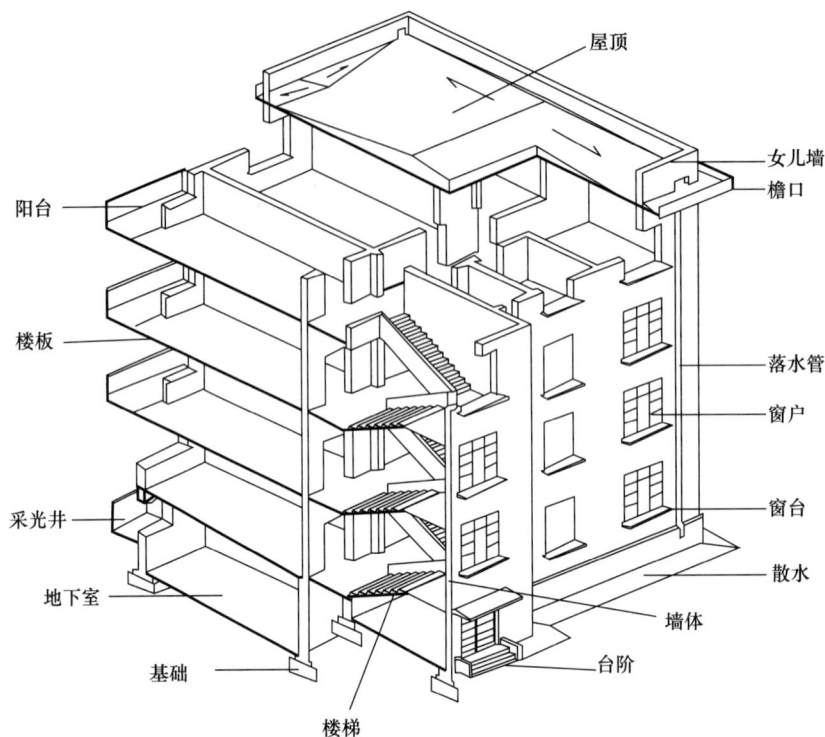

图 1-1　建筑构造组成

1）基础

基础是建筑物最下部的承重结构，其作用是将建筑物的全部荷载安全可靠地传递给地基。

2）墙和柱

墙和柱均属结构竖向构件。墙体是建筑物的竖向围护结构，具有承受竖向荷载、分隔空间、保温隔热、隔声等多种功能。按受力情况可分为承重墙和非承重墙，承重墙承担着建筑物上部结构传来的荷载，非承重墙主要起分隔空间的作用。墙体材料多样，有砖墙、混凝土墙、砌块墙等。柱则是建筑物的竖向承重构件。根据柱所用材料的不同，有砖柱、混凝土柱、钢柱、木柱等。

3）楼板

楼板位于建筑物的楼层之间，是水平承重构件，它将楼层上的荷载传递给梁、柱或墙等构件，并分隔上下楼层空间，为人们提供活动的平面空间。常见的楼板类型有现浇混凝土楼板、预制混凝土楼板、木楼板等，各种类型的楼板各有其特点和适用范围。

4）屋顶

屋顶作为建筑物的顶部结构，起着遮风挡雨、保温隔热、排水等重要作用。屋顶的形式丰富多样，常见的有平屋顶、坡屋顶等，不同形式的屋顶在构造做法和功能实现上有所差异。

5）楼梯

楼梯是建筑物内不同楼层之间的竖向交通设施，要保证人员安全、便捷地上下通行，其由楼梯段、休息平台、栏杆扶手等部分组成，设计和施工时需考虑楼梯的坡度、踏步尺寸、宽度等因素。

6）门窗

门窗是建筑物内外空间的联系和通风采光的重要构件，门主要用于人员和物品的进出，窗用于采光、通风和观景，它们的尺寸、开启方式、材质等均要根据建筑功能和设计要求来确定。

（2）建筑分类

建筑物可以按照不同的标准进行分类。

1）**按使用功能分类**

按使用功能可分为居住建筑（如住宅、公寓等）、公共建筑（如学校、医院、商场、办公楼等）、工业建筑（如厂房、仓库等）和农业建筑（如温室、养殖场等）。不同功能的建筑在空间布局、结构形式、构造要求等方面都有各自的特点，以满足相应的使用需求。

2）**按建筑层数和高度分类**

按建筑层数和高度一般分为单层建筑、多层建筑、中高层建筑、高层建筑和超高层建筑。

住宅建筑按层数分类：根据《民用建筑通用规范》GB 55031—2022，按地上层数或高度分类：一层至三层为低层住宅，四层至九层为多层住宅，十层及十层以上为高层住宅；高度超过 100m 的建筑物为超高层建筑。

3）**按结构形式分类**

按结构形式分类，有砌体结构、框架结构、剪力墙结构、框架-剪力墙结构、筒体结构等。

4）**按建筑材料分类**

按建筑材料分类，有木结构建筑、砌体结构建筑、钢筋混凝土结构建筑、钢结构建筑以及混合结构建筑等。

（3）建筑构造

1）**基础**

基础是建筑物的根基，旨在确保能安全可靠地将建筑物的荷载传递给地基。

① 条形基础：条形基础一般沿墙体连续设置，呈长条状，通常由基础垫层、基础大放脚和基础墙组成，如图 1-2 所示。基础垫层多采用素混凝土浇筑，厚度一般在 100～200mm

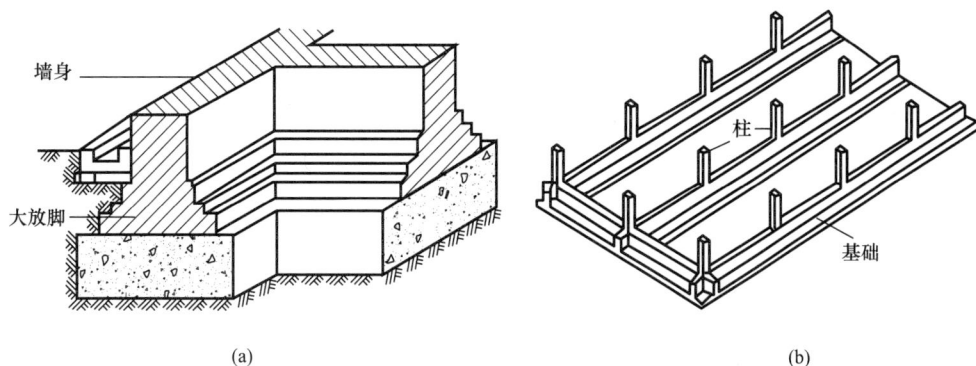

图 1-2 条形基础

（a）墙下条形砖基础；（b）柱下钢筋混凝土条形基础

左右，作用是使基础底面平整，均匀传递压力。基础大放脚有等高式和间隔式（非等高式）两种砌法，通过逐阶向外伸出，增加基础底面宽度，以扩散墙体传来的荷载，如图1-3所示。基础墙则在大放脚之上，其厚度和高度依据上部墙体及荷载情况而定，它与上部墙体相连接，将荷载向下传递。

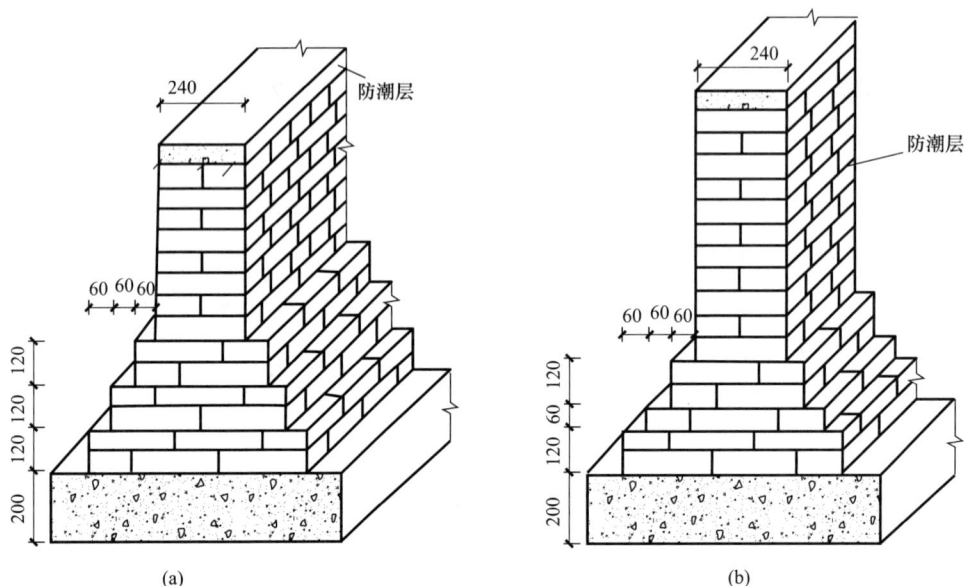

图 1-3　砖基础大放脚

（a）等高式大放脚；（b）非等高式大放脚

条形基础适用于土质较好、上部荷载分布较为均匀且建筑物层数相对较少的情况，能较好地利用地基承载能力，保证结构稳定。

②独立基础：独立基础是单个独立的块状基础，常用于柱下，主要由基础底板、基础短柱等部分构成，如图1-4所示。

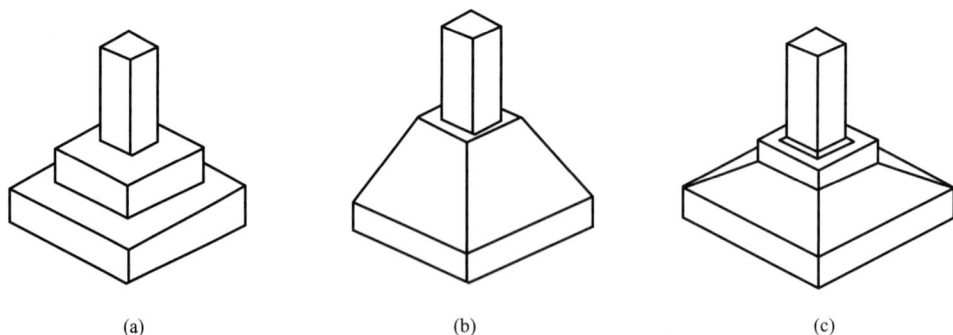

图 1-4　独立基础

（a）阶形基础；（b）锥形基础；（c）杯形基础

基础底板一般为钢筋混凝土结构，其平面形状常见为矩形，厚度根据计算确定，通常在300～800mm之间不等，通过配置双向钢筋网承受来自柱子的荷载并将其扩散到地基。独立基础在框架结构中应用广泛，尤其当各柱荷载相对独立、地基承载力能满足单个基础要求时，独立基础可以灵活布置，方便施工且经济性较好。

③ 筏形基础：筏形基础有平板式和梁板式两种形式，如图 1-5 所示。平板式筏形基础就是一块厚度较大的钢筋混凝土板，厚度可在 400～1000mm，甚至更厚，通过在板内配置上、下两层双向钢筋来承受整个建筑物的荷载，并传递给地基。梁板式筏形基础则是在筏形基础中增设基础梁，基础梁可以增强筏板的抗弯能力，将荷载更合理地分配，梁的高度和宽度根据结构计算确定，一般梁高在 600～1500mm 左右，梁宽在 300～800mm 左右。筏形基础适合上部结构荷载大、地基承载力较低或者对建筑物不均匀沉降要求较高的情况，能够有效地减少不均匀沉降带来的结构隐患。

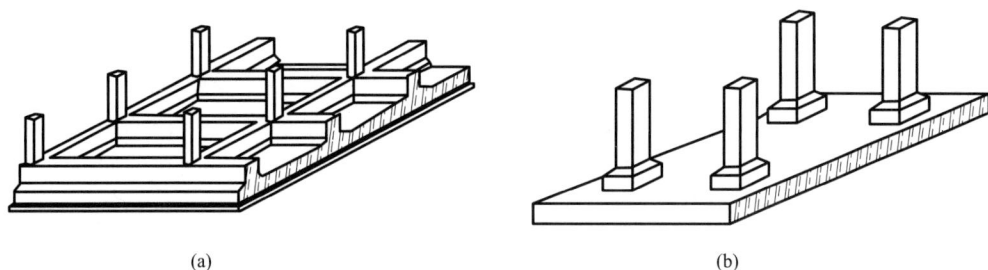

(a)　　　　　　　　　　　　　　　　　　　　(b)

图 1-5　筏形基础
（a）梁板式；（b）平板式

④ 桩基础：桩基础由桩身和承台两部分组成如图 1-6 所示。桩身按施工方式可分为灌注桩和预制桩。

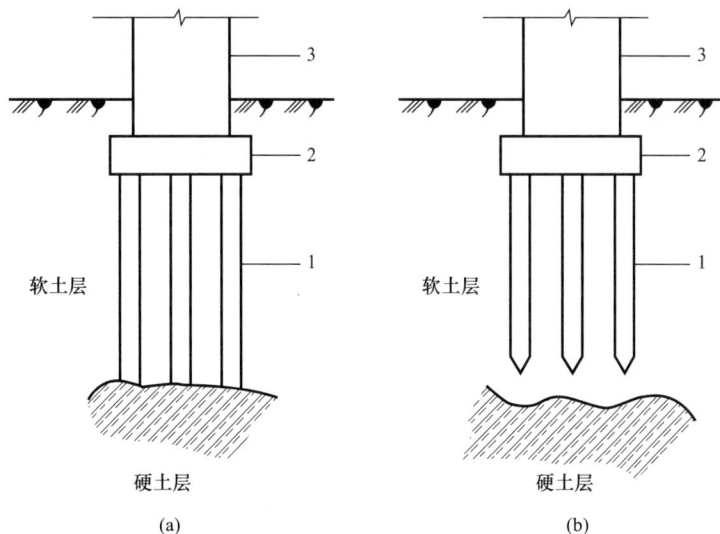

(a)　　　　　　　　　　　　　　　　　　　　(b)

图 1-6　桩基础
（a）端承桩；（b）摩擦桩
1—桩；2—承台；3—上部结构

灌注桩是在施工现场通过机械成孔或人工挖孔后，灌注混凝土而成，桩径一般在 600～1500mm 左右，其长度根据地质条件和设计要求确定，可深入地下较深的持力层。在桩身内部需配置钢筋笼，以增强桩的承载能力。预制桩则是在工厂预先制作，然后运输到现场打入或压入地基土中，常见的预制桩有混凝土预制桩、预应力混凝土管桩等，其截面形状有方形、圆形等，直径或边长一般在 300～600mm 左右。承台是连接桩和上部结构的构件，一般为钢筋混凝土结构，其平面形状根据上部柱子或墙体的布局而定，厚度在 600～1000mm 左右，作用是将上部结构荷载均匀分配到各根桩上。

桩基础多用于地质条件复杂、地基土质软弱（如软土地基）且上部结构荷载很大的建筑物，如高层住宅、大型工业厂房等，依靠桩身将荷载传递到深层的、承载力较高的持力层上，确保建筑物的稳定性。

2）墙和柱

墙和柱是建筑物的竖向承重构件。墙可承担竖向荷载，也能抵抗水平力，当发生地震或风荷载作用时与其他墙协同保持建筑稳定。其围护作用显著，防水防潮，可阻止水分侵入，保温隔热能调节室内温度，还能防风沙、隔声降噪。同时，墙可划分内部空间形成不同功能区，还能引导组织空间活动路线。柱主要起结构支撑作用，且能有效抵抗水平力，与梁配合使建筑在水平作用下稳定。

① 墙体分类

墙体是建筑物的重要组成部分，根据不同的分类标准可以分为多种类型：墙体按在建筑物中的位置和方向，可分为外墙、内墙、纵墙和横墙，如图 1-7 所示；墙体按受力情况，分为承重墙和非承重墙；墙体按不同材料可分为砖墙、混凝土墙、砌块墙、石墙、板材墙等。

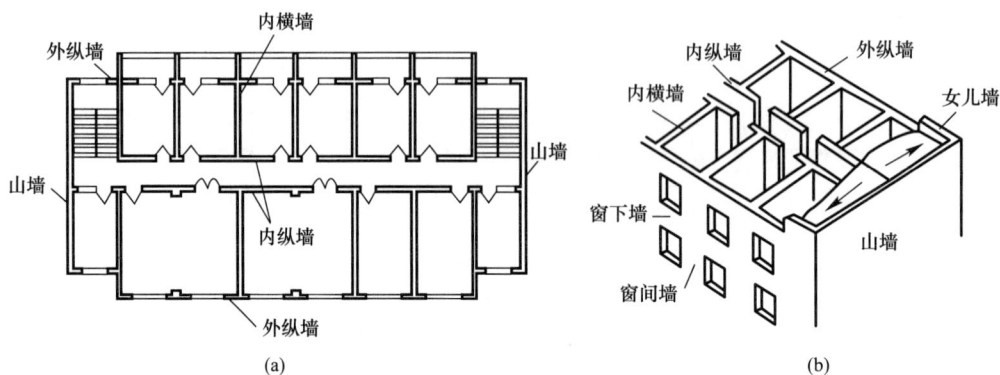

图 1-7　墙体名称

（a）建筑平面图；（b）建筑轴测图

② 墙体细部构造

墙体的细部构造包括勒脚、门窗洞口、墙身加固措施及变形缝构造等。

A. 勒脚：勒脚是指建筑物外墙的墙脚，也就是建筑物的外墙与室外地面或散水部分的接触墙体部位的加厚部分，如图 1-8 所示。

B. 防潮层：墙身防潮的做法是在墙脚铺设防潮层，防止土壤和地面水渗入砖墙体；吸水率较大、对干湿交替作用敏感的砖和砌块不能用于墙脚部位；勒脚还受到地表水和机械力等的影响，所以要求勒脚更加坚固耐久和防潮；外墙周围可采取散水或明沟排除雨水。墙身防潮层的设置位置如图 1-9 所示。

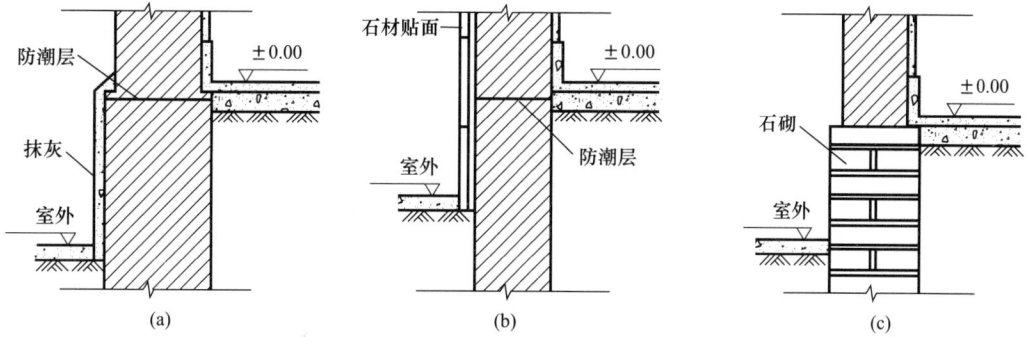

图 1-8　勒脚构造做法

（a）抹灰勒脚；（b）石材贴面勒脚；（c）石砌勒脚

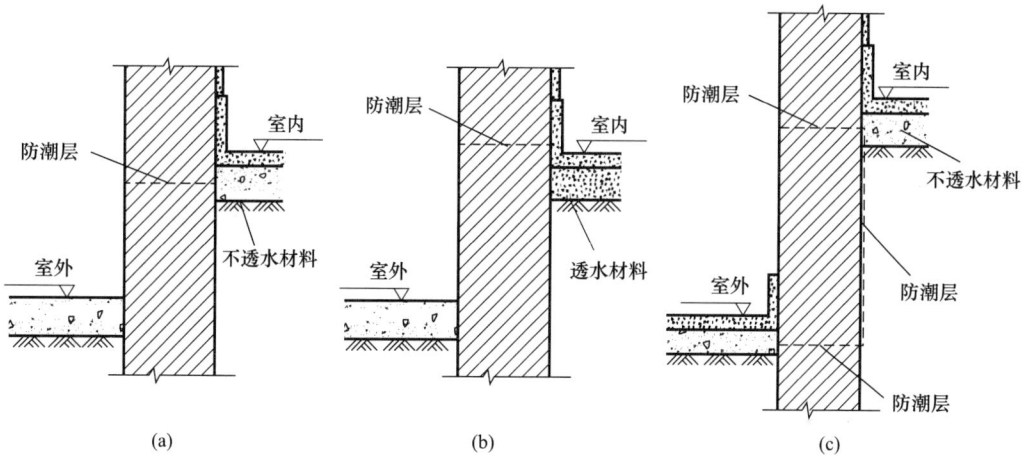

图 1-9　墙身防潮层的设置位置

（a）地面垫层为不透水材料；（b）地面垫层为透水材料；（c）室内地面有高差

C. 散水：散水是与外墙勒脚垂直交接倾斜的室外地面部分，用以排除雨水，保护墙基免受雨水侵蚀。散水的宽度应根据土壤性质、气候条件、建筑物的高度和屋面排水形式确定，一般为 600～1000mm。当屋面采用无组织排水时，散水宽度应大于檐口挑出长度 200～300mm。为保证排水顺畅，一般散水的坡度为 3％～5％左右，散水外缘高出室外地坪 30～50mm。散水常用材料为混凝土、水泥砂浆、卵石、块石等。散水构造做法如图 1-10 所示。

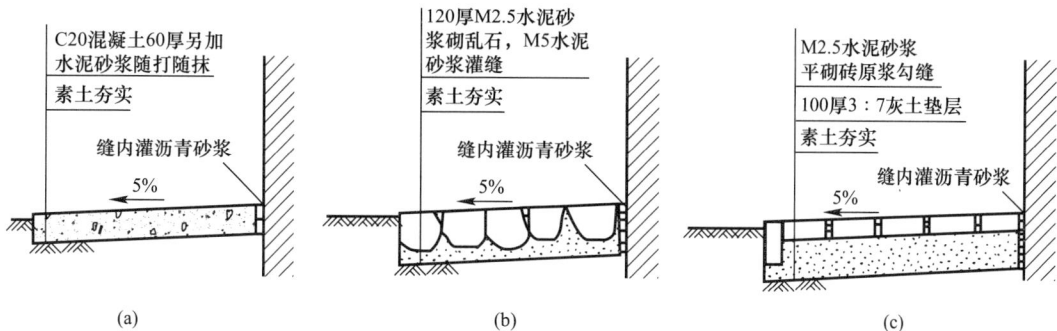

图 1-10　散水构造做法

（a）混凝土面散水；（b）石材面散水；（c）砌砖面散水

D. 过梁：过梁是承重构件，用来支承门窗洞口上部墙体的载荷，承重墙上的过梁还要支承楼板载荷，包括钢筋混凝土过梁和平拱过梁。过梁设置位置如图 1-11 所示。

E. 圈梁：圈梁是沿建筑物外墙四周及部分内横墙设置的连续封闭的梁。其目的是增强建筑的整体刚度及墙身的稳定性，如图 1-12 所示。圈梁可以减少因基础不均匀沉降或较大振动荷载对建筑物的不利影响及其所引起的墙身开裂。钢筋混凝土圈梁的高度不小于120mm，宽度宜与墙厚相同，当墙厚 $h \geqslant 240$mm 时，其宽度不宜小于 $2h/3$。纵向钢筋不宜少于 $4\phi10$，一般为 $4\phi12$。绑扎接头的搭接长度按受拉钢筋考虑。箍筋间距不宜大于300mm。现浇混凝土强度等级不应低于 C25。

F. 构造柱：为了增强建筑物的整体性和稳定性，多层砌体结构建筑的墙体中还应设置钢筋混凝土构造柱，并与各层圈梁相连接，形成能够抗弯抗剪的空间框架，它是防止房屋倒塌的一种有效措施，如图 1-12 所示。

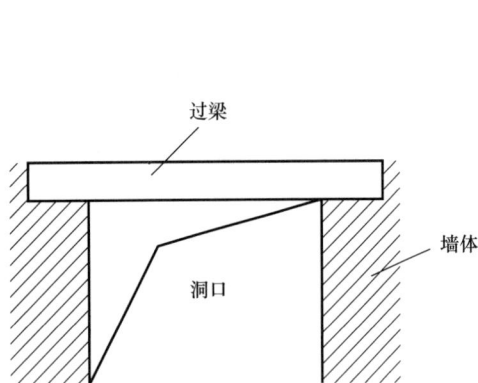

图 1-11　过梁设置位置

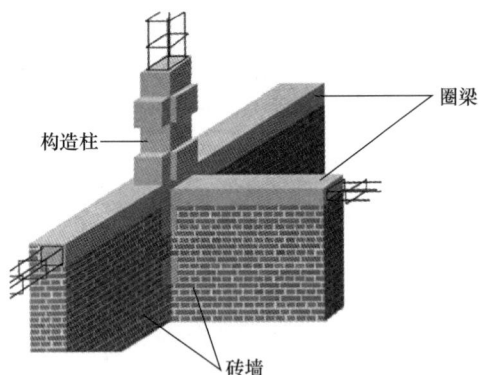

图 1-12　圈梁与构造柱的设置

G. 变形缝：将建筑物垂直分开的预留缝称为变形缝。变形缝的构造要点：将缝两侧建筑构件全部分开，以保证自由变形，变形缝应力求隐蔽。变形缝可分为温度伸缩缝、沉降缝、防震缝。

因温度变化而设置的缝为温度伸缩缝，伸缩缝的间距与墙体的类别有关，特别是与屋顶以及楼板的类型有关，有保温或隔热层的屋顶，其伸缩缝间距相对要大些。伸缩缝的宽度一般为 20～30mm。

为防止建筑物各部分由于地基不均匀沉降引起房屋破坏所设置的垂直缝为沉降缝；对于建筑物位于不同种类的地基上、在不同时间内修建的房屋各连接部位、建筑物形体比较复杂，在建筑平面转折部位和高度及载荷有很大差异处，应设置沉降缝。

在抗震烈度为 7～9 度地区应设防震缝。一般情况下防震缝仅在基础以上设置，但防震缝应与伸缩缝和沉降缝协调布置，做到一缝多用。

3）楼地面

楼地面一般由基层、垫层、面层等构成，不同功能和使用场景的楼地面在各层构造上有不同的特点和要求。楼地面构造如图 1-13 所示。

① 基层：基层是楼地面的基础支撑结构，对于混凝土楼板结构，其本身就是基层，要求表面平整、坚实，无空鼓、开裂等缺陷。如果是在地面工程中（如底层地面），基层

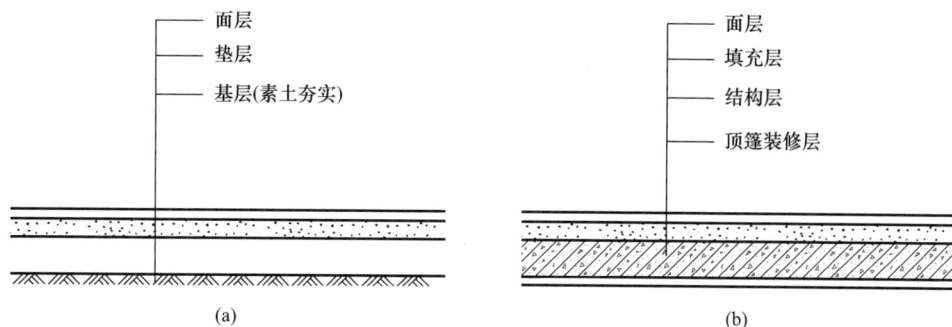

图 1-13　楼地面构造

(a) 地面；(b) 楼面

可能是素土夯实层，保证有足够的承载能力，一般压实系数不低于 0.94，在此基础上还可能设置碎石垫层等进一步改善基层的承载和排水等性能。

② 垫层：垫层位于基层之上，主要作用是起到找平和传递荷载的功能。常见的垫层有混凝土垫层、砂垫层、碎石垫层等。混凝土垫层应用最为广泛，厚度一般在 60～100mm 左右。根据楼地面的使用荷载和基层情况确定，其强度等级一般采用 C20，能够均匀地将面层传来的荷载传递给基层，并且可以通过控制其平整度为面层施工创造良好条件。

③ 面层：面层是楼地面直接与人接触、展现外观和满足使用功能的部分。根据功能和材质可分为多种类型。

A. 水泥砂浆面层：以水泥和砂按一定比例混合后抹在垫层或基层上而成，常用配合比为 1∶2 或 1∶3（水泥∶砂），厚度一般为 20～30mm，表面需进行压光处理，具有强度较高、耐磨、造价较低等优点，广泛应用于普通住宅、工业厂房等一般建筑的楼地面。

B. 地砖面层：由地砖和粘结层组成，地砖种类繁多，有陶瓷地砖、全抛釉地砖、玻化砖等，尺寸规格各异，可根据设计要求选择。粘结层一般采用专用的瓷砖粘结剂，厚度在 5～10mm，地砖面层美观大方、易清洁、耐磨性较好，常用于住宅客厅、卫生间、厨房以及商业场所等，施工时要注意地砖的排版和铺贴平整度，避免空鼓。

C. 木地板面层：分为实木地板、强化木地板、实木复合地板等类型。实木地板质感好、脚感舒适，但价格较高且需要较好的保养；强化木地板价格相对较低、耐磨性能好；实木复合地板综合了两者的优点。木地板常用于卧室、会议室等场所，但要注意防潮、防火以及避免重物尖锐物划伤。

4）阳台及雨篷

阳台是建筑物室内的延伸空间，通常突出于建筑物主体外墙，为居住者或使用者提供室外活动、晾晒衣物、观赏风景以及采光通风等功能的附属空间（图 1-14）。它既丰富了建筑的外观造型，又在一定程度上拓展了室内的使用功能范围，提升了生活品质。

雨篷是设置在建筑物出入口上方、窗户上方或外廊等部位，用于遮挡雨水、保护出入口、窗户等免受雨水侵袭，同时也在一定程度上起到装饰建筑外观的作用，混凝土雨篷如图 1-15 所示。此外，现代建筑根据所用材料，常见的雨篷还有玻璃面板雨篷、铝面板雨篷、PC 面板雨篷、膜结构雨篷以及金属结构雨篷等。

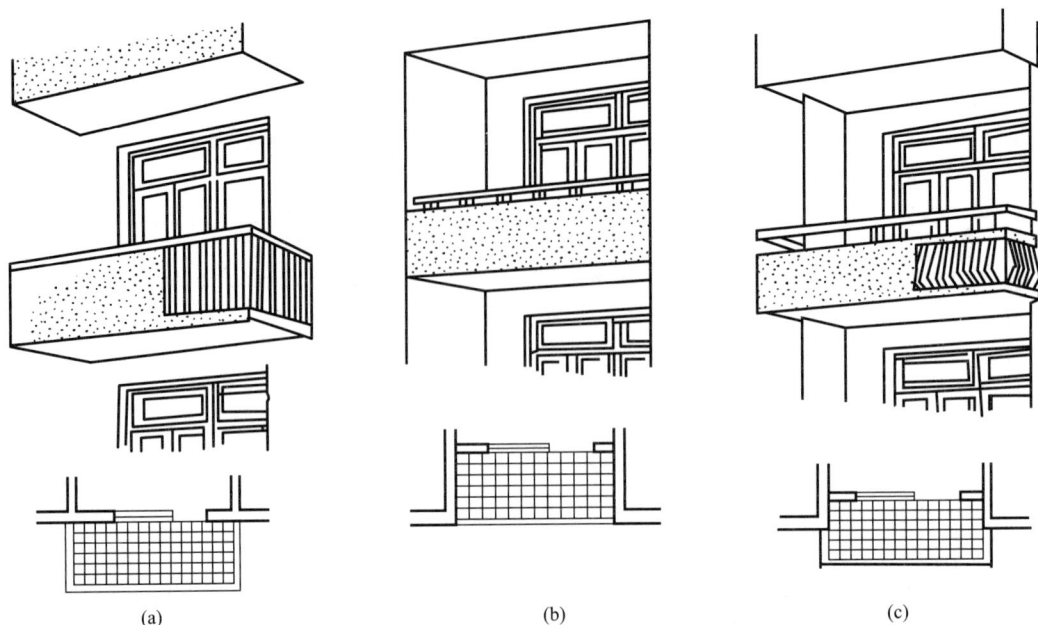

图 1-14　阳台

（a）挑阳台；（b）凹阳台；（c）半挑半凹阳台

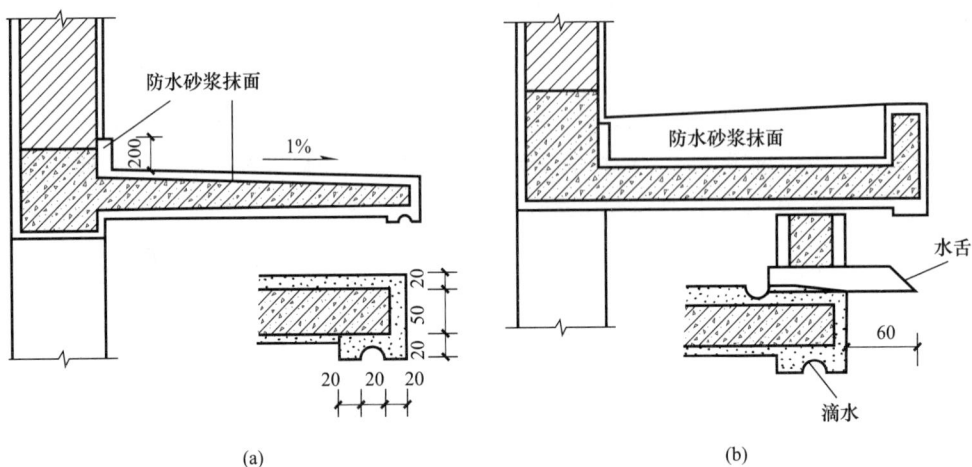

图 1-15　雨篷

（a）板式雨篷；（b）梁式雨篷

5）楼梯或电梯

① 楼梯的组成部分

楼梯一般由楼梯段、平台和栏杆扶手三部分组成，如图 1-16 所示。

A. 楼梯段：楼梯段是人员上下通行的主要部分，楼梯段连续踏步级数的范围是 3～18级，由踏步、斜板等组成。踏步包括踏面和踢面，踏面宽度一般在 260～300mm 之间，以保证行走舒适，踢面高度通常在 150～175mm 之间，满足人体工程学要求且符合安全疏散规范要求。

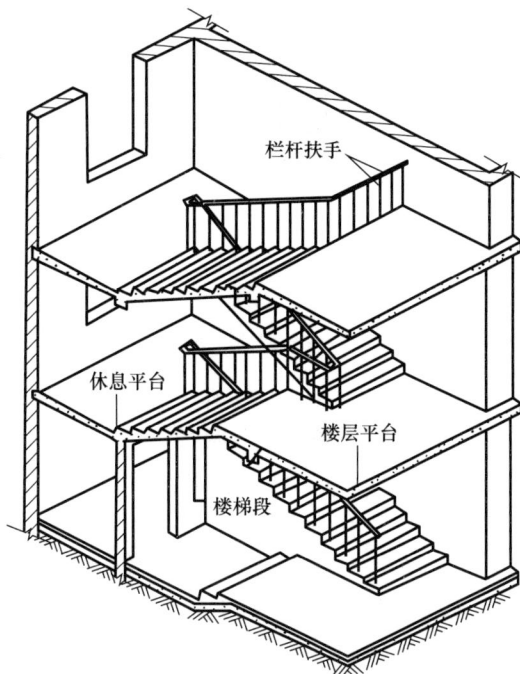

图 1-16 楼梯的组成

B. 休息平台：休息平台设置在楼梯段之间，供人们中途休息和转向，其宽度应不小于楼梯段的宽度，并不应小于 1.20m，休息平台的结构与楼板类似，由平台板和平台梁构成，需要保证足够的承载能力和稳定性。

C. 栏杆扶手：栏杆扶手安装在楼梯段和休息平台的边缘，起到防护作用，防止人员坠落。栏杆的高度一般临空栏杆扶手高度不应低于 1.05m，对于住宅等有儿童活动的场所，栏杆还应采取防止儿童攀爬的构造措施，如设置竖向栏杆间距不大于 110mm 等。扶手通常采用木质、不锈钢、塑料等材质，要保证其表面光滑、手感舒适，便于人们抓扶。

② 楼梯的形式：常见的有直跑式楼梯、双跑式楼梯、三跑式楼梯、旋转式楼梯等，如图 1-17 所示。

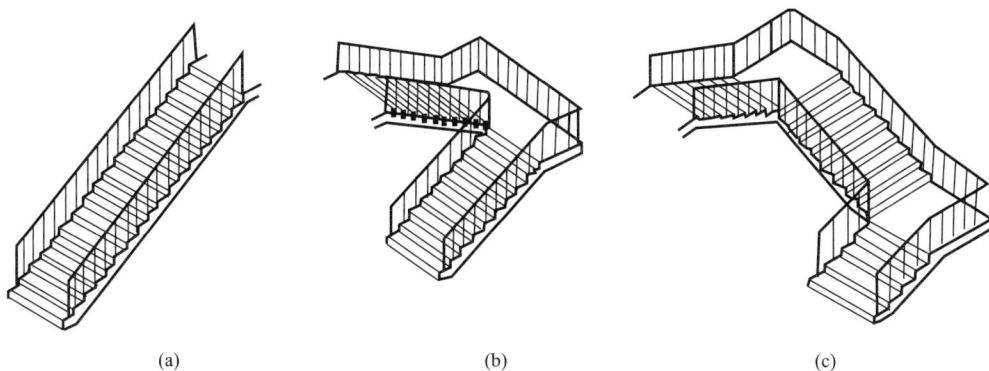

(a) (b) (c)

图 1-17 楼梯的形式（一）

（a）直跑式楼梯；（b）双跑式楼梯；（c）三跑式楼梯

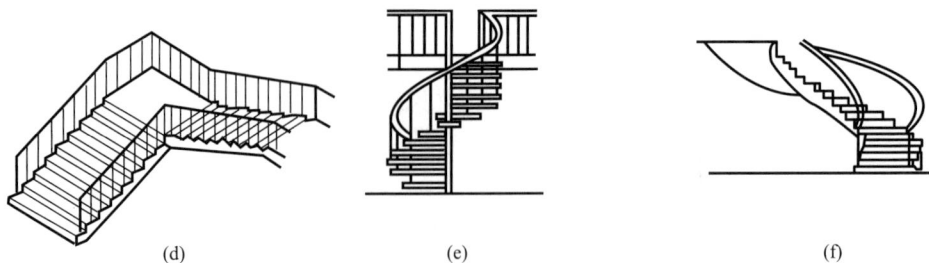

图 1-17 楼梯的形式（二）

(d) L 形楼梯；(e) 旋转式楼梯；(f) 弧形楼梯

直跑式楼梯适用于层高较低、空间狭长的场所；双跑式楼梯应用最为广泛，它能有效利用空间，且行走较为舒适，分为等跑和不等跑两种情况，一般在住宅、办公楼等建筑中采用；三跑式楼梯多用于层高较高且空间相对宽敞的建筑，可以通过增加转折次数来减小每个楼梯段的坡度；旋转式楼梯造型美观，节省空间，但行走不太方便，一般用于装饰性较强或者空间有限的特殊场所，如一些别墅的室内局部楼梯等。

③ 楼梯的构造与连接：楼梯与楼层平台、休息平台之间需要牢固连接，一般通过在平台梁上设置预埋件，与楼梯段的钢筋进行焊接或者采用预留孔洞、插筋等方式进行连接，保证力的传递和整体结构的稳定。同时，楼梯的混凝土强度等级、配筋等要根据其受力情况进行设计。

④ 电梯：电梯是一种以电动机为动力的垂直升降机，装有箱状吊舱，用于多/高层建筑乘人或载运货物。

⑤ 室外台阶与坡道：室外台阶用于连接不同高度的室外空间，由踏步和平台组成。踏步宽度不宜小于 300mm，踏步高度不宜大于 150mm，并不宜小于 100mm，踏步级数不宜少于 2 级。在台阶与建筑的出入口之间，常设缓冲平台，其宽度一般不应小于 1000mm，长度一般比出入洞口每边至少宽出 300mm。台阶构造做法如图 1-18 所示。

坡道便于车辆、轮椅通行，需考虑坡度与防滑，二者都关乎使用安全与便利。一般室内坡道的坡度不宜大于 1:8，室外坡道的坡度不宜大于 1:10，无障碍坡道的坡度不应大于 1:12。常见坡道的构造做法有：混凝土坡道、换土地基坡道、锯齿形坡道和防滑条坡道等，如图 1-19 所示。

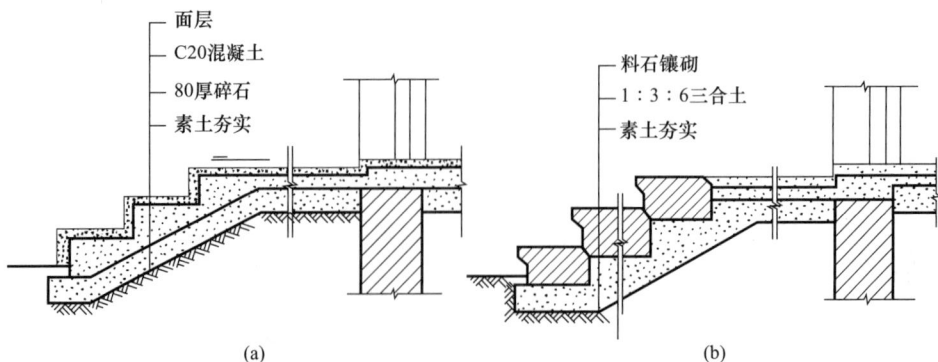

图 1-18 台阶构造（一）

(a) 混凝土台阶；(b) 石砌台阶

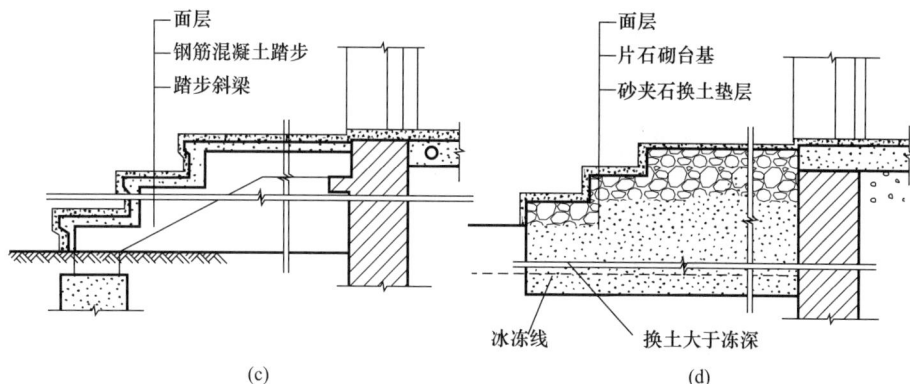

（c）

面层
钢筋混凝土踏步
踏步斜梁

面层
片石砌台基
砂夹石换土垫层

冰冻线　换土大于冻深

（d）

图 1-18　台阶构造（二）

（c）钢筋混凝土架空台阶；（d）换土地基台阶

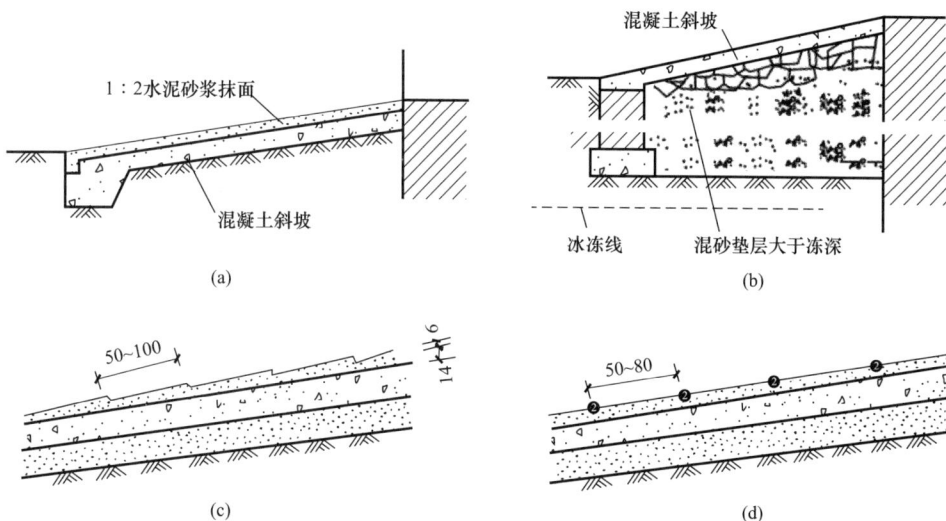

1：2 水泥砂浆抹面

混凝土斜坡

（a）

混凝土斜坡

冰冻线　混砂垫层大于冻深

（b）

50~100

（c）

50~80

（d）

图 1-19　坡道构造

（a）混凝土坡道；（b）换土地基坡道；（c）锯齿形坡道；（d）防滑条坡道

6）屋顶

屋顶的构造因屋顶形式不同而有较大差异，常见的有平屋顶和坡屋顶（图 1-20 和图 1-21），它们的构造特点如下：

① 平屋顶

A. 结构层：一般采用钢筋混凝土现浇板，其厚度根据屋顶的跨度、荷载等因素确定，通常在 100~200mm 左右，与楼层楼板结构类似，通过合理配置钢筋来承受屋面的自重、活荷载以及可能的积雪、风荷载等，是整个屋顶的承重基础，其强度和稳定性直接影响屋顶的安全性。

B. 找坡层：为了保证屋面排水顺畅，平屋顶需要设置一定的排水坡度，找坡方式有材料找坡和结构找坡两种。材料找坡是通过铺

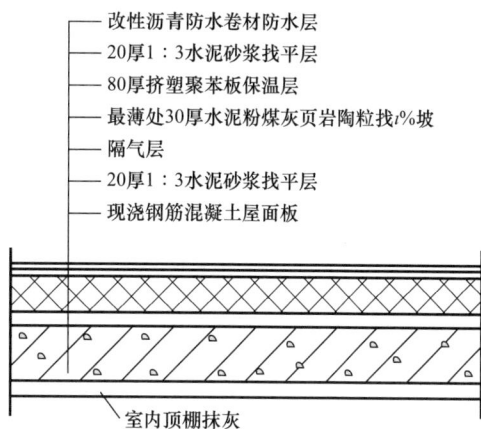

改性沥青防水卷材防水层
20厚1：3水泥砂浆找平层
80厚挤塑聚苯板保温层
最薄处30厚水泥粉煤灰页岩陶粒找1%坡
隔气层
20厚1：3水泥砂浆找平层
现浇钢筋混凝土屋面板

室内顶棚抹灰

图 1-20　平屋顶构造做法

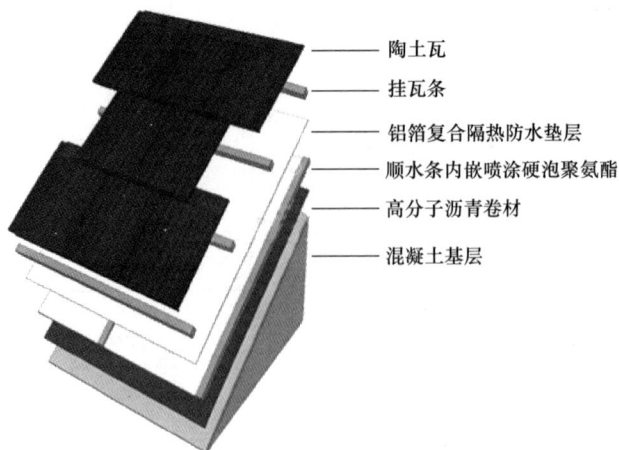

图 1-21　坡屋顶构造

设轻质材料（如炉渣、陶粒等）形成坡度，坡度一般为 2‰～3‰，找坡材料要具有一定的强度和稳定性，铺设厚度根据排水方向和坡度要求计算确定，一般最薄处不低于 30mm。结构找坡则是在浇筑屋顶结构板时就将板做成倾斜状，其坡度一般不小于 3‰。

C. 防水层：是平屋顶防水的关键构造层，防止雨水渗透到室内。常用的防水层材料有卷材防水（如 SBS 改性沥青防水卷材、高分子防水卷材等）和涂料防水（如聚氨酯防水涂料、丙烯酸防水涂料等）。

D. 保温隔热层：起到减少室内外热量传递，提高建筑的节能性能的作用。常用的保温隔热材料有聚苯乙烯泡沫板、挤塑聚苯乙烯泡沫板、聚氨酯泡沫板、岩棉板等。保温隔热层可以设置在防水层下方（倒置式屋面）或上方（正置式屋面），倒置式屋面将保温隔热层放在防水层之上，对防水层起到保护作用，可延长防水层寿命，但要求保温材料具有较好的耐水性和抗压性能。

②　坡屋顶

坡屋顶除了具备一定的保温隔热功能外，其构造在结构形式、屋面覆盖材料及排水等方面有着与平屋顶不同的特点，其构造做法如图 1-21 所示。

A. 结构层：坡屋顶的结构形式多样，常见的有木屋架结构、钢屋架结构以及钢筋混凝土屋架结构等。

木屋架结构具有自重轻、造型美观、施工相对简便等优点，一般由木杆件通过榫卯连接或金属连接件组合而成，适用于一些对建筑风格有传统特色要求、荷载较小的建筑，如小型别墅、传统民居等。

钢屋架结构则强度高、跨度大，可用于大空间、大跨度的建筑。

钢筋混凝土屋架结构常用于一些对结构整体性和防火性能要求较高的建筑，它可以现场浇筑或采用预制构件组装，屋架形式有三角形、梯形等。

B. 屋面覆盖层：坡屋顶的屋面覆盖材料丰富多样，常见的有黏土瓦、琉璃瓦、水泥瓦、彩钢板、小青瓦等。

黏土瓦和琉璃瓦具有良好的装饰性和耐久性，多用于传统风格建筑或对外观有较高要求的建筑，其铺设时要按照一定的搭接顺序和固定方式，一般通过挂瓦条固定在檩条上，相邻瓦片之间要有足够的搭接长度，以保证屋面的防水性能，例如黏土瓦的搭接长度通常不小于 70mm。

水泥瓦相对成本较低、生产工艺简单，应用也较为广泛，同样需要合理铺设在挂瓦条上，保证瓦片之间的连接紧密，防止雨水渗漏。

彩钢板屋面则具有施工速度快、自重轻、防水性能较好等优点，常用于工业建筑、简易仓库等。

小青瓦是我国传统建筑中常用的屋面材料，一般采用坐浆法铺设在基层上，层层叠叠，形成独特的屋面造型，但其施工工艺要求较高，对工人的技术熟练度有一定要求，常用于仿古建筑等项目中。

C. 保温隔热与通风构造：坡屋顶同样要考虑保温隔热问题，在屋面结构层内或其下方可以设置保温隔热材料，如在木屋架结构的坡屋顶中，可在檩条之间填充岩棉、玻璃棉等保温材料，或者在屋面板下方粘贴聚苯乙烯泡沫板等，减少室内外热量的交换。

7）门窗

门窗是建筑物中重要的围护构件。门主要用于人员、物品进出及空间分隔，有平开、推拉等多种开启方式，材质多样。窗则利于采光、通风与观景，同样款式丰富，构造各有特点。

门按所使用材料的不同，可分为木门、金属门、塑钢门、玻璃门等。木门质感温润、美观，常用于室内；金属门坚固耐用，多作入户门或工业用门；塑钢门保温节能，常见于住宅；玻璃门通透，适用于商业场所等。门按开启方式分为平开门、弹簧门、地弹门、推拉门、折叠门、旋转门、卷帘门等，如图 1-22 所示。

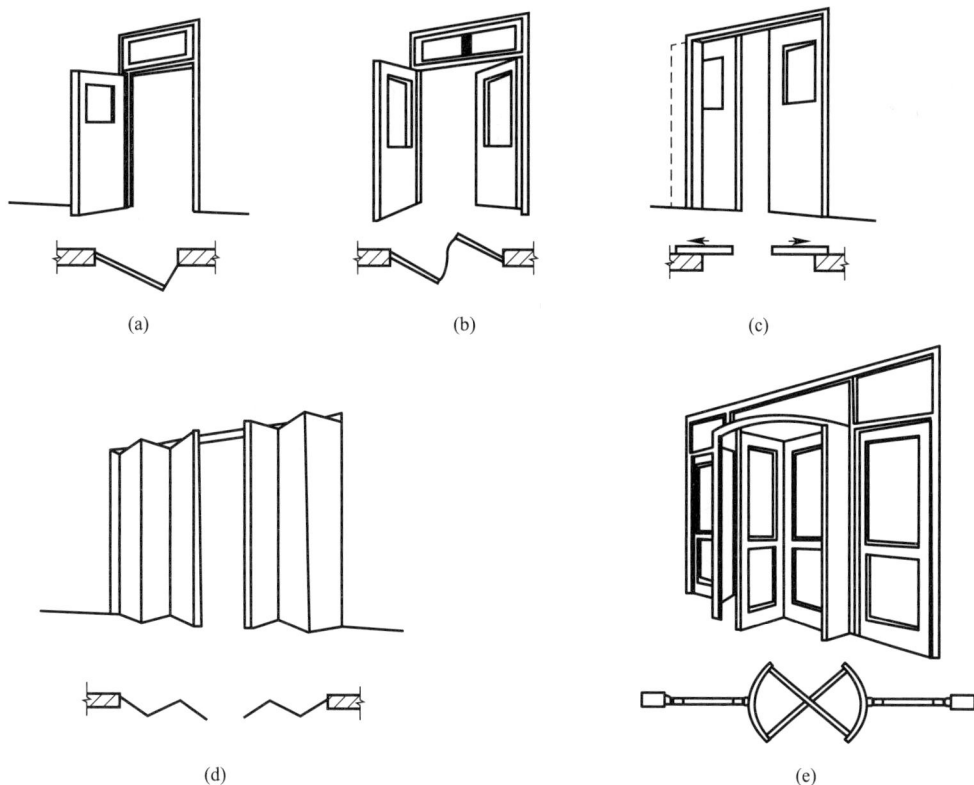

图 1-22　门按开启方式分类

（a）平开门；（b）弹簧门；（c）推拉门；（d）折叠门；（e）旋转门

窗按开启方式不同分为平开窗、推拉窗、悬窗、固定窗、折叠窗、百叶窗等，如图 1-23 所示。

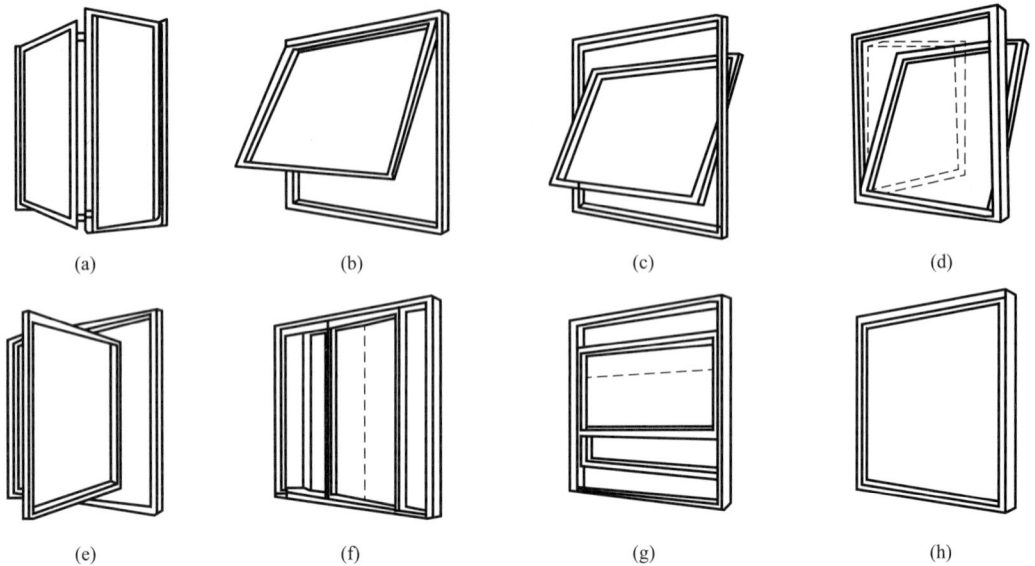

图 1-23　窗按开启方式分类

（a）平开窗；（b）上悬窗；（c）中旋窗；（d）下旋窗；（e）立转窗；（f）水平推拉窗；（g）垂直推拉窗；（h）固定窗

2. 房屋建筑结构与选型

（1）建筑结构的组成与可靠性

建筑结构主要由竖向结构构件（如柱、墙等）、水平结构构件（如梁、板等）以及基础等构件组成。这些构件相互协作，共同承受建筑物在使用过程中所受到的各种荷载，包括自重、活荷载（如人员、家具等活动产生的荷载）、风荷载、地震作用等。

建筑结构的可靠性是衡量结构是否安全、可靠地履行其功能的重要指标，它包含安全性、适用性和耐久性三个方面。

安全性要求结构在正常施工和使用条件下，能够承受可能出现的各种荷载作用而不发生破坏，如在遭遇设计规定的地震强度时，建筑物的结构体系依然能保持整体稳定，不出现倒塌等严重破坏情况。

适用性是指结构在正常使用过程中应具有良好的工作性能，比如楼板的变形不能过大，否则会导致地面不平、影响使用舒适度；梁的挠度也要控制在规范允许的范围内，避免出现明显的下垂而影响建筑外观和正常使用。

耐久性则强调结构在长期使用过程中，能够抵抗环境因素（如大气侵蚀、化学腐蚀等）的影响，维持其性能稳定，像混凝土结构在有侵蚀性介质的环境中，要通过采取适当的防腐、防水等措施，保证结构在设计使用年限内不出现因耐久性问题导致的严重损坏。

（2）房屋结构构件类型

房屋结构构件类型多样，不同构件在结构体系中有着不同的作用。

1）板

板是面积较大，相对厚度较小的水平结构构件，可斜向设置，承受垂直于板面方向的荷载，主要承受弯矩、剪力作用。板可以按以下要素分类：

① 按平面形状分为矩形、圆形、扇形、三角形、梯形和各种异形板等。

② 按截面形状分为实心板、空心板、槽形板、T 形板、密肋板、压型钢板等。

③ 按受力特点分为单向板和双向板。

④ 按支承条件又可分为四边支承板、三边支承板、两边支承板、悬臂板和四角点支承板。板可以仅支承在梁上、墙上、柱上，也可以一部分支承在梁上，一部分支承在墙上或柱上。

⑤ 按所用材料分为钢筋混凝土板、预应力混凝土板、钢板、压型钢板等。

2）梁

梁一般是指承受垂直于其纵轴方向荷载的线形构件，它的截面尺寸小于其跨度。梁可以按以下因素分类：

① 按几何形状分为水平直梁、斜直梁、曲梁等。

② 按截面形状分为矩形梁、T 形梁、工字形梁、槽形梁、箱形梁等。

③ 按受力特点分为简支梁、伸臂梁、悬臂梁、两端固定梁、连续梁等。

④ 按所用材料分为钢筋混凝土梁、型钢梁、型钢与混凝土组合梁等。

3）墙

墙在重力和竖向荷载作用下，有时也承受弯矩和剪力；但在风、地震等水平荷载作用下或土压力、水压力作用下则主要承受剪力和弯矩。墙可以按以下要素分类：

① 按位置或功能分，有内墙、外墙、纵墙、横墙、山墙、女儿墙、挡土墙。

② 按受力特点分，有以承受重力为主的承重墙、以承受风力或地震产生的剪力墙以及作为隔断等非受力用的非承重墙。

③ 按材料分，有砖墙、砌块墙、钢筋混凝土墙、组合墙等。

4）柱

柱截面尺寸远小于高度，一般以受压和受弯为主。柱可以按以下要素分类：

① 按截面形状分为矩形柱、圆形柱、工字形柱等。

② 按受力特点分为轴心受压柱和偏心受压柱两种。

③ 按所用材料分为砖石柱、砌块柱、钢筋混凝土柱、钢柱、型钢柱等。

5）基础

基础用来承受上部结构所传来的荷载，并将其传至地基。

① 按结构形式分为独立基础、墙下条形基础、柱下联合基础、筏形基础、桩基础、箱形基础等。

② 按受力特点分为柔性基础和刚性基础。

③ 按所用材料分为砖基础、条石基础、毛石基础、三合土基础、混凝土基础、钢筋混凝土基础等。

（3）房屋建筑结构选型

1）砌体结构：砌体结构由砖墙和钢筋混凝土柱、梁、板等共同组成承重体系。砖墙既是竖向承重构件，也起到分隔空间和围护的作用，能就地取材，造价相对较低，施工工艺较为简单，容易被乡村工匠掌握，如图 1-24 所示。

整体结构的空间刚度较好，在抵抗水平荷

图 1-24　砌体结构

载方面有一定能力，但由于墙体承重，空间布局灵活性稍差，后期若想对室内格局进行较大改动比较困难。

砌体结构适用于规模较小的乡村住宅、小型公共建筑。在地质条件较好，且对空间灵活性要求不高的地区是比较常见的选择。

2）框架结构：框架结构主要由梁、柱等框架构件构成承重体系，墙体多为填充墙，主要起围护和分隔空间的作用，不承担结构荷载。这种结构形式空间布局十分灵活，室内空间可根据使用需求自由分隔、改造，能更好地满足乡村居民多样化的生活和生产功能需求，如图 1-25 所示。

框架结构在抗震性能方面相对更具优势，能有效抵抗较大的水平地震作用，整体结构安全度较高，但造价通常高于砌体结构，且施工过程中对技术和质量管控要求也更为严格。框架结构适用于乡村住宅、乡村学校、村委会办公楼等公共建筑。

3）轻钢结构：轻钢结构以钢材作为主要结构材料，自重轻，便于运输和现场安装，施工速度快，能够有效缩短建设周期，减少人工成本。同时钢材强度高，可实现较大的跨度，造型也较为灵活多样，能打造出具有独特风格的乡村建筑外观，如图 1-26 所示。轻钢结构适合在一些施工条件受限、需要快速建成的临时性乡村建筑（如乡村活动板房、临时仓储等），或者对建筑造型有较高要求、追求现代风格且抗震要求较高的乡村住宅、民宿等建筑中应用。

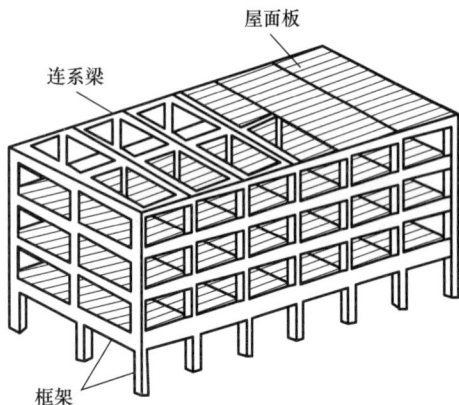

图 1-25 框架结构

图 1-26 轻钢结构

图 1-27 木结构

4）木结构：传统的木结构建筑有着独特的建筑风格和文化韵味，采用木材作为主要承重构件，给人以自然、温馨的感觉，且木材本身保温隔热性能较好，居住舒适度较高，施工过程相对环保，如图 1-27 所示。

5）混合结构：混合结构综合运用了多种结构材料和形式，充分发挥不同材料的优势，既可以保证结构的稳定性和承载能力，又能在一定程度上满足建筑功能和外观的多样化需求。混合结构适用于一些功能复杂、对不同部位有不同性能要求的乡村建筑。乡村房屋建筑结构选型需要综合考虑房屋的使用功能、层数、当地地质条件、抗震设防要求、建筑风格偏好以及经济成本等多方面因素，从而选出最适合的结构形式，确保房屋安全、实用且美观。

1.3.2 建筑识图基本知识

1. 房屋建筑制图标准

房屋建筑制图有着严格的标准规范，这是确保建筑图纸能够准确传达设计意图、便于各相关参与方理解和交流的基础。

（1）图纸幅面：规定了不同规格的图纸大小，常见的有 A0、A1、A2、A3、A4 等，以 A0 幅面尺寸最大（841mm×1189mm），依次按比例缩小，如图 1-28 所示。绘图时根据工程复杂程度和图纸内容多少选择幅面大小。

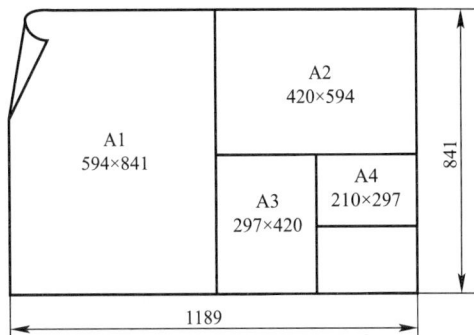

图 1-28 图纸图幅大小

（2）图线：不同类型的线条有着明确的用途和含义。基本线型详见表 1-1。所有线型的图线宽度应按图样的类型和尺寸大小选择：0.13mm，0.18mm，0.25mm，0.35mm，0.5mm，0.7mm，1mm，1.4mm，2mm。

基 本 线 型 表 1-1

代码 NO.	名称		线型	一般应用
01	实线	粗实线	——————	可见轮廓线、相贯线、螺纹牙顶线、齿顶线等
		细实线	——————	过渡线、尺寸线、尺寸界线、剖面线、弯折线、螺纹牙底线、齿根线、指引线、辅助线等
02	虚线	细虚线	- - - - - - - - -	不可见轮廓线
		粗虚线	▬ ▬ ▬ ▬ ▬ ▬ ▬	允许表面处理的表示线
04	点画线	细点画线	—·—·—·—·—	轴线、对称中心线、齿轮分度圆线等
		粗点画线	▬·▬·▬·▬	限定范围表示线
05	细双点画线		—··—··—··—	轨迹线、相邻辅助零件的轮廓线、极限位置的轮廓线、剖切面前的结构轮廓线等
基本线型的变形	波浪线		⌇⌇⌇⌇	断裂处的边界线；剖视图与视图的分界线
图线的组合	双折线		⋏⋏⋏	断裂处的边界线；视图与剖视图的分界线

（3）字体：要求字体工整、笔画清晰、排列整齐，汉字一般采用长仿宋体，数字和字母可采用直体或斜体，字号大小根据图纸的比例和使用场景合理选择，以保证清晰易读。

（4）比例：根据建筑物的实际大小与图纸要表达的深度来确定合适的比例。比如绘制建筑总平面图可能采用较小比例，如 1：500、1：1000 等，能展示建筑与周边场地、道路等的整体布局关系；而建筑平面图、剖面图常用 1：100、1：200 等比例，建筑详图则会采用更大比例，如 1：20、1：10 甚至 1：5 等，用于详细呈现建筑构件的具体构造和尺寸。

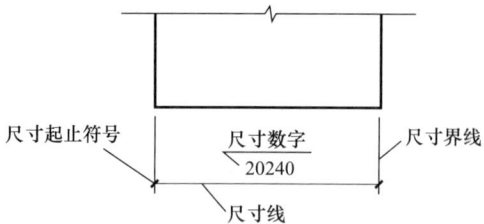

图 1-29　尺寸标注

（5）尺寸标注：包括尺寸界线、尺寸线、尺寸起止符号和尺寸数字等要素，如图 1-29 所示。尺寸界线应垂直于被标注的线段，尺寸线平行于被标注线段且不能超出尺寸界线，尺寸起止符号一般用中粗斜短线绘制，尺寸数字应标注在尺寸线的上方，且保证清晰、准确，单位通常为毫米（mm），当采用其他单位时需特别注明。

（6）符号与图例：建筑制图中有大量的符号和图例，用于简洁明了地表示各类建筑元素。例如，门用特定的开启方向的矩形符号表示，窗用不同形式的细实线矩形符号表示，不同材质的墙体也有相应的图例区分，像砖墙、混凝土墙等都有各自代表的图案或线条形式。熟悉这些符号和图例是读懂建筑图纸的关键一步。

2. 建筑施工图

建筑施工图是将建筑设计方案以图形和文字的形式详细表达出来，指导建筑施工的重要文件，主要包含以下几部分：

（1）建筑总平面图

建筑总平面图用于展示整个建设项目在一定地域范围内的总体布局情况。它反映了建筑场地的地形地貌、原有建筑物、拟建建筑物、道路、绿化、围墙以及场地的出入口等位置关系。同时，还标注有建筑物的定位坐标、朝向、层数、与周边环境的距离等信息，便于确定施工场地的范围以及各部分之间的相对位置，是施工前期场地平整、临时设施搭建等工作的重要依据。

（2）建筑平面图

建筑平面图是假想用一水平剖切平面沿门窗洞口位置将建筑物剖切后，对剖切平面以下部分所作的水平投影图，如图 1-30 所示。它清晰地表达了建筑物内部各个房间的布局、形状、大小以及相互之间的连通关系，包括墙体的位置和厚度、门窗的位置和开启方向、楼梯、电梯等交通设施的布置等。

（3）建筑立面图

建筑立面图是建筑物各个外立面的正投影图，主要用于表达建筑物的外观形象和风格特征。它呈现了建筑物的层数、高度、各层的门窗样式及分布、外立面装饰材料及做法、屋顶形式等信息，如图 1-31 所示。

（4）建筑剖面图

建筑剖面图是通过假想的垂直剖切平面将建筑物沿某一方向切开后得到的视图，用于表达建筑物内部的竖向结构关系和空间层次。剖面图中可以看到各楼层的高度、楼板厚度、梁的位置及尺寸、屋顶坡度、室内外高差等内容，如图 1-32 所示。

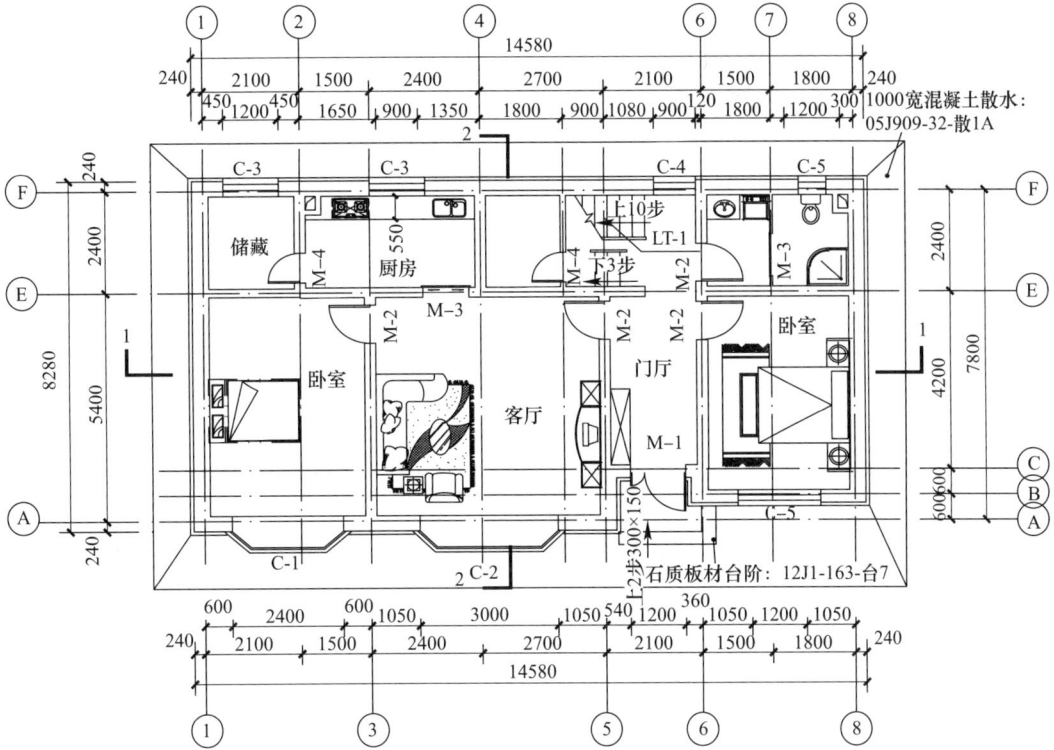

一层平面图 1:100

图 1-30 建筑平面图

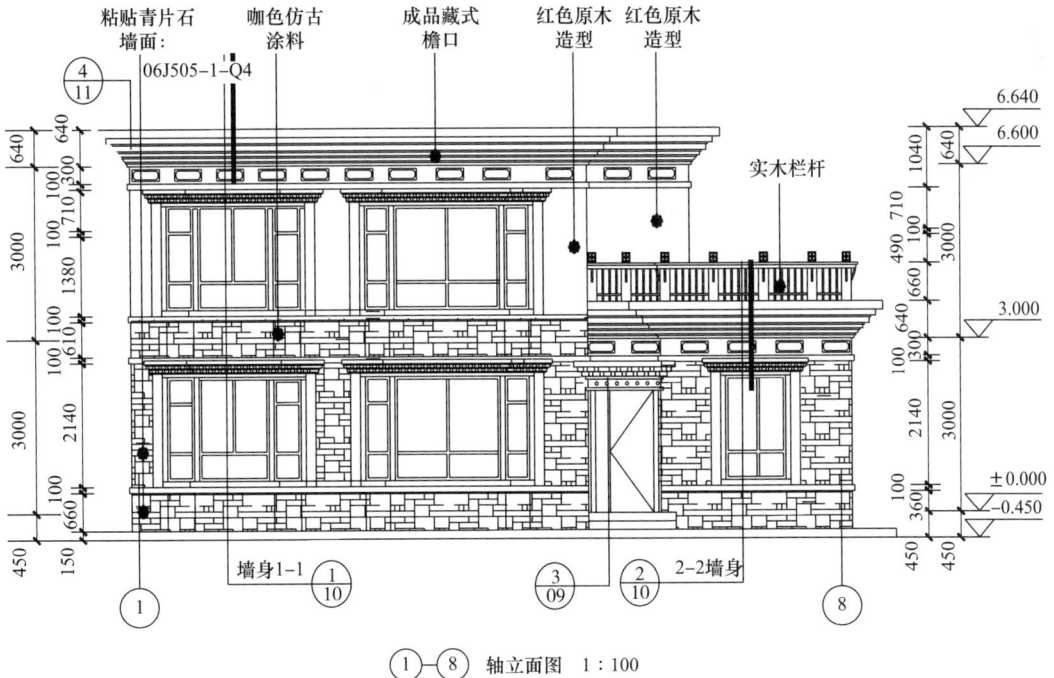

①—⑧ 轴立面图 1:100

图 1-31 建筑立面图

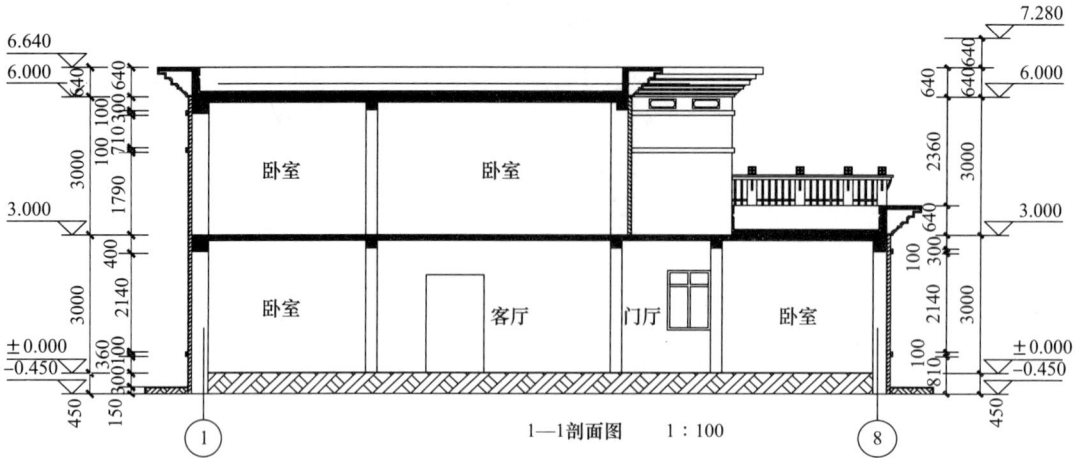

图 1-32　建筑剖面图

(5) 建筑详图

建筑详图是对建筑的某些局部构造、构配件等进行详细绘制和说明的图纸，因为在建筑平面图、立面图、剖面图中这些部分往往无法清晰表达其详细构造和尺寸要求，如图 1-33 所示。

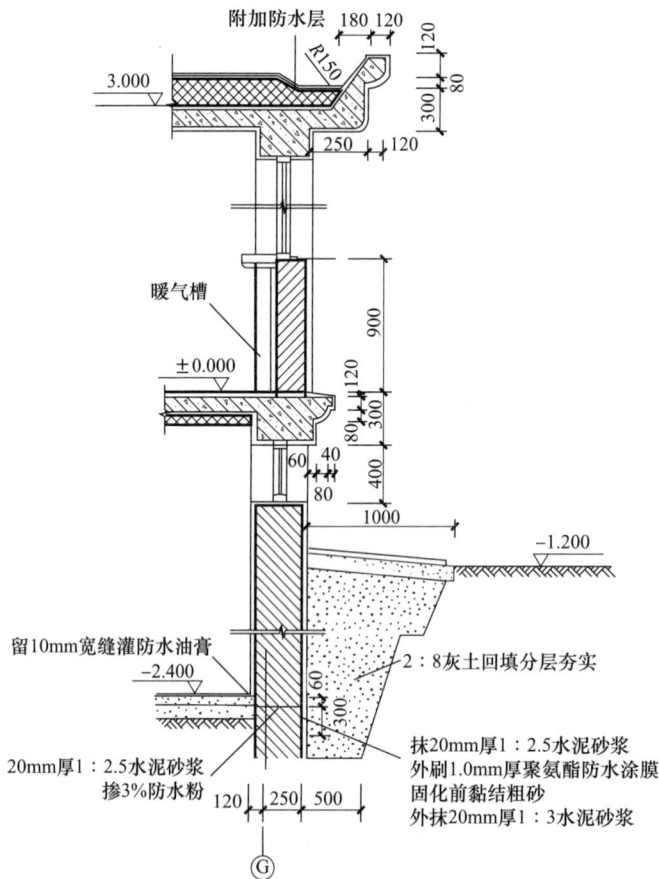

图 1-33　外墙节点详图

(6) 楼梯详图

楼梯详图则会详细地画出楼梯的踏步、栏杆、扶手等构件的形状、尺寸、配筋情况以及它们之间的连接关系等，如图1-34所示。建筑详图是保证建筑施工中各细节部位能够精准施工的重要指导文件。

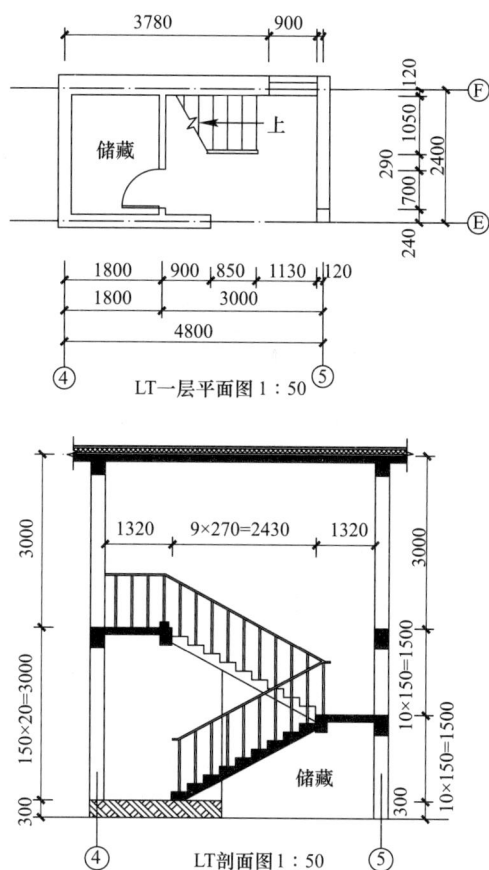

图1-34 楼梯详图

3. 结构施工图

(1) 结构施工图的组成及有关规定

结构施工图主要由结构设计说明、基础平面布置图、基础详图、结构平面图以及构件配筋详图等部分组成，基础施工图如图1-35所示。

(2) 结构施工图

结构平面图展示了建筑物各楼层结构构件（如梁、板、柱等）的平面布置情况，通过不同的符号和标注可以明确各构件的位置、尺寸以及配筋信息等。图1-36所示为结构平面布置图、图1-37为楼板配筋平法标注。

节点详图针对结构构件之间的关键连接节点（如梁柱节点、梁板节点、基础与柱的节点等）进行详细表达。

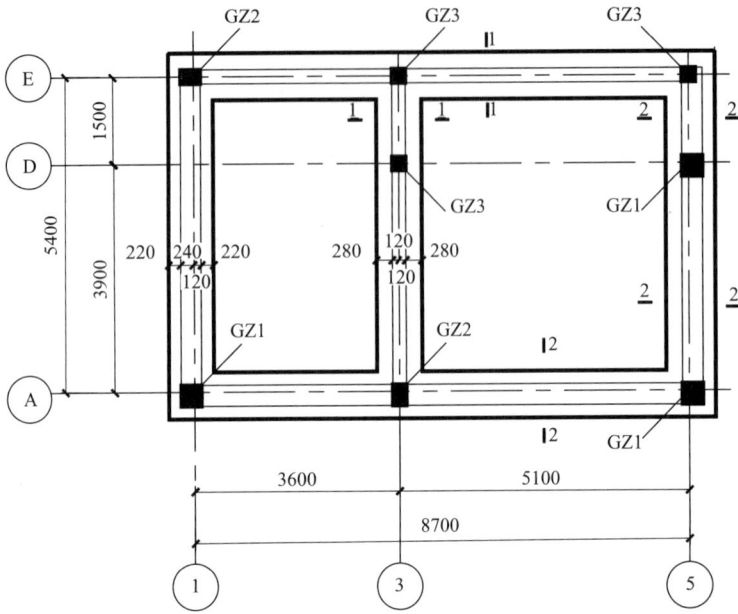

基础平面布置图　1∶100

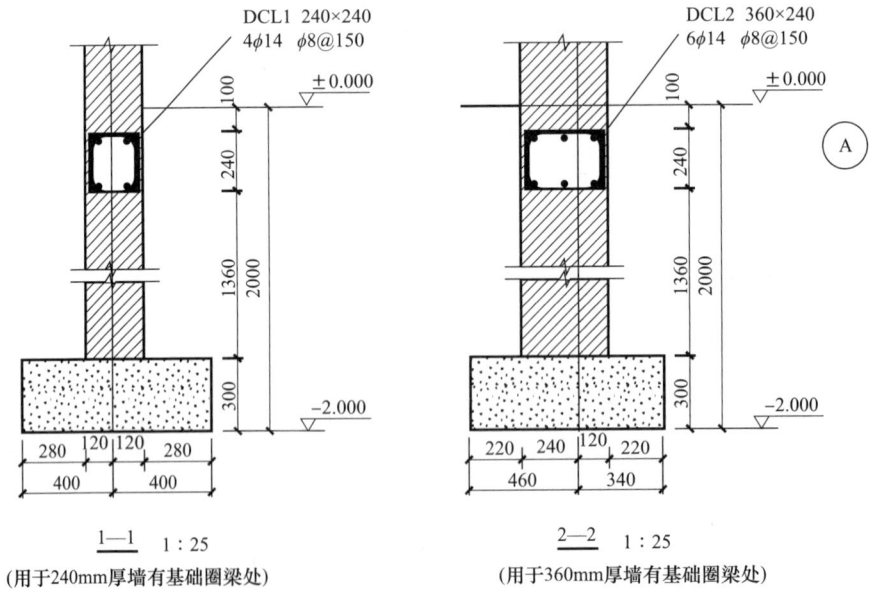

DCL1 240×240　　4φ14　φ8@150

DCL2 360×240　　6φ14　φ8@150

1—1　1∶25
(用于240mm厚墙有基础圈梁处)

2—2　1∶25
(用于360mm厚墙有基础圈梁处)

图 1-35　基础施工图

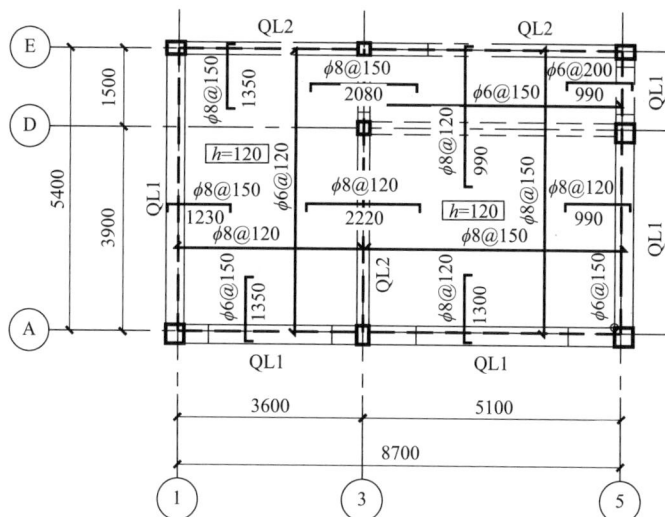

3.000m标高楼板配筋图　1∶100
(板厚均为120mm)

图 1-36　结构平面布置图

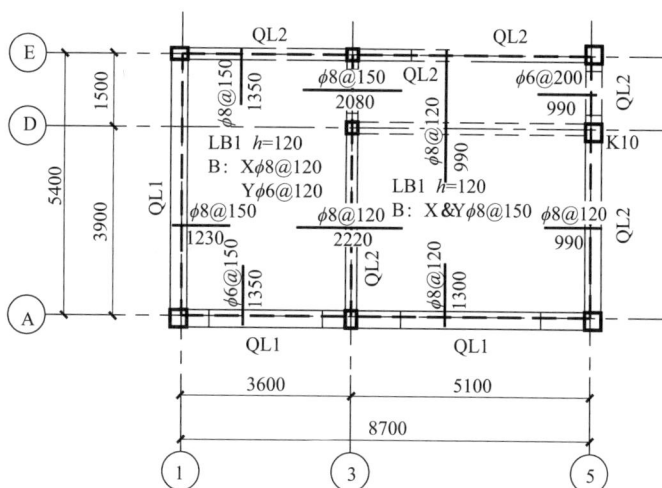

3.000m标高楼板配筋图 1∶100

图 1-37　楼板配筋平法标注

　　构件详图则是针对一些特殊或复杂的结构构件，单独绘制其详细构造和尺寸，如图 1-38 所示的楼梯配筋图，确切表达楼梯的标高、平面尺寸和配筋。

4. 水、暖、电施工图

　　水、暖、电施工图分别用于详细展示建筑物内给水排水系统、暖通空调系统以及电气系统的设计情况，是保障建筑物具备相应功能的重要施工依据。

　　给水排水施工图涵盖了给水管网图、排水管网图以及卫生器具安装图等内容。给水排水施工图如图 1-39 和图 1-40 所示。

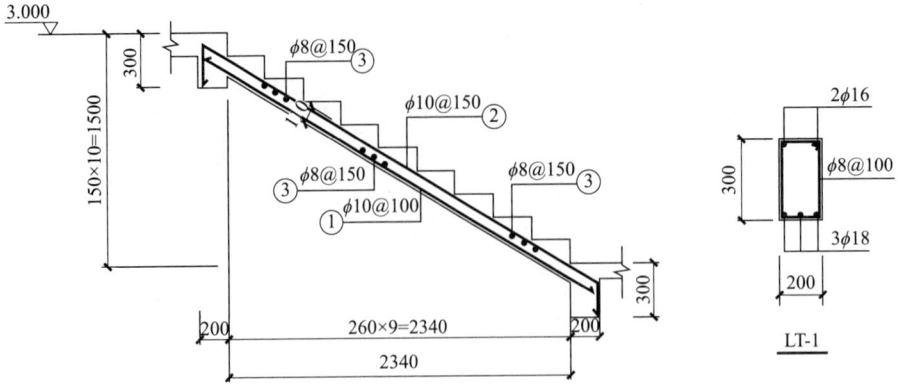

图 1-38　楼梯配筋图

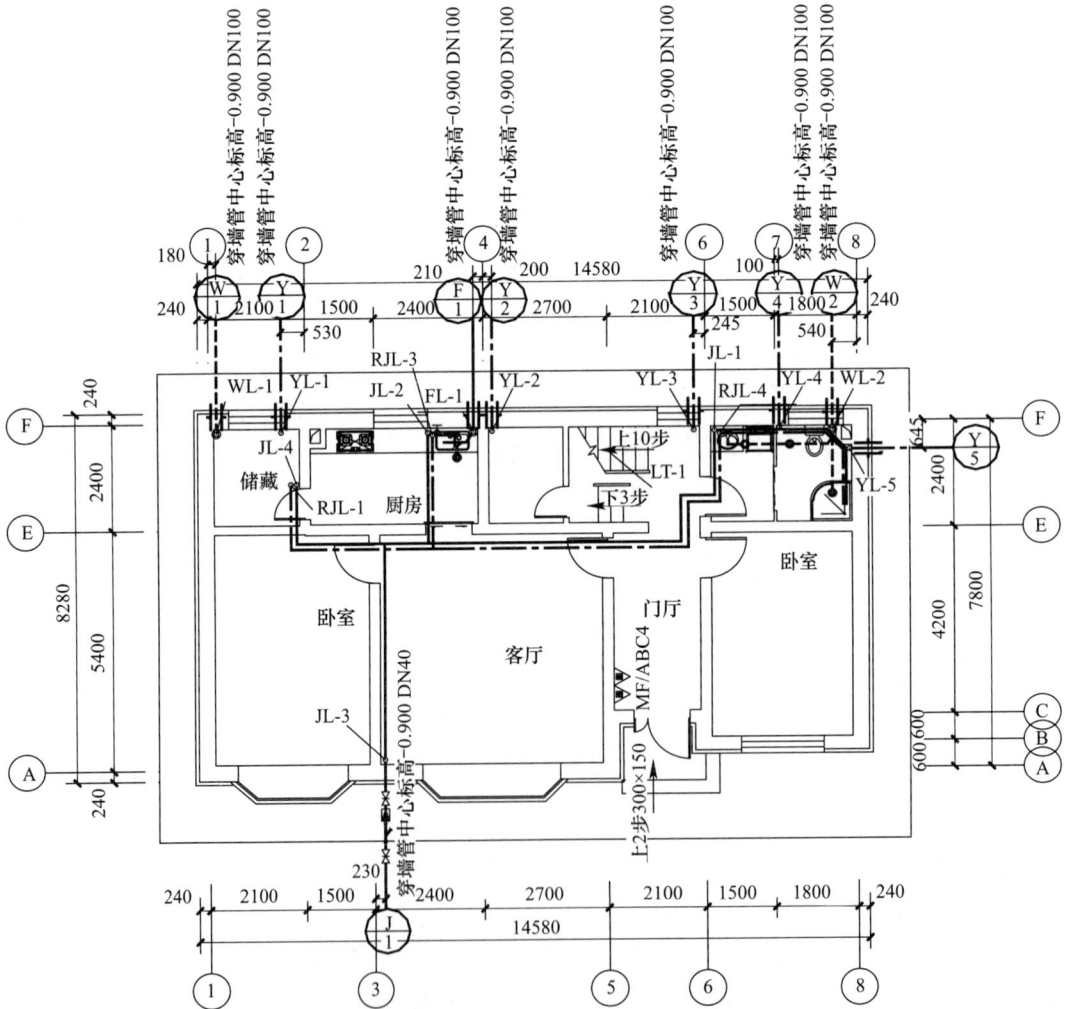

一层给水排水平面图　1:100

一层建筑面积：119.63m²

图 1-39　给水排水平面图

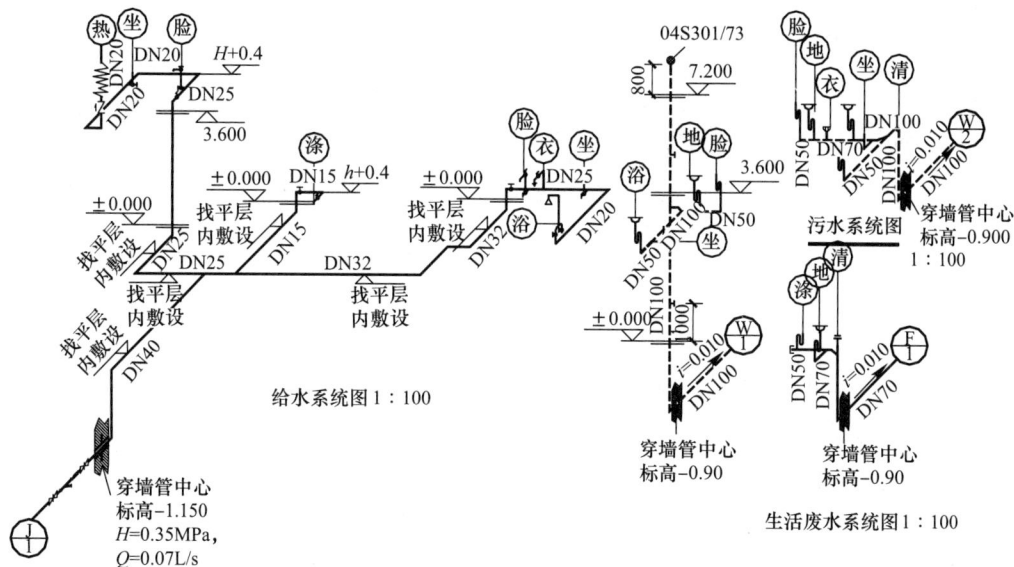

图 1-40 给水排水系统图

暖通空调施工图包含供暖通风平面图、系统图、通风系统图以及空调系统图。供暖通风平面图、系统图分别如图 1-41 和图 1-42 所示。

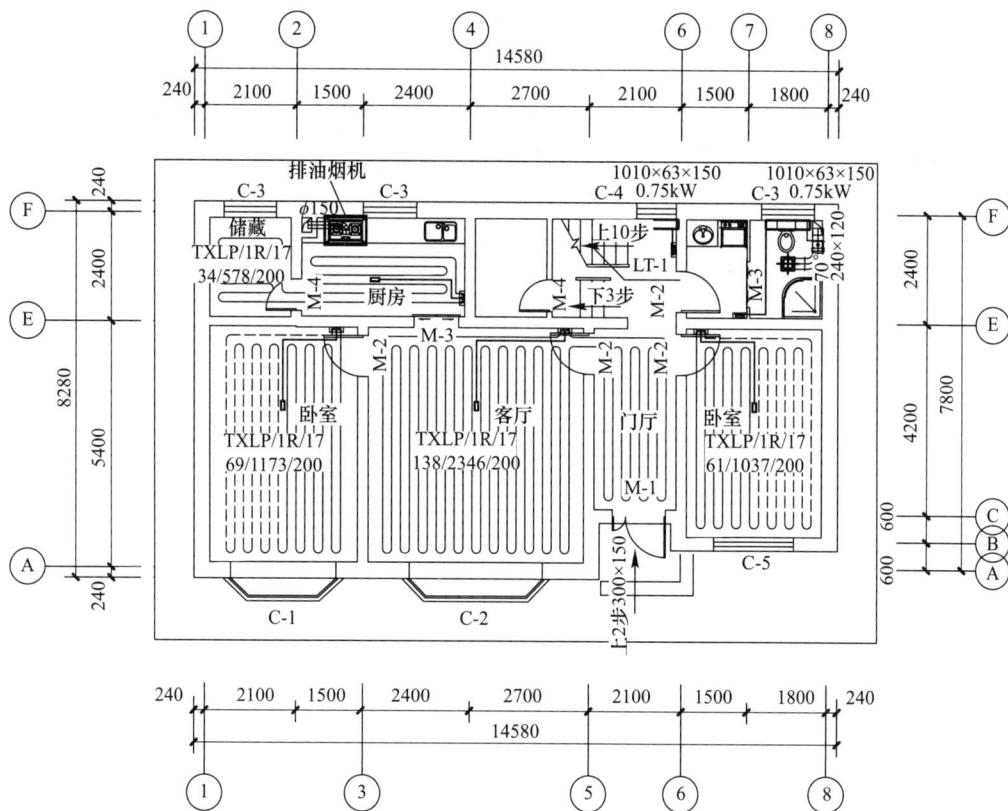

一层采暖通风平面图 1：100

图 1-41 供暖通风平面图

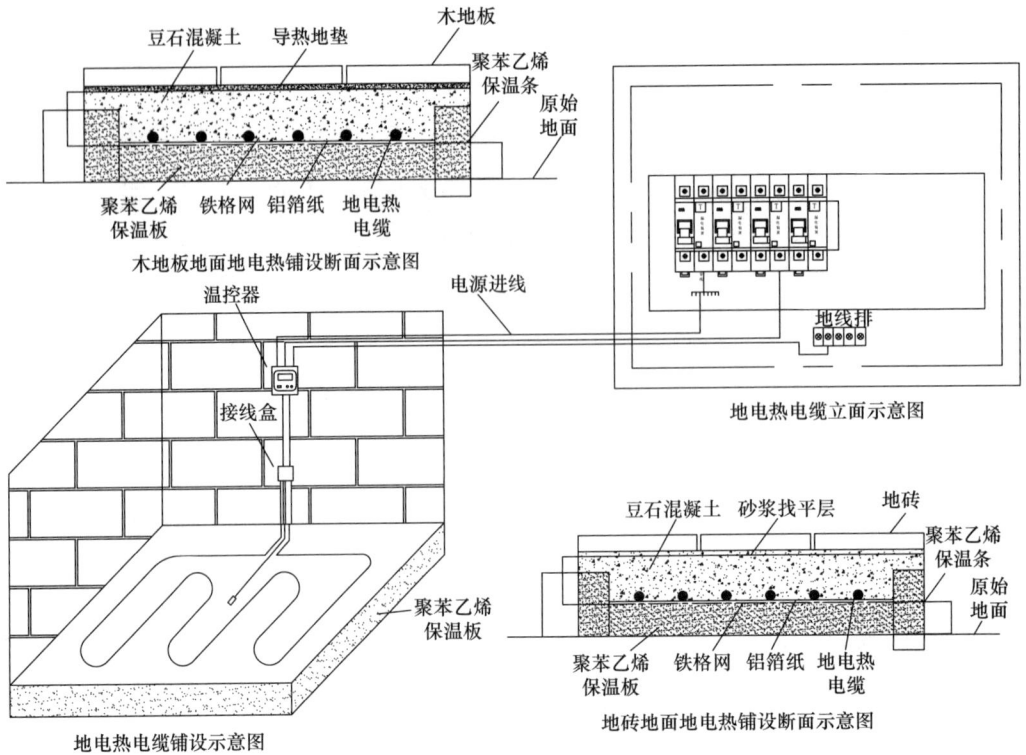

木地板地面地电热铺设断面示意图

地电热电缆立面示意图

地电热电缆铺设示意图

地砖地面地电热铺设断面示意图

图 1-42 供暖通风系统图

电气施工图主要包括照明平面图、照明系统图、动力系统图以及弱电系统图。照明平面图、照明系统图及弱电系统图如图 1-43 和图 1-44 所示。

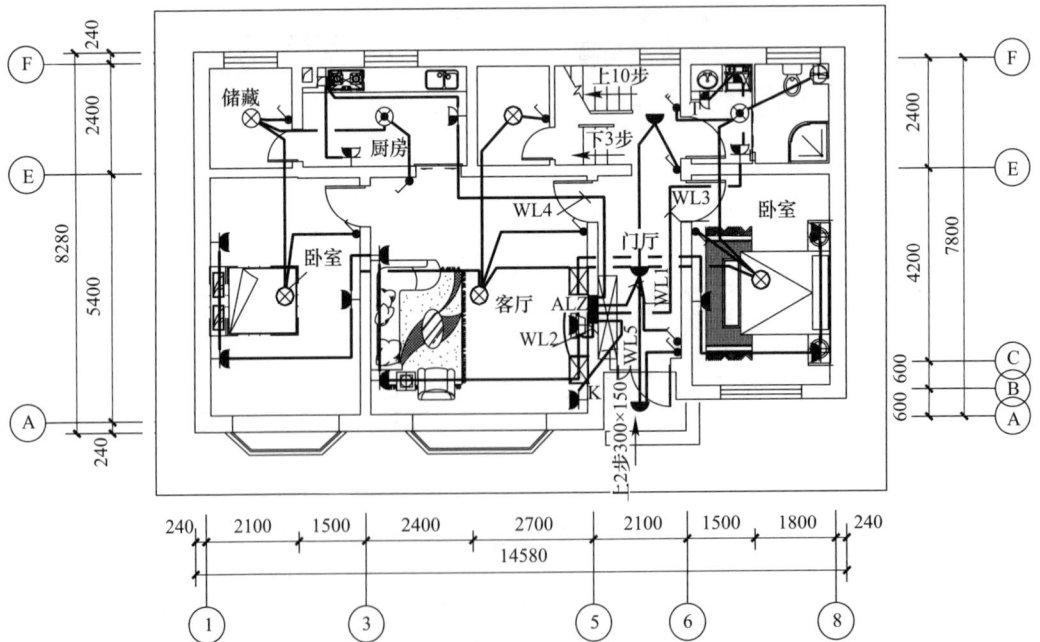

一层照明平面图 1:100

图 1-43 照明平面图

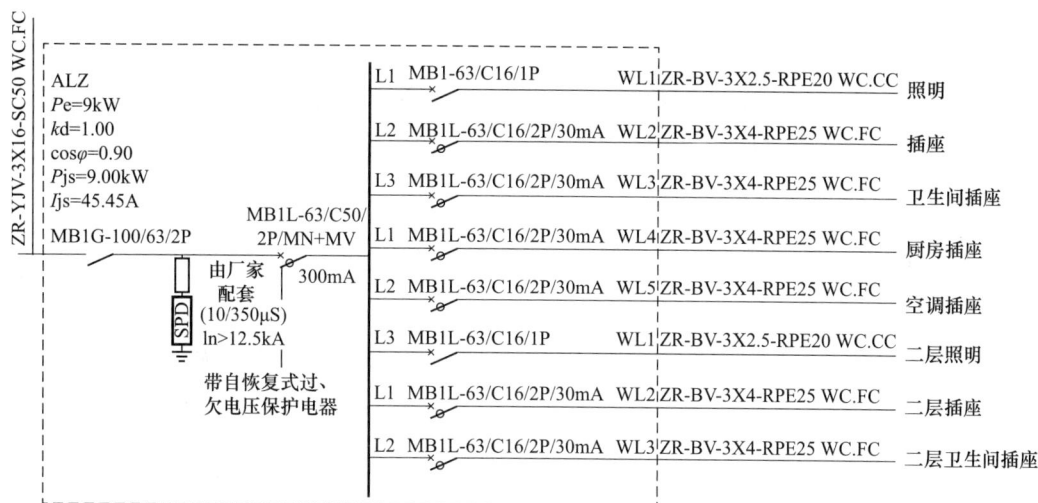

(a)

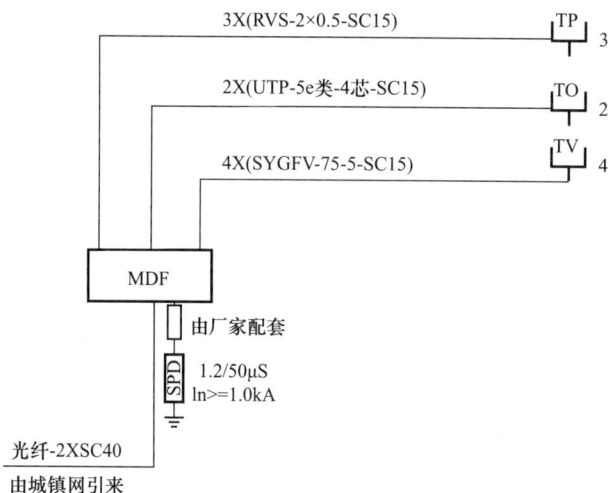

(b)

图 1-44　系统图

（a）照明总配电箱系统图；（b）弱电系统图

1.4　工程材料知识

1.4.1　建筑材料的分类

1. 按使用功能分类

（1）结构材料

结构材料是构成建筑物受力骨架的材料，主要承受建筑物的各种荷载，如钢材、混凝土、木材等。

（2）围护材料

围护材料用于建筑物的围护结构，起到遮风挡雨、保温隔热、隔声等作用。如砖、砌块、墙板等。

（3）功能材料

功能材料具备某种特殊功能，以满足建筑在防水、保温、隔热、防火、采光等方面的需求。如防水卷材和防水涂料、保温材料、防火材料、采光材料、装饰材料等。

2. 按化学成分分类

建筑材料按其化学成分可分为无机材料、有机材料、复合材料三大类，见表1-2。

建筑材料分类   表1-2

无机材料	金属材料	黑色金属	钢、铁及其合金
		有色金属	铝、铜等及其合金
	非金属材料	天然石材	砂石料及石材制品等
		烧土制品	砖、瓦、玻璃等
		胶凝材料	石灰、石膏、水泥等
有机材料	植物材料		木材、竹材等
	沥青材料		石油沥青、煤沥青及沥青制品
	高分子材料		塑料、合成橡胶等
复合材料	非金属材料与非金属材料复合		水泥混凝土、砂浆等
	无机非金属材料与有机材料复合		玻璃纤维增强塑料、沥青混凝土等
	金属材料与无机非金属材料复合		钢纤维增强混凝土等
	金属材料与有机材料复合		轻质金属夹心板等

1.4.2 建筑材料规格与型号知识

1. 常用建筑钢材

（1）常用建筑钢材及钢筋的规格

建筑钢材种类繁多，常见的有热轧光圆钢筋、热轧带肋钢筋、型钢（如工字钢、槽钢、角钢等）以及扁钢、钢板等。

① 钢筋：热轧光圆钢筋常用规格以公称直径来表示，常见规格有 6mm、8mm、10mm、12mm 等。例如，公称直径为 8mm 的热轧光圆钢筋，其截面呈圆形，表面光滑，主要用于一些对钢筋锚固要求相对不高、受力较小的部位，如板的分布钢筋、箍筋等，在建筑中起着构造骨架以及辅助受力的作用。

热轧带肋钢筋的规格同样以公称直径区分，公称直径范围一般从 6mm 到 50mm，常见规格有 12mm、14mm、16mm、18mm、20mm、22mm、25mm 等。它的表面带有月牙形或等高肋纹，这种肋纹能有效增加钢筋与混凝土之间的粘结力，如图 1-45 所示。

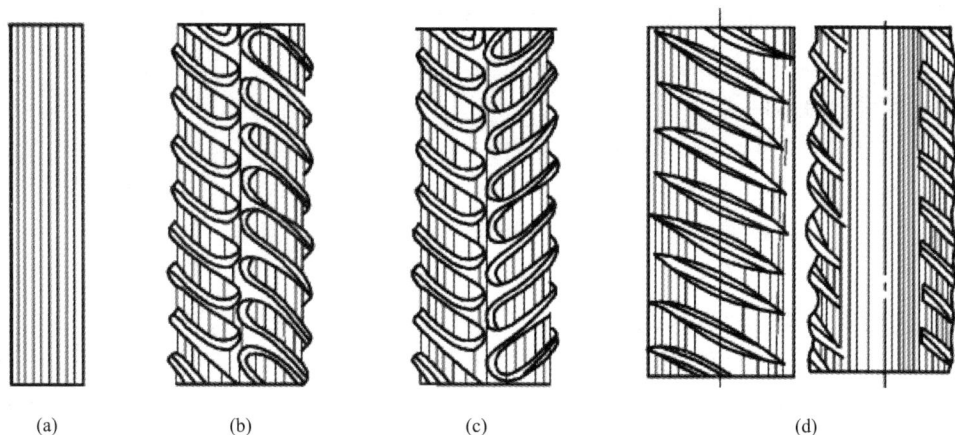

图 1-45　钢筋类别

（a）光圆钢筋；（b）螺纹钢筋；（c）人字纹钢筋；（d）月牙纹钢筋

热轧光圆钢筋牌号为 HPB300，其中"HPB"表示热轧光圆钢筋的英文缩写，"300"代表其屈服强度标准值为 300MPa；热轧带肋钢筋常见牌号有 HRB400、HRB500 等，"HRB"表示热轧带肋钢筋，数字同样对应屈服强度标准值，分别为 400MPa 和 500MPa。

② 型钢：型钢中的工字钢，其规格表示方法通常以腰高×腿宽×腰厚来表示，例如 I100×68×4.5，表示腰高为 100mm、腿宽 68mm、腰厚 4.5mm 的工字钢。工字钢在建筑中常用于承受较大弯矩和轴向力的结构部位。

槽钢的规格用型号表示，如⸦10、⸦12.6 等，数字代表槽钢的高度，单位为 cm。槽钢外形呈槽形，在建筑结构的支撑体系、楼梯的斜梁等部位常有应用，能够提供较好的侧向稳定性和承载能力。

角钢则分为等边角钢和不等边角钢，等边角钢规格以边宽×边厚来表示，例如∟40×4，表示两边宽均为 40mm、边厚为 4mm 的等边角钢；不等边角钢规格用长边宽×短边宽×边厚表示，如∟90×56×6。

型钢类型如图 1-46 所示。

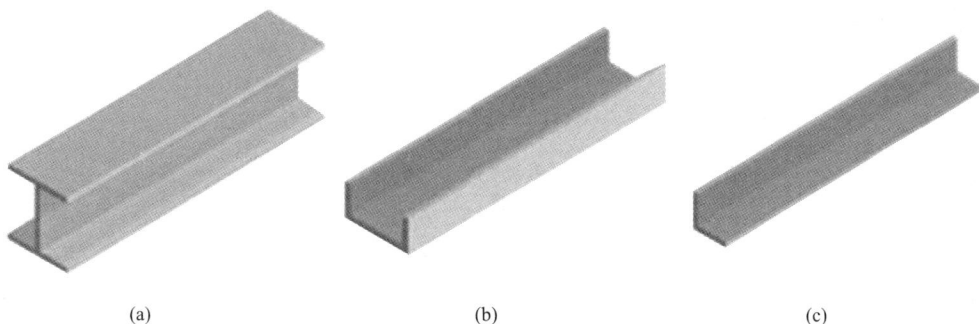

图 1-46　型钢类别

（a）工字钢；（b）槽钢；（c）角钢

扁钢的规格以宽度×厚度的毫米数来表示，如"－50×5"表示宽度为 50mm、厚度为 5mm 的扁钢。

钢板的规格一般用厚度×宽度×长度来表示，常见厚度有 3mm、4mm、5mm、6mm、8mm、10mm 等，宽度和长度根据实际生产和使用需求有多种规格组合。

(2) 钢材的力学性能

钢材的力学性能主要包括以下几个方面：

① 屈服强度：是钢材开始产生明显塑性变形时所对应的应力值。当钢材所受应力达到屈服强度后，即使应力不再增加，钢材也会持续产生不可恢复的塑性变形。

② 抗拉强度：指钢材在拉伸试验过程中所能承受的最大拉应力值。抗拉强度反映了钢材抵抗拉断的能力，一般来说，抗拉强度越高，钢材在承受拉力时越不容易被拉断。

③ 伸长率：是衡量钢材塑性变形能力的指标，通过拉伸试验中试件断裂后的伸长量与原始标距长度的百分比来表示。伸长率大的钢材，在受力过程中能够产生较大的塑性变形而不断裂，表明其具有良好的塑性，这对于结构在遭遇偶然超载、地震等极端情况时非常重要，能够通过钢材的塑性变形来吸收和耗散能量，避免结构突然脆性破坏，提高结构的抗震性能和整体安全性。

④ 冷弯性能：是指钢材在常温下承受弯曲变形而不发生断裂的能力。通过冷弯试验来检测，将钢材试件按照规定的弯心直径和弯曲角度进行弯曲，如果试件表面无裂纹、断裂等缺陷，则说明钢材冷弯性能合格。

⑤ 冲击韧性：表征钢材抵抗冲击荷载作用的能力，通过冲击试验，用冲断试件时单位面积上所消耗的能量来衡量。

2. 水泥

(1) 常用水泥的分类

常用的水泥根据其成分和特性可分为硅酸盐水泥、普通硅酸盐水泥、矿渣硅酸盐水泥、火山灰质硅酸盐水泥、粉煤灰硅酸盐水泥和复合硅酸盐水泥等几大类。常用水泥的主要特性详见表 1-3。

六大常用水泥的主要特性   表 1-3

水泥品种	主要特性
硅酸盐水泥	①凝结硬化快；②早期强度高；③水化热大；④抗冻性好；⑤干缩性小；⑥耐蚀性差；⑦耐热性差
普通硅酸盐水泥	①凝结硬化较快；②早期强度较高；③水化热较大；④抗冻性较好；⑤耐热性较差；⑥耐蚀性较差；⑦干缩性较小
矿渣硅酸盐水泥	①凝结硬化慢；②早期强度低，后期强度增长较快；③水化热较小；④抗冻性差；⑤耐热性好；⑥耐蚀性较好；⑦干缩性较大；⑧泌水性大
火山灰质硅酸盐水泥	①凝结硬化慢；②早期强度低，后期强度增长较快；③水化热较小；④抗冻性差；⑤耐热性较差；⑥耐蚀性较好；⑦干缩性较大；⑧抗渗性较好
粉煤灰硅酸盐水泥	①凝结硬化慢；②早期强度低，后期强度增长较快；③水化热较小；④抗冻性差；⑤耐热性较差；⑥耐蚀性较好；⑦干缩性较小；⑧抗裂性较高
复合硅酸盐水泥	①凝结硬化慢；②早期强度低，后期强度增长较快；③水化热较小；④抗冻性差；⑤耐蚀性较好；⑥其他性能与所掺入的两种或两种以上混合材料的种类、掺量有关

(2) 常用水泥的技术要求

① 细度：细度是指水泥颗粒的粗细程度，一般通过筛析法或比表面积法来测定。

对于硅酸盐水泥和普通硅酸盐水泥，常用比表面积表示其细度，要求比表面积不小于 $300m^2/kg$，水泥颗粒越细，其水化反应速度越快，早期强度发展也越好，但过细的水泥颗粒会使水泥在储存过程中容易受潮、结块，并且生产成本也会增加；而对于其他掺有混合材料的水泥，有的采用筛余百分数来衡量细度，合适的细度保证了水泥在使用时能充分发挥其胶凝作用，使混凝土或砂浆具有良好的性能。

② 凝结时间：水泥凝结时间是指水泥从加水开始至净浆完全失去可塑性所需要的时间，分为初凝和终凝两个阶段。初凝是指水泥浆开始失去可塑性并凝聚成块，这段时间称为初凝时间；终凝是指胶体进一步紧密并失去其可塑性，产生机械强度，并能抵抗一定外力，这段时间为水泥终凝时间。现行国家标准规定：硅酸盐水泥的初凝时间不得短于 45min，终凝时间不得长于 6h 30min；普通硅酸盐水泥初凝时间不得短于 45min，终凝时间不得长于 10h。

③ 安定性：水泥的安定性是指水泥在凝结硬化过程中体积变化的均匀性。如果水泥安定性不良，在硬化后会产生不均匀的体积膨胀，导致混凝土或砂浆结构出现裂缝、翘曲甚至破坏等严重质量问题。常用的检验水泥安定性的方法有雷氏夹法和试饼法，水泥必须通过安定性检验合格后才能用于工程中，对于大体积混凝土、重要结构工程等，更要严格把控水泥的安定性。

④ 强度：水泥强度是衡量其质量的重要指标，通常采用水泥胶砂强度试验来测定，按照规定的配合比（水泥∶标准砂∶水＝1∶3∶0.5）制成 40mm×40mm×160mm 的棱柱体试件，分别测定其 3d、7d 和 28d 的抗压强度和抗折强度，不同类型、不同强度等级的水泥其各阶段强度值有相应的标准要求，例如硅酸盐水泥的强度等级较高，其 28d 抗压强度可达 42.5MPa、52.5MPa 等不同级别，以此来满足不同工程对水泥强度的需求。

3. 砂、石

(1) 砂、石的分类和规格

① 砂的分类和规格：砂按来源可分为天然砂和人工砂。天然砂包括河砂、海砂和山砂。河砂颗粒圆滑，比较洁净，含泥量相对较低，来源广泛，是建筑工程中最常用的砂种，其粒径一般在 0.15~4.75mm 之间，常根据细度模数分为粗砂（细度模数为 3.7~3.1）、中砂（细度模数为 3.0~2.3）、细砂（细度模数为 2.2~1.6）三类。粗砂适用于配制大体积混凝土、高强度混凝土以及对砂的孔隙率要求不高的砌体工程等。中砂的应用最为广泛，无论是混凝土还是砂浆的配制，中砂都能使拌合物具有良好的和易性和强度，像普通的建筑混凝土、砌筑砂浆等大多采用中砂。细砂由于颗粒较细，其比表面积大，在配制混凝土或砂浆时需要更多的水泥浆来包裹。

② 石的分类和规格：石作为混凝土中的粗骨料，分为碎石和卵石。

碎石是由天然岩石或卵石经破碎、筛分而得，其颗粒形状多为棱角形，表面粗糙，与水泥浆的粘结力强，在承受压力时能更好地传递应力，因此能提高混凝土的强度，常用于对强度要求较高的结构工程。碎石的规格通常根据最大粒径来划分，常见的有 5~10mm、10~20mm、20~30mm、30~40mm 等不同粒径范围，构件的尺寸、钢筋间距以及混凝土的浇筑方式等来选择合适粒径的碎石。卵石是自然形成的岩石颗粒，其表面光滑，形状多为圆形或椭圆形，流动性相对较好，在搅拌混凝土时所需的搅拌功率相对较小，能使混凝土拌合物具有较好的工作性，便于施工操作，常用于一些对混凝土外观要求较高、受力相对简单的工程部位。

（2）砂、石的含泥量和有害杂质

① 砂的含泥量和有害杂质：砂中的含泥量是指粒径小于 0.075mm 的黏土、淤泥和尘土等颗粒的含量。对于不同用途的混凝土和砂浆，对砂的含泥量有不同的限制要求。例如，在配制高强度混凝土时，砂的含泥量一般要求不超过 2%；对于普通的建筑混凝土，含泥量不宜超过 3%；而在砌筑砂浆中，砂的含泥量可适当放宽，但也不宜超过 5%。

除了含泥量，砂中还可能存在其他有害杂质，如云母、轻物质（密度小于 2000kg/m³ 的物质，如贝壳等）、有机物、硫化物及硫酸盐等。在使用砂之前，要通过筛分、水洗等方法尽可能去除这些有害杂质，保证砂的质量符合建筑工程的要求。

② 石的含泥量和有害杂质：石的含泥量同样对混凝土性能有着重要影响，它是指粒径小于 0.075mm 的颗粒含量。对于一般混凝土结构，碎石或卵石的含泥量要求不超过 1%；对于高强度混凝土、有抗冻要求或抗渗要求的混凝土，含泥量应控制在 0.5% 以下。

石中可能含有的有害杂质包括针片状颗粒、软弱颗粒、泥块以及有机物、硫化物等。在石子使用前要通过筛分等手段控制针片状颗粒的含量，要求其含量不超过国家标准规定的比例。

（3）颗粒级配的概念

颗粒级配是指砂、石等骨料中不同粒径颗粒的分布情况。合理的颗粒级配能够使骨料堆积得更加密实，空隙率最小，这样在配制混凝土或砂浆时，就可以用较少的水泥浆填充骨料之间的空隙，达到节约水泥、提高混凝土或砂浆强度以及改善其和易性的目的。

（4）砂、石的物理性质指标

1）砂的物理性质指标

① 表观密度：是指砂在自然状态下单位体积的质量，一般通过排水法等试验方法测定，建筑用砂的表观密度通常在 2600kg/m³ 左右。

② 堆积密度：指砂在自然堆积状态下单位体积的质量，它与砂的颗粒形状、粒径大小及级配等因素有关，一般建筑用砂的松散堆积密度在 1350~1650kg/m³ 之间，紧密堆积密度在 1600~1800kg/m³ 之间。

③ 空隙率：是指砂在堆积状态下，空隙体积占总体积的百分比，通过计算 [空隙率＝(1－堆积密度/表观密度)×100%] 得出，它体现了砂堆积的密实程度，空隙率越小，说明砂的颗粒级配越合理，在配制混凝土或砂浆时，需要填充空隙的水泥浆量就越少，越有利于节约水泥和提高拌合物的性能。

2）石的物理性质指标

① 表观密度：同样通过排水法等试验测定，碎石和卵石的表观密度一般在 2500~2800kg/m³ 之间，其大小取决于石子的岩石种类、矿物成分以及孔隙情况等。

② 堆积密度：因石子的粒径、形状、级配等因素不同而有变化，碎石的松散堆积密度一般在 1350~1550kg/m³ 之间，紧密堆积密度在 1600~1800kg/m³ 之间；卵石的松散堆积密度稍大些，一般在 1500~1700kg/m³ 之间，紧密堆积密度在 1800~2000kg/m³ 之间。

③ 空隙率：计算方式与砂类似，石子的空隙率大小反映了其颗粒级配的优劣以及堆积的密实程度，对于合理选择石子粒径和级配，减少混凝土中水泥浆的填充量，提高混凝

土强度和经济性有着重要意义。

此外，砂、石的坚固性也是一项重要的物理性质指标，它反映了砂、石在气候、环境等因素作用下抵抗破碎的能力。

4. 混凝土

(1) 混凝土材料的组成

混凝土是由水泥、砂、石、水以及根据需要添加的外加剂和掺合料按一定比例配制而成的人工石材。混凝土材料的组成材料如图 1-47 所示。

图 1-47　混凝土组成材料
(a) 水泥；(b) 砂；(c) 石；(d) 外加剂；(e) 粉煤灰；(f) 矿渣粉

1）水泥：水泥作为胶凝材料，在混凝土中起着将砂、石等骨料粘结在一起的关键作用，水化后形成坚硬的水泥石，使混凝土具备强度和稳定性。

2）砂：砂属于细骨料，填充在石子之间的空隙中，与水泥浆共同组成砂浆，使混凝土具有更好的工作性和密实性，常见的有天然砂（如河砂、海砂、山砂）和人工砂等，其粒径一般在 0.15～4.75mm 之间。

3）石：石是粗骨料，主要起到骨架支撑作用，承受混凝土所受的大部分荷载，粒径大于 4.75mm，常见的有碎石和卵石。碎石是由天然岩石或卵石经破碎、筛分而得，表面粗糙，与水泥浆的粘结力较强；卵石则是自然形成的岩石颗粒，表面光滑，流动性相对较好，但粘结力稍弱一些。

4）水：水是混凝土拌制过程中不可或缺的成分，用于使水泥水化以及调节混凝土的工作性能，要求使用清洁、不含有害杂质的水，一般符合国家标准的饮用水都可用于混凝土拌制，非饮用水需经过检验合格后才能使用。

5）外加剂：混凝土外加剂在现代混凝土工程中发挥着重要作用，它们不仅能够改善混凝土的性能，还能提高施工效率和工程质量。通过合理选用和使用外加剂，可以满足不同工程条件和环境要求，实现混凝土性能的优化。

6）掺合料：掺合料如粉煤灰、矿渣粉等，适量掺入可以改善混凝土的某些性能，粉煤灰能够提高混凝土的工作性、降低水化热，矿渣粉有助于提高混凝土的后期强度等，同时掺合料的使用还能在一定程度上节约水泥用量，降低成本且利于环保。

（2）混凝土强度等级

混凝土强度等级是按照立方体抗压强度标准值来划分的，用符号"C"和相应的数值表示。根据《混凝土结构设计标准》GB/T 50010—2010（2024年版）规定，普通混凝土划分为十三个等级，即：C20、C25、C30、C35、C40、C45、C50、C55、C60、C65、C70、C75、C80。数值代表以边长为150mm的立方体试件，在标准养护条件（温度20℃±2℃，相对湿度95％以上）下养护28d，所测得的具有95％保证率的抗压强度标准值 $f_{cu,k}$（单位为MPa）。例如，强度等级为C30的混凝土是指30MPa≤ $f_{cu,k}$ ＜35MPa。

（3）混凝土材料的外加剂和掺合料

1）外加剂

混凝土外加剂在混凝土中的主要作用包括以下几个方面（表1-4）。

混凝土外加剂的作用机制和效果   表1-4

序号	外加剂作用	外加剂种类
1	改善混凝土拌合物流变性能	各种减水剂、引气剂和泵送剂等
2	调节混凝土凝结时间、硬化性能	缓凝剂、早强剂和速凝剂等
3	改善混凝土耐久性	引气剂、防水剂和阻锈剂
4	改善混凝土其他性能	膨胀剂、防冻剂、着色剂、防水剂和泵送剂

具体来说，混凝土外加剂的作用机制和效果见表1-5。

混凝土外加剂的作用机制和效果   表1-5

序号	外加剂	作用机制和效果
1	减水剂	在保持混凝土坍落度基本相同的条件下，能减少拌合用水量。可以提高混凝土的强度，减少水泥的用量，从而节约成本；改善混凝土的和易性，减少泌水和离析现象
2	早强剂	能提高混凝土的早期强度，缩短施工周期。这对于需要快速回填或承受荷载的工程尤其重要
3	缓凝剂	能延长混凝土的凝结时间，这对于大体积混凝土或高温季节施工非常有利，可以减少因混凝土过早凝固而导致的裂缝
4	引气剂	能在混凝土中引入大量均匀分布的微小气泡，改善混凝土的和易性，同时提高其抗冻性和抗渗性
5	防水剂	能降低混凝土在静水压力下的透水性，提高混凝土的耐久性
6	阻锈剂	能抑制或减轻混凝土中钢筋或预埋金属的锈蚀，延长结构的使用寿命
7	加气剂	混凝土制备过程中因发生化学反应，放出气体，而使混凝土中形成大量气孔的外加剂
8	膨胀剂	能使混凝土膨胀到一定体积
9	防冻剂	能使混凝土在负温下硬化，并在规定时间内达到足够防冻强度的外加剂
10	着色剂	制备颜色稳定的混凝土
11	速凝剂	能快速凝固和硬化混凝土

综上所述，混凝土外加剂的种类繁多，功能各异，可以根据工程的具体需求选择合适

的外加剂，以提高混凝土的质量和性能。

2）掺合料

① 粉煤灰：粉煤灰是从燃煤电厂的烟道气体中收集的细灰，它具有火山灰活性，掺入混凝土后，能与水泥水化生成的氢氧化钙发生反应，生成具有胶凝性的产物，填充混凝土的孔隙，提高混凝土的密实度和后期强度，同时由于其颗粒较细，能改善混凝土的工作性，使混凝土更加易于搅拌、泵送和振捣。

② 矿渣粉：矿渣粉是炼铁高炉排出的水淬矿渣经磨细加工而成，其活性成分能参与水泥的水化反应，提高混凝土的强度、抗渗性、抗化学侵蚀性等性能，并且矿渣粉的使用可以替代部分水泥，降低混凝土的成本，在环保和资源综合利用方面也有积极意义，常用于配制高性能混凝土以及大体积混凝土等。

③ 硅灰：硅灰是生产硅铁合金或金属硅时产生的一种超细粉末状副产品，其颗粒极细，比表面积大，具有很高的火山灰活性，少量掺入混凝土就能显著提高混凝土的强度、抗渗性和耐磨性等，不过由于其价格相对较高，一般在对混凝土性能要求极高的特殊工程中使用，如一些要求高耐久性的桥梁、水工结构等。

（4）混凝土材料的技术性能

1）工作性：又称和易性，是指混凝土拌合物在一定的施工条件下，便于各施工工序的操作，以获得均匀密实混凝土的性能，主要包括流动性、黏聚性和保水性三个方面。流动性是指混凝土拌合物在自重或外力作用下产生流动的性能，常用坍落度或维勃稠度来衡量。黏聚性是指混凝土拌合物各组成材料之间有一定的黏聚力，在运输和浇筑过程中不会出现分层、离析现象，保证混凝土的整体性。保水性是指混凝土拌合物具有一定的保持水分的能力，在施工过程中不会产生严重的泌水现象。

2）强度：除了立方体抗压强度外，混凝土还有轴心抗压强度、轴心抗拉强度等强度指标。轴心抗压强度是采用棱柱体试件（高度大于边长）测定的混凝土在轴向压力作用下的抗压强度，更接近实际结构中混凝土构件的受力状态；轴心抗拉强度则相对较低，一般只有抗压强度的 $1/20 \sim 1/10$，混凝土在受拉时容易出现裂缝，所以在结构设计中，对于受拉部位往往通过配置钢筋来弥补其抗拉性能的不足。

3）耐久性：是指混凝土在使用环境条件下，抵抗各种破坏作用，长期保持强度和外观完整性的能力。主要包括抗渗性、抗冻性、抗侵蚀性、碳化以及碱-骨料反应等方面。

5. 砂浆

（1）建筑砂浆的类型

建筑砂浆按用途可分为砌筑砂浆、抹面砂浆和特种砂浆等。

1）砌筑砂浆

砌筑砂浆主要用于砌筑砖、石、砌块等墙体材料，将它们粘结成整体，使砌体具有一定的强度和稳定性。按照组成材料不同，可分为水泥砂浆、水泥混合砂浆等。

① 水泥砂浆：水泥砂浆是由水泥、砂和水按一定比例配制而成，强度较高，适用于对强度要求较高、潮湿环境下的砌体工程，如地下室墙体、基础砌体等。

② 水泥混合砂浆：水泥混合砂浆是在水泥砂浆的基础上加入石灰膏、粉煤灰等掺合料制成，其和易性比水泥砂浆好，便于施工操作，常用于一般的地上砌体工程，如乡村住宅的砖墙砌筑等。

2）抹面砂浆

抹面砂浆用于涂抹在建筑物内外墙面、地面、顶棚等部位，起保护基层、找平以及装饰等作用。根据功能和使用部位不同，分为普通抹面砂浆、装饰抹面砂浆等。普通抹面砂浆主要是对基层进行找平处理，为后续的装饰或其他工序创造条件；装饰抹面砂浆则可以通过添加颜料、采用不同的施工工艺（如拉毛、甩浆等）营造出各种美观的装饰效果，用于建筑物外立面、室内公共空间等需要美化的地方。

3）特种砂浆

特种砂浆是具有特殊性能和用途的砂浆，如防水砂浆用于有防水要求的部位（如卫生间、水池等），通过添加防水剂等外加剂，使其具备良好的抗渗性能，防止水的渗透；保温砂浆含有保温隔热材料（如聚苯颗粒、玻化微珠等），能有效降低建筑物的热量传递，提高建筑的节能性能，常用于外墙内保温、屋面保温等工程；自流平砂浆具有良好的流动性，能在地面上自动流平，形成平整光滑的表面。

（2）砂浆强度等级

砌筑砂浆的强度等级是按照其抗压强度平均值来划分的，用符号"M"和相应的数值表示，如 M5、M7.5、M10、M15、M20 等，数值代表以边长为 70.7mm 的立方体试件，在标准养护条件（温度 20℃±2℃，相对湿度 95％以上）下养护 28d，所测得的抗压强度平均值（单位为 MPa）。

抹面砂浆一般不直接用强度等级来表示，而是根据其使用功能和施工要求来规定其性能指标，如普通抹面砂浆要求具有合适的和易性、粘结力以及一定的抗压强度，以保证能牢固地附着在基层上并对基层起到保护和平整作用；防水砂浆则以抗渗等级（如 P6、P8 等，表示能抵抗 0.6MPa、0.8MPa 等水压而不渗水）来衡量其防水性能；保温砂浆以导热系数等热工性能指标来衡量其保温隔热效果。

（3）砂浆的技术性能

① 和易性：砂浆的和易性同样包含流动性、黏聚性和保水性这几个方面，不过与混凝土有所不同。砂浆的流动性也叫稠度，通常用沉入度来衡量，一般通过沉入度试验，用规定质量的圆锥体沉入砂浆内一定深度来表示其流动性大小。

② 强度：如前面所述，砌筑砂浆有明确的强度等级划分，其抗压强度是衡量其质量和能否满足结构受力要求的重要指标。

③ 粘结力：砂浆与基层以及被粘结材料（如砖、砌块等）之间的粘结力是保证砌体结构整体性和抹面牢固性的关键因素。粘结力的大小受多种因素影响，首先砂浆自身的成分很重要，水泥砂浆中水泥用量多、粘结力相对较强，但和易性可能稍差些，加入掺合料后的水泥混合砂浆在改善和易性的同时，也需要保证有足够的粘结力来粘结砌体材料；其次，基层的清洁程度和粗糙度对粘结力影响明显。

④ 变形性能：砂浆在凝结硬化过程以及后续使用过程中会发生一定的变形，主要包括干缩变形、温度变形等。干缩变形是由于砂浆中的水分逐渐散失，导致体积收缩产生的，若干缩变形过大，容易在砂浆层内产生裂缝，影响砌体外观和结构性能，所以要通过合理控制水灰比、添加保水剂等措施来尽量减小干缩变形。温度变形则是因为外界温度变化引起砂浆的热胀冷缩，在大面积的抹面工程或者砌体结构中，不同部位的温度差异可能导致砂浆出现裂缝。

6. 建筑用块材

（1）常用建筑块材的分类

常用建筑块材可按材料成分、形状、功能用途等多种方式进行分类。

1）按材料成分分类

① 黏土砖类：传统的黏土砖是以黏土为主要原料，经成型、干燥、烧制而成，如烧结普通砖，是过去很长时间内广泛应用于建筑墙体的材料，不过由于黏土砖生产会消耗大量耕地资源，且烧制过程对环境有一定污染，现在其使用受到了很大限制，在一些古建筑修复、传统风貌保护等特殊项目中有所应用。

② 硅酸盐类：包括蒸压灰砂砖、蒸压粉煤灰砖等，这类砖是以石灰和砂（蒸压灰砂砖）或粉煤灰（蒸压粉煤灰砖）等为主要原料，通过混合、压制成型、高压蒸养等工艺制成。它们具有强度较高、耐久性较好等特点，常用于一般的建筑墙体工程。

③ 混凝土类：像混凝土小型空心砌块、混凝土实心砖等，是利用水泥、砂、石等材料按一定配合比配制后，经搅拌、成型、养护等工艺生产出来的。

④ 轻质材料类：如蒸压加气混凝土砌块、陶粒混凝土砌块等，它们以轻质材料为主要特点，蒸压加气混凝土砌块通过在混凝土中引入发气剂，使其内部形成大量均匀的微小气孔，从而大大降低了自重，同时具备良好的保温隔热、吸声等性能，常用于外墙、分户墙等对节能和声学性能有要求的部位；陶粒混凝土砌块是以陶粒作为粗骨料，陶粒本身具有质轻、多孔、保温隔热等优点，制成的砌块同样适用于减轻建筑物自重、提高保温隔热效果的建筑工程中。

⑤ 天然石材类：天然石材作为建筑块材有着独特的质感和美观性，常见的有花岗石、大理石、石灰石等。花岗石质地坚硬，耐磨性、耐腐蚀性强，常用于建筑的基础、台阶、外墙饰面等需要承受较大荷载或抵御外界侵蚀的部位；大理石纹理美观，多用于室内高档装修，如地面、墙面的装饰，但由于其质地相对较软，耐腐蚀性稍差，在使用时要注意避免接触酸性物质；石灰石相对质地较疏松，一般经过加工处理后用于一些对强度要求不高、有一定装饰效果需求的建筑部位，如园林建筑中的矮墙、景观小品等。

2）按形状分类

① 块状：如各种标准规格的砖、砌块等都属于块状，它们的形状规则，便于砌筑施工，能够按照一定的砌筑方式（如一顺一丁、三顺一丁等）层层堆叠，形成稳定的墙体结构，且不同规格的块状材料可以根据建筑设计要求灵活组合，营造出不同厚度、不同功能的墙体。

② 板状：像天然石材加工而成的石板，以及一些人造的薄板类建筑材料（如纤维水泥板、硅酸钙板等）属于板状块材。石板常用于建筑外立面的干挂装饰、室内墙面和地面的铺贴等，通过挂装、粘贴等方式固定在基层上，展现出美观大方的装饰效果；纤维水泥板、硅酸钙板等则常作为室内隔墙、吊顶等部位的装饰和结构材料，具有防火、防潮、隔声等性能，且安装方便，造型可根据设计灵活变化。

3）按功能用途分类

① 承重块材：主要用于承担建筑物上部结构传来的荷载，承重块材需要具备足够的强度和稳定性，在砌筑承重墙、基础等关键结构部位时发挥重要的承重作用，其强度等级、规格等要根据建筑的层数、荷载大小等因素合理选择，以确保建筑结构的安全可靠。

② 非承重块材：多用于室内外空间的分隔、围护以及装饰等目的，这些块材虽然不承担主要的结构荷载，但在营造舒适的室内外空间、提升建筑美观性等方面有着不可或缺的作用。

(2) 常用建筑块材的规格

① 砖的规格

烧结普通砖的标准规格为240mm×115mm×53mm（图1-48）。

烧结多孔砖常见规格有240mm×115mm×90mm、240mm×115mm×115mm等，其孔洞率一般在25%～35%，适用于各类砌体结构中的承重和非承重墙体部位（图1-49）。

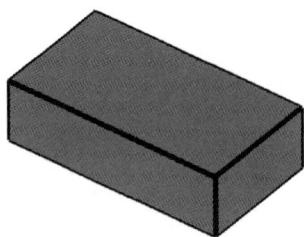

图 1-48　烧结普通砖

图 1-49　烧结多孔砖

蒸压灰砂砖的规格一般与烧结普通砖相似，也可为240mm×115mm×53mm，常用于一般的建筑墙体工程，具有较好的强度和耐久性（图1-50）。

蒸压粉煤灰砖的规格同样多为240mm×115mm×53mm，由于其利用了粉煤灰这一工业废渣资源，在环保和资源综合利用方面表现突出，并且能满足一般砌体工程的强度需求（图1-51）。

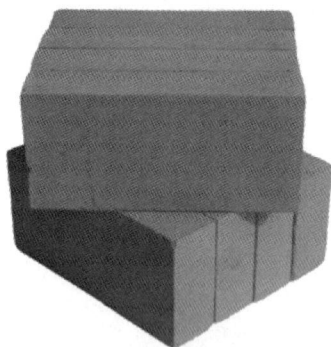

图 1-50　蒸压灰砂砖

图 1-51　蒸压粉煤灰砖

图 1-52　耐火砖

此外，还有一些特殊用途的砖，如耐火砖（图1-52），其规格根据不同的使用场景和耐火等级有多种，常见的有 T-38（230mm×114mm×65mm）、T-39（230mm×114mm×75mm）等，用于工业炉窑等有高温环境要求的部位，能在高温下保持结构稳定，防止炉窑坍塌，保障生产安全；装饰砖的规格大小和形状各异，有的做成异形砖，用于建筑外立面或室内特定区域营造独特的装饰效果。

② 砌块的规格：混凝土小型空心砌块常见规格有

390mm×190mm×190mm，其孔洞率通常在 25％～50％左右，常应用于各类乡村住宅、小型公共建筑等的墙体砌筑中。蒸压加气混凝土砌块规格多样，例如长度通常为 600mm，宽度常见为 100mm、120mm、150mm、180mm、200mm、240mm 等，高度一般为 200mm、250mm、300mm 等。混凝土小型空心砌块如图 1-53 所示。

陶粒混凝土砌块规格也较为丰富，常见的尺寸有 390mm×190mm×190mm、390mm×240mm×190mm 等，由于陶粒本身的轻质特性，使得该砌块自重较轻，在对结构荷载有一定限制要求，同时又希望提高墙体保温隔热性能的建筑工程中颇受欢迎，如图 1-54 所示。

图 1-53　混凝土小型空心砌块

图 1-54　陶粒混凝土砌块

③ 天然石材的规格：花岗石板材用于建筑装饰时，常见的规格有 600mm×600mm、800mm×800mm、1000mm×1000mm 等（厚度一般在 20～30mm），其较大的规格尺寸可以减少拼接缝隙，使建筑外立面或室内地面、墙面等呈现出大气、规整的视觉效果，如图 1-55 所示。

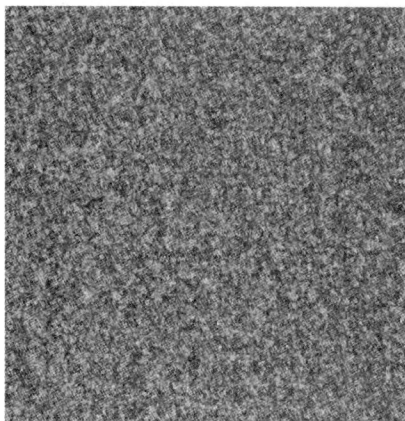

图 1-55　花岗石板材

大理石板材的规格与花岗石类似，不过由于其质地相对较软，在加工较大规格时可能需要更精细的工艺和防护措施，常见规格有 600mm×600mm、900mm×900mm 等（厚度多在 15～25mm），常用于室内高档装修的地面、墙面铺设，如图 1-56 所示。

石灰石加工成的建筑块材规格相对更灵活多样，用于园林建筑中的矮墙、花池等部位时，规格可能较小，如 300mm×200mm×100mm 左右，方便堆砌造型，营造出自然古朴的景观氛围；而用于一些小型建筑的基础或承重墙体时，规格会适当增大，如 400mm×

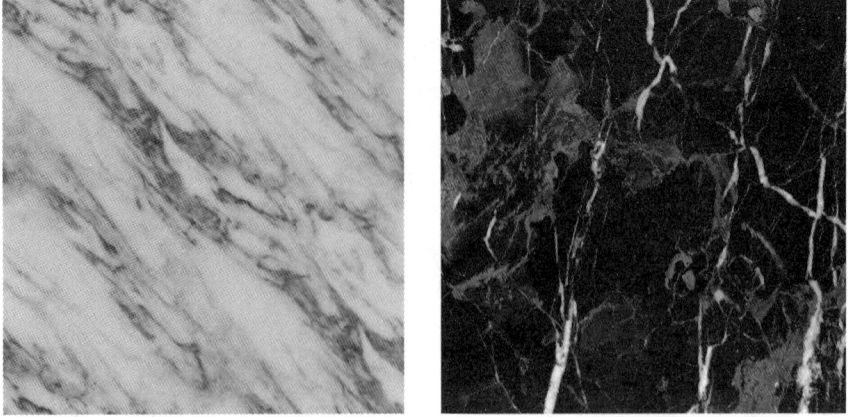

图 1-56　大理石板材

250mm×200mm 等，以满足结构强度要求，同时也能体现出其质朴的外观特点。

7. 板材

(1) 金属面夹芯板

金属面夹芯板由上下两层金属面板和中间的夹芯材料组成，如图 1-57 所示。金属面板通常采用钢板、铝板等金属材料，具有较高的强度和良好的耐久性。夹芯材料常见的有聚苯乙烯泡沫、聚氨酯泡沫、岩棉等，聚苯乙烯泡沫和聚氨酯泡沫具有优异的保温隔热性能，能有效降低建筑物的能耗；岩棉则具有良好的防火、保温和吸声性能，在对防火要求较高的建筑中应用较多。

(2) 混凝土岩棉复合外墙板

混凝土岩棉复合外墙板主要由混凝土层和岩棉保温层复合而成，如图 1-58 所示。混凝土层一般采用普通混凝土或轻质混凝土，提供墙板的结构强度和稳定性；岩棉保温层则位于混凝土层之间或一侧，起到保温隔热的作用。混凝土与岩棉之间通过胶粘剂或特殊的构造方式连接，确保两者协同工作。

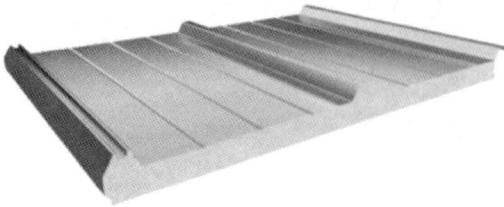

图 1-57　金属面夹芯板

图 1-58　混凝土岩棉复合外墙板

(3) 钢丝网水泥夹芯板

钢丝网水泥夹芯板由中间的夹芯材料和两面的钢丝网水泥薄板组成。夹芯材料可以是聚苯乙烯泡沫、岩棉、蜂窝纸板等轻质材料，钢丝网水泥薄板则是由钢丝网和水泥砂浆构成。钢丝网增强了水泥砂浆的抗拉强度，使其不易开裂，同时也为夹芯板提供了一定的结构整体性，如图 1-59 所示。

（4）轻钢龙骨面板复合墙板

轻钢龙骨面板复合墙板以轻钢龙骨为骨架，两面固定面板材料而成。轻钢龙骨一般采用镀锌轻钢材质，具有强度高、耐腐蚀等特点。面板材料可以是石膏板、纤维水泥板、金属板等。石膏板表面平整、质轻、防火、隔声性能较好；纤维水泥板强度高、耐久性好；金属板则具有良好的防水、防潮性能，可根据不同的使用环境和需求选择合适的面板材料，如图 1-60 所示。

图 1-59　金属面夹芯板

图 1-60　轻钢龙骨面板复合墙板

8. 防水材料

（1）防水卷材

防水卷材是一种可卷曲的片状防水材料如图 1-61 所示，主要用于建筑屋面、地下室、隧道等部位的防水工程。它一般由基料、助剂、胎体增强材料等组成。基料是防水卷材的主要成分，如沥青、橡胶、塑料等，决定了卷材的基本性能；助剂用于改善卷材的柔韧性、耐候性等性能；胎体增强材料（如聚酯毡、玻纤毡等）可以增强卷材的强度和抗撕裂性能。常见的防水卷材有 SBS 改性沥青防水卷材、APP 改性沥青防水卷材和高分子防水卷材。

（2）防水涂料

防水涂料是一种能够形成防水涂层的液态材料如图 1-62 所示，通过涂刷、喷涂等方式涂覆在建筑基层表面，固化后形成一层具有防水功能的膜。常见的防水涂料有聚氨酯防水涂料、丙烯酸防水涂料和聚合物水泥防水涂料等。

图 1-61　防水卷材

图 1-62　防水涂料

（3）建筑密封材料

建筑密封材料主要用于建筑构件的接缝处，如门窗缝、墙板缝、屋面伸缩缝等，起到密封作用，防止雨水、空气、灰尘等的侵入，同时也能在一定程度上隔声、隔热。其性能要求包括良好的粘结性、弹性、耐候性和耐水性等。常见的建筑密封材料有硅酮密封胶、聚氨酯密封胶、聚硫密封胶等。

图 1-63　防水砂浆

（4）防水砂浆

防水砂浆是一种具有防水性能的水泥砂浆，是在普通水泥砂浆的基础上添加防水剂或采用特殊的水泥制成，如图 1-63 所示。防水剂可以是无机类（如氯化物金属盐类防水剂）或有机类（如聚合物乳液），通过改变水泥砂浆的孔隙结构或提高其粘结性等方式来增强防水性能。

9. 保温材料

（1）岩棉保温材料

岩棉是以天然岩石（如玄武岩、辉绿岩）为主要原料，经高温熔融后，通过离心法或喷吹法等工艺制成的纤维状无机保温材料，如图 1-64 所示。岩棉保温材料广泛应用于建筑外墙外保温系统、屋面保温、工业设备保温以及管道保温等领域。

（2）玻璃棉保温材料

玻璃棉是将石英砂、石灰石等原料在高温下熔融，然后通过拉丝工艺制成的纤维状保温材料。其纤维直径很细，并且均匀分布，生产过程中还会添加一定的胶粘剂，使纤维形成一定的形状和结构，如图 1-65 所示。主要用于建筑保温、空调系统保温以及工业领域的保温降噪。

图 1-64　岩棉保温材料

图 1-65　玻璃棉保温材料

（3）聚苯乙烯泡沫保温材料

聚苯乙烯泡沫保温材料包括 EPS 和 XPS，如图 1-66 所示。

EPS（可发性聚苯乙烯泡沫）是通过在聚苯乙烯珠粒中加入发泡剂，经预发泡、熟化和成型等工艺制成。在预发泡阶段，发泡剂使珠粒膨胀，然后经过熟化使其内部结构稳定，最后在模具中成型为所需的形状。EPS 常用于建筑外墙保温、屋面保温、室内地面保温等。

（a）　　　　　　　　　　　　　　　　（b）

图 1-66　聚苯乙烯泡沫保温材料
（a）EPS；（b）XPS

XPS（挤塑聚苯乙烯泡沫）是以聚苯乙烯树脂为原料，掺加一定的添加剂，通过挤出工艺制造而成。这种工艺使材料形成连续均匀的闭孔结构，具有更高的密度和强度。XPS 更适用于对保温性能和抗压强度要求较高的场所，如地下室外墙保温、上人屋面保温等。

（4）聚氨酯泡沫保温材料

聚氨酯泡沫是由异氰酸酯和多元醇等原料通过化学反应制成的高分子保温材料如图 1-67 所示。在反应过程中，两种原料迅速混合并发生聚合反应，产生大量的气泡，形成泡沫状结构。可以采用现场喷涂或预制板的形式应用于建筑外墙保温、屋面保温、冷库保温等领域。

图 1-67　聚氨酯泡沫保温材料　　　　　图 1-68　膨胀珍珠岩保温材料

（5）膨胀珍珠岩保温材料

膨胀珍珠岩是由珍珠岩矿石经破碎、预热、高温焙烧膨胀而成的白色颗粒状保温材料如图 1-68 所示。主要用于建筑的屋面保温、内墙保温以及保温砂浆的制作。在一些传统建筑的屋面保温中，采用膨胀珍珠岩保温层可以有效降低室内温度波动。

1.4.3 水电材料规格与型号知识

1. 给水排水、供暖常用管材管径

目前，建筑给水常用管材主要有铝塑复合管、铜塑复合管、涂塑管、PE 管、PP-R 管、UPVC 管或铜管等。

各种管材的管径单位在工程中常用的有米（m）、厘米（cm）、毫米（mm）和英寸（in）。采用的口径分别用公称直径 DN（如：钢筋混凝土管、铸铁管、镀锌钢管、水煤气输送钢管、铸铁管等）、外径 D×壁厚（无缝钢管、焊接钢管、铜管、不锈钢钢管等管材）和外径 De（如混凝土管、陶土管、耐酸陶瓷管、缸瓦管等）表示；塑料管也用外径 De 表示，管径宜按产品标准的方法表示；当设计均用公称直径 DN 表示管径时，应有公称直径 DN 与相应产品规格对照表。

管道直径一般可分为外径、内径、公称直径。公称直径 DN，又称平均外径、公称通径。这是源自金属管的管壁很薄，管外径与管内径相差无几，所以取管的外径与管的内径之平均值当作管径称呼，是称呼管径、规格名称。

公称直径（mm）与英寸（in）单位之间的换算见表 1-6。

公称直径与英寸单位之间的换算 表 1-6

公称直径（mm）	8	10	15	20	25	32	40	50	65	80	100	125	150
英寸（in）	$\frac{1}{4}$	$\frac{3}{8}$	$\frac{1}{2}$	$\frac{3}{4}$	1	$1\frac{1}{4}$	$1\frac{1}{2}$	2	$2\frac{1}{2}$	3	4	5	6

2. 给水排水、供暖管材的性能及应用

（1）塑料管

1）塑料管材主要有：硬聚氯乙烯管（U-PVC），高密度聚乙烯管（HDPE），交联聚乙烯管（PEX），聚丙烯管（PP-R、PP-C），聚丁烯管（PB），丙烯腈-丁二烯-苯乙烯管（ABS），氯化聚氯乙烯管（C-PVC）等。复合管材有铝塑复合管、涂塑钢管、钢塑复合管、塑复铜管、孔网钢带塑料复合管等。

2）塑料管常用口径：塑料管常用口径采用外径 De 表示，规格为：20、25、32、40、50、65、75、90、110、125、140、160、180、200、225、250、280、315 等，单位：mm。

3）给水塑料管的连接方法：螺纹连接、焊接（电加热空气焊）、热熔连接、电熔连接、法兰连接和粘接等。

4）建筑给水塑料管的适用范围：可适用于工业与民用建筑内冷水、热水和饮用水系统。但由于其材质差异，UPVC 不能用于热水系统，只适用于冷水供水系统。

（2）复合管

复合管包括衬铅管、衬胶管、玻璃钢管。复合管大多是由工作层（要求耐水腐蚀）、支承层、保护层（要求耐腐蚀）组成。

1）复合管的分类：根据金属的材料可分为钢塑复合管、不锈钢—塑复合管、塑覆不锈钢管、塑覆铜管、铝塑复合管，交联铝塑复合管、衬塑铝合金管，如图 1-69 所示。

2）常用的复合管：铝塑复合管和钢塑复合管两种。钢塑复合管有衬塑和涂塑两类。

3）特点：具有无毒、耐腐蚀、质轻、机械强度高、脆化温度低、使用寿命长等优点。

4）适用范围：一般用于室内工作压力不大于 1.0MPa 的冷、热水管道系统中，是镀锌钢管的替代品。

5）复合管的连接方式：宜采用冷加工方式，热加工方式容易造成内衬塑料的伸缩、变形乃至熔化。一般有螺纹、卡套、卡箍等连接方式。

塑料管、复合管及连接附件如图 1-69 所示。

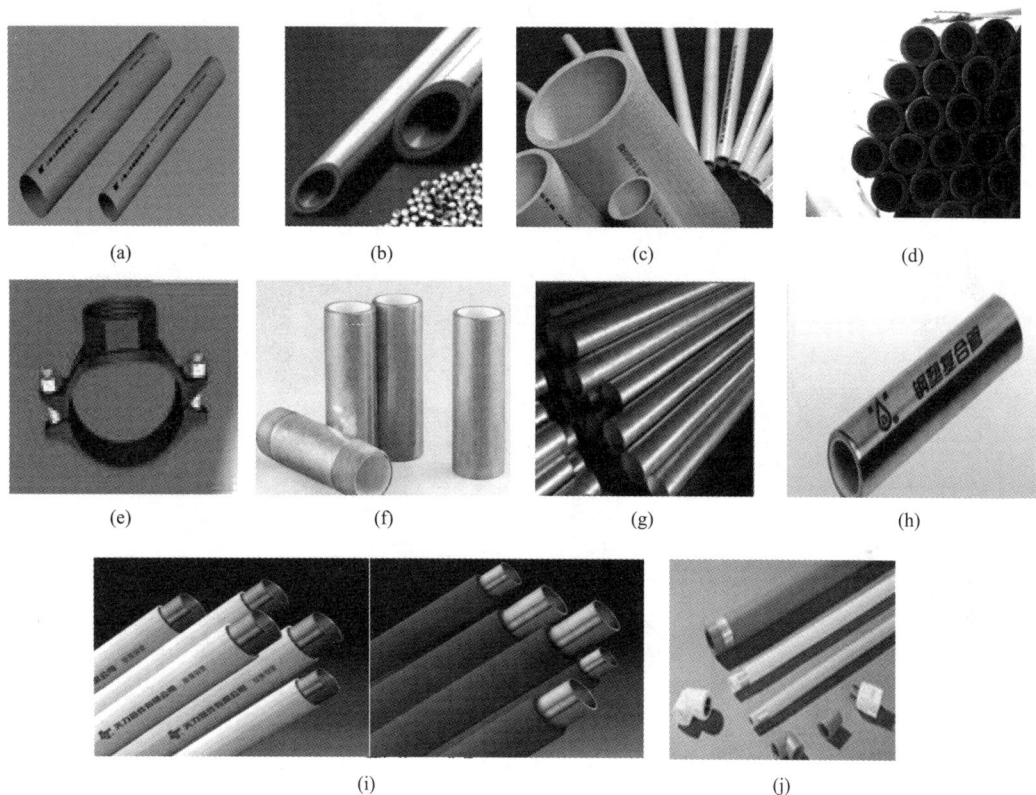

图 1-69　塑料管、复合管及连接附件

(a) PP-R 管；(b) C-PVC 管；(c) U-PVC 管；(d) 热水型钢塑管；(e) 管卡；(f) 复合管涂塑管；
(g) 衬塑管；(h) 钢塑复合管；(i) 塑覆铜管；(j) 铝塑复合管

(3) 钢管

1）分类：钢管分为焊接钢管和无缝钢管两种。按使用要求分为镀锌钢管（白铁管）和不镀锌钢管（黑铁管）。按照钢管的焊接情况分为直缝焊接钢管和螺纹缝焊接钢管。

2）钢管的特点：强度高、承受流体压力大、抗振性能好、重量比铸铁管轻、接头少、表面光滑、容易加工和安装等优点，但抗腐蚀能力差。镀锌钢管由于长期工作，镀锌层逐渐磨损脱落，钢体外露，管壁锈蚀、结垢、滋生细菌，使管道内的水质恶化。镀锌钢管的一般寿命只有 8~12 年（而一般的塑料给水管寿命可达 50 年）。

3）钢管的连接方法：有焊接、螺纹连接、法兰连接、承插连接四种。钢管的连接方式还包括沟槽卡箍连接、压缩式连接、活接式连接、推进式连接、锥螺纹式连接、承插焊接式连接等。

4）薄壁不锈钢管：薄壁不锈钢管，是采用壁厚为 0.6～2.0mm 的不锈钢带或不锈钢板，用自动氩弧焊等熔焊焊接工艺制成的管材。壁厚仅为 0.6～1.2mm 的薄壁不锈钢管用在优质饮用水系统、热水系统及将安全、卫生放在首位的给水系统，具有安全可靠、卫生环保、经济适用等特点。

钢管螺纹连接配件如图 1-70 所示。

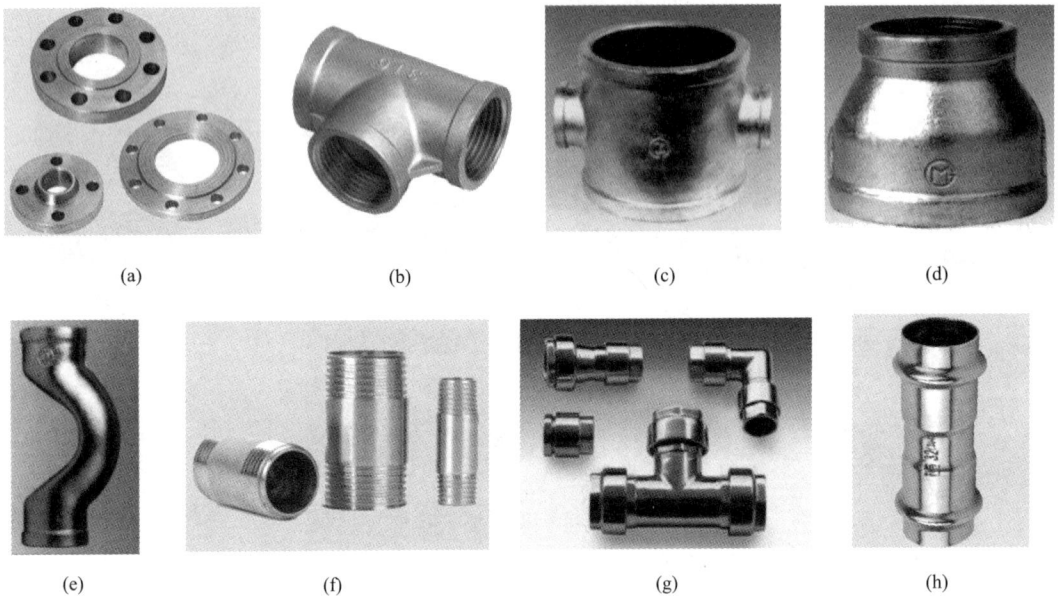

图 1-70 钢管螺纹连接配件

（a）法兰盘；（b）三通；（c）异径四通；（d）大小头；（e）过桥弯头；
（f）螺纹短管；（g）对丝活接式不锈钢管件；（h）双卡压薄壁不锈钢直通管

5）管道螺纹连接填料：一般管内介质温度 120℃ 以下的热水、低压蒸汽和给水管道，可使用线麻（亚麻）和厚白铅油做填料，先将线麻从螺纹的第二扣开始，沿螺纹顺时针方向缠绕至丝头终点，在缠绕的线麻表面均匀地抹上白铅油，即可拧上管件（俗称上零件）。当介质温度高于 120℃ 时，则可用石棉绳纤维和白铅油作填料，或在管螺纹上抹上厚铅油即可。

某些工业管道严禁缠麻抹油，应按设计要求采用不同填料。常用填料有：

① 黄粉甘油调和物（氧化铅粉拌甘油）适用于氧气、制冷、石油等管道，随用随调制。

② 聚四氟乙烯生料带常用于燃气、氧气、乙炔管道及温度为 −180～250℃ 的液体、气体及输送腐蚀性介质的管道。

③ 油精漆片泡制物可按设计要求用于制冷管道等，填料应随用随制。

④ 聚四氟乙烯填料按设计要求用于耐酸管道。

3. 线管

（1）线管的分类及特点

线管全称"建筑用绝缘电工套管"，通俗地讲是一种防腐蚀、防漏电、穿电线用的管子。分为塑料穿线管、金属穿线管。用于室内正常环境和在高温、多尘、有振动及有火灾危险的场所。也可在潮湿的场所使用。不得在特别潮湿，有酸、碱、盐腐蚀和有爆炸危险的场所使用。

1）塑料管：塑料管种类很多，塑料管产品分为两大类：PE 阻燃导管和 PVC 阻燃导管。PE 阻燃导管是一种塑制半硬导管，具有强度高、耐腐蚀、挠性好、内壁光滑等优点，明、暗装穿线兼用，它还以盘为单位，每盘重为 25kg。PVC 阻燃导管是以聚氯乙烯树脂为主要原料，加入适量的助剂，经加工设备挤压成型的刚性导管，小管径 PVC 阻燃导管可在常温下进行弯曲。

塑料管及其附件如图 1-71 所示。

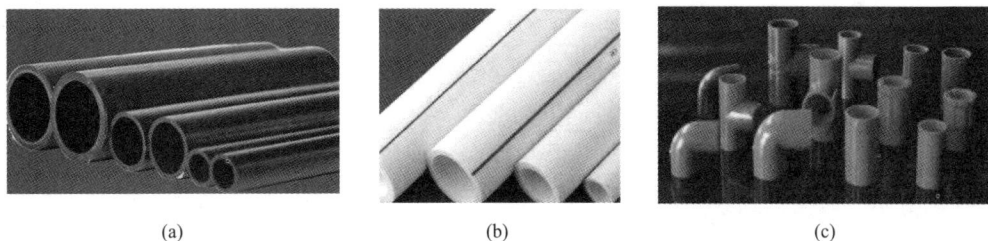

(a)　　　　　　　　　　(b)　　　　　　　　　　(c)

图 1-71　塑料管
（a）PE 阻燃导管；（b）PVC 阻燃导管；（c）塑料管附件

2）金属管：金属管是用于分支结构或暗埋的线路，在金属管内穿线比线槽布线难度更大一些，在选择金属管时要注意管径选择大一点，一般管内填充物占 30％左右，以便于穿线。金属穿线管使用寿命长，可以在强酸性、强碱性、高腐蚀性以及有爆炸危险和高压的地方使用。它的热膨胀系数较低，即使是在骤冷、骤热的恶劣环境中也不会轻易造成变形，金属管如图 1-72 所示，金属软管如图 1-73 所示。

图 1-72　金属管　　　　　　　　　图 1-73　金属软管

（2）线管的选择

线管的选择，首先应根据敷设环境决定采用哪种管子，然后再决定管子的规格。一般明配于潮湿场所和埋于地下的管子，均应使用厚壁钢管；明配或暗配于干燥场所的钢管，宜使用薄壁钢管。硬塑料管适用于室内或有酸、碱等腐蚀介质的场所。管子规格的选择应根据管内所穿导线的根数和截面决定，一般规定管内导线的总截面面积（包括外护层）不应超过管子截面面积的 40％。线管外径的选择可参照表 1-7。所选用的线管不应有裂缝和扁折，应无堵塞。钢管管内应无铁屑及毛刺，切断口应锉平，管口应刮光。

线管的选择 表 1-7

工艺 材料	防腐	接地	连接方式	弯管方式	适用范围
PVC管	不需要	不需要	粘接	弹簧	抗腐蚀能力强、易于粘接、价格低、质地坚硬，但耐火性能一般，易老化；一般用于智能建筑、户内照明暗埋
KBG管	不需要	不需要	点压	弯管器	施工方便，有一定强度，质量轻，无需跨接接地，性能良好，耐火性能好，广泛应用于室内工程明敷和暗敷
JDG管	不需要	不需要	螺钉	弯管器	有较好的导电性能，强度高，耐火性能好，是KBG管升级版，一般多用于消防施工明敷和暗埋
SC管	需要	需要	螺纹、焊接	弯头	强度较高，耐火性能好，但施工工艺复杂，需进行防腐及接地处理，一般用于室外电缆配管暗敷

4. 电线、电缆

(1) 电线、电缆的分类与规格

1) 电线与电缆的区别

通常将芯数少、产品直径小、结构简单的产品称为电线。没有绝缘的称为裸电线，其他的称为电缆。

① 裸铜线：裸电线及裸导体制品是指没有绝缘、没有护套的导电线材，主要包括裸单线、裸绞线和型线型材三个系列产品。裸铜线如图 1-74 所示。

裸单线：包括软铜单线、硬铜单线、软铝单线、硬铝单线。主要用作各种电线电缆的半制品，少量用于通信线材和电机电器的制造。

裸绞线：包括硬铜绞线（TJ）、硬铝绞线（LJ）、铝合金绞线（LHAJ）、钢芯铝绞线（LGJ）主要用于电气装备及电子电器或元件的连接用。

② 电力电缆：电力电缆在电力系统的主干线路中用以传输和分配大功率电能的电缆产品，其中包括1～330kV 及以上各种电压等级、各种绝缘的电力电缆。电力电缆如图 1-75 所示。

图 1-74　裸铜线

图 1-75　电力电缆

截面有 $1.5mm^2$、$2.5mm^2$、$4mm^2$、$6mm^2$、$10mm^2$、$16mm^2$、$25mm^2$、$35mm^2$、

$50mm^2$、$70mm^2$、$95mm^2$、$120mm^2$、$150mm^2$、$185mm^2$、$240mm^2$、$300mm^2$、$400mm^2$、$500mm^2$、$630mm^2$、$800mm^2$ 多种，芯数分为 1、2、3、4、5、3+1、3+2 芯。

电力电缆按电压等级分为低压电缆、中压电缆、高压电缆等。按绝缘情况分为塑料绝缘电缆、橡胶绝缘电缆、矿物绝缘电缆等。

③ 架空绝缘电缆：架空电缆（图 1-76）的特点就是没有护套。第一，它的导体不仅有铝，也有铜导体（JKYJ、JKV）、铝合金（JKLHYJ）。目前也有钢芯铝绞线架空电缆（JKLGY）。第二，它不是只有单芯的，常见的一般都是单芯的，但是它也是可以几根导体绞合成束。第三，架空电缆的电压等级是 35kV 及以下，并非 1kV 和 10kV 两种。

④ 控制电缆：控制电缆（图 1-77）结构和电力电缆相似，特点是只有铜芯，没有铝芯电缆，导体截面较小，芯数较多，适用于交流额定电压 450/750V 及以下，电站、变电站、矿山、石化企业等的单机控制或机组设备控制。为提高控制信号电缆防内外干扰的能力，主要采取设置屏蔽层措施。

图 1-76　架空绝缘电缆

图 1-77　控制电缆

⑤ 布电线：布电线（图 1-78）主要用于家用和配电柜，常说的 BV 线就属于布电线，型号有 BV、BLV、BVR、RVV、RVVP、BVVB 等。

图 1-78　布电线

⑥ 特种电缆：特种电缆（图 1-79）是具有特殊功能的电缆，主要包括阻燃电缆（ZR）、低烟无卤电缆（WDZ）、耐火电缆（NH）、防爆电缆（FB）、防鼠电缆、防白蚁电

缆（FS）、阻水电缆（ZS）等。

图 1-79　特种电缆

阻燃电缆（ZR）、低烟无卤电缆（WDZ）：主要适用于重要的电力及控制系统。当线路遇到火灾时，该电缆在外部火焰的作用下只能有限燃烧，发烟量少，烟中有害气体（卤素）也很少。

（2）常用的电线规格

常用的电线规格及其适用范围详见表 1-8。

常用的电线规格及其适用范围　　　　　　　　　　　　　　　　　　　　表 1-8

序号	电线规格	适用范围
1	1.5mm² 铜芯电线（BV-1.5）	主要用于普通照明线路，如卧室、客厅、走廊等区域的灯具供电，一盏普通的 LED 吸顶灯（功率一般在几十瓦（W）以内）或者几盏小功率的筒灯等，使用 1.5mm² 的电线就能满足电能传输需求，确保灯具正常发光且电线不会因过载而发热
2	2.5mm² 铜芯电线（BV-2.5）	常用于普通插座线路，像电视机、电脑、电风扇等常规功率的电器设备使用的插座，用 2.5mm² 的电线可以安全稳定地供电，这是应用最为广泛的电线规格之一
3	4mm² 铜芯电线（BV-4）	多用于大功率电器的插座线路
4	6mm² 铜芯电线（BV-6）	在较大功率的动力设备供电、电气干线分支等方面应用较多。同时，在住宅、办公楼等建筑中，如果要对楼层进行分区供电，从总配电箱到各楼层配电箱之间的分支线路，6mm² 的电线也可以作为一种合适的选择，满足一定区域内多个用电回路的电能分配需求
5	10mm² 铜芯电线（BV-10）	常用于大功率的动力设备供电以及一些对供电可靠性要求较高、负载较大的电气线路

注：BV-4 表示含义：单铜芯聚氯乙烯绝缘电线，铜芯截面面积 4mm²。

5. 桥架

（1）桥架的作用及分类

桥架是一个支撑和放电缆的支架。桥架在工程上用得很普遍，只要铺设电缆就要用桥架。桥架的形式如图 1-80 所示。

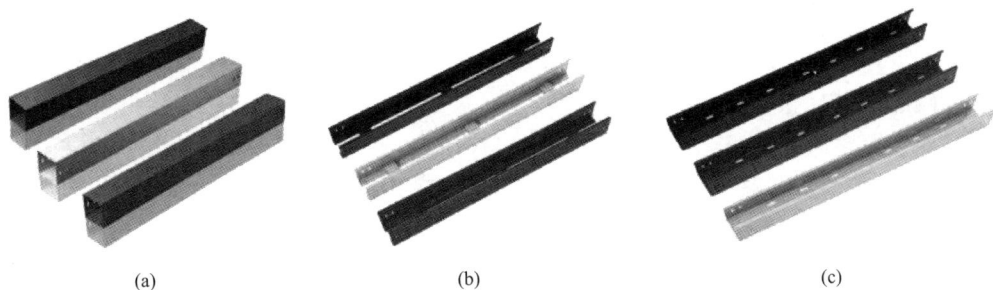

图 1-80　桥架的形式

(a) 槽式电缆桥架；(b) 梯式电缆桥架；(c) 托盘式电缆桥架

电缆桥架分为槽式电缆桥架、托盘式电缆桥架和梯式电缆桥架、网格桥架等结构；由支架、托臂和安装附件等组成。

(2) 桥架的规格及特点与用途

1) 槽式电缆桥架：槽式（无孔托盘），是由底板与侧边构成的或由整块钢板弯制成的槽形部件。槽式电缆桥架最适用于敷设计算机电缆、通信电缆、热电偶电缆及其他高灵敏系统的控制电缆等，它对控制电缆的屏蔽干扰和重腐蚀环境中电缆的防护都有较好效果。

2) 托盘式电缆桥架：托盘式（有孔托盘），是由带孔眼（散热孔/漏水孔）的底板和侧边所构成的槽形部件，或由整块钢板冲孔后弯制成的部件。托盘式电缆桥架也适用于敷设计算机电缆、通信电缆、热电偶电缆及其他高灵敏系统的控制电缆等，它对控制电缆的屏蔽干扰和重腐蚀环境中电缆的防护都有较好效果。

3) 梯式电缆桥架：梯式，由两个侧边梯边与若干个横档梯撑构成的梯形电缆桥架。梯式电缆桥架一般适用于直径较大的电缆敷设，高、低动力电缆的敷设都会使用，同时梯式电缆桥架可以直接用于竖向安装。经常应用于地下室、机房、厂房等施工场景。

6. 配电箱

(1) 配电箱的用途及类别

配电箱通常由箱体、断路器两部分组成，而其中断路器包含漏电保护开关和空气开关两种。家用强电箱属于家庭用电的末端保护装置，其作用是切断和连通电源，有效控制每一条线路。

(2) 配电箱的选择

1) 导线规格

① 负载计算：需要估算家庭各用电设备的总功率及同时使用的可能性，以计算出总负载电流。

② 导线截面面积：根据负载电流选择合适的导线截面面积。一般来说，导线截面面积越大，载流能力越强，但成本也越高。常用的住宅电线有 $1.5mm^2$、$2.5mm^2$、$4mm^2$ 等规格，具体选择需根据负载情况。

③ 材质：住宅电路一般使用铜芯电线，因其导电性能优良且稳定性好。

2) 线路布局

① 回路划分：根据家庭用电需求，合理划分照明、插座、空调、厨房等专用回路，

以减少相互干扰，提高用电安全性。

②走线方式：尽量采用暗线敷设，美观且安全。走线时应避免穿越潮湿、易受损的区域，并保持一定的间距以防止短路。

3）内置断路器的选择

家用配电箱内置断路器常用有两种：漏电保护开关和空气开关。

①空气开关（空开）

空气开关的主要作用是短路保护和电流过载保护；家庭用电为单相电，所以常用的空气开关有单极（1P）和双极（2P）两个类型，单极空开是火线单进单出，所以只断火线，而双极空开则是把火线和零线一起断开，所以建议大家装修时选择双极空开（2P），如图 1-81 所示。

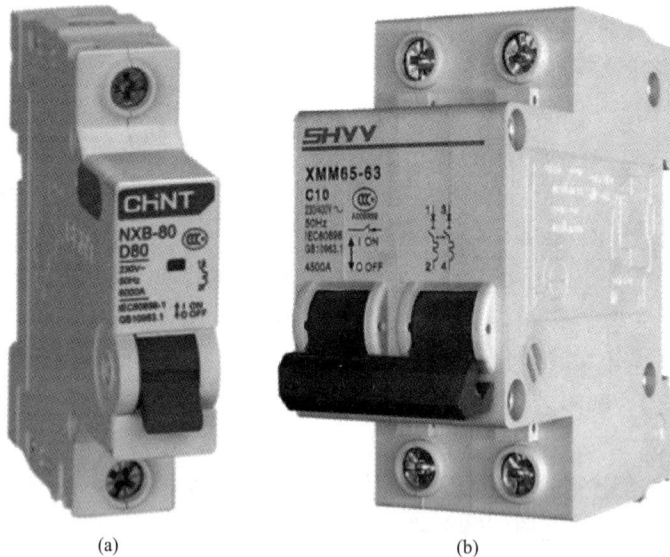

图 1-81　空气开关
(a) 单极（1P）；(b) 双极（2P）

住宅装修中常用的空气开关规格有：10A、16A、20A、25A、32A、40A、50A、63A，具体需要根据每个电路回路的大小进行选配；另外，因为空开并不能对人体触电起到有效的保护作用，所以在住宅装修中，常用于人体不易接触到的回路上，例如照明、挂机空调等。

②漏电保护器（漏保）主要由空开单元和漏电单元组成，其不但可以对线路起到短路保护和过载保护，同时其漏电保护单元可以对人体触电情况进行保护，如图 1-82 所示。

漏电保护器通常安装在总开、厨房、卫生间等电路的回路上，另外对于人体易接触到的插座和家用电器的线路回路也建议使用；空开主要是对线路短路和过载起到保护作用，而漏电保护器则是对人身安全起到保护作用。线型规格与载流量、空开漏保的选择和住宅配电箱接线图如图 1-83～图 1-85 所示。

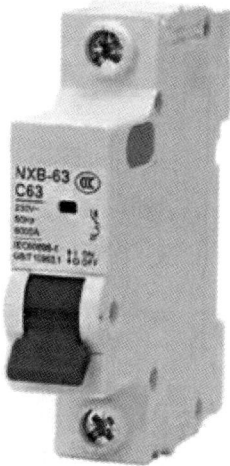
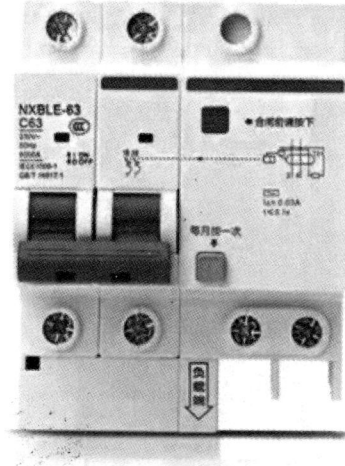

空气开关(空开)
短路保护/过载保护

漏电保护器(漏保)
短路保护/过载保护/漏电保护

图 1-82　漏电保护器

图片参考	10mm²	6mm²	4mm²	2.5mm²	1.5mm²
规格	BV10	BV6	BV4	BV2.5	BV1.5
额定载流量 (A)	72	54	40	30	19
实际载流量 (A)	44	31	24	17	9
建议功率 $P=UI$	9680	6820	5280	3740	1980
具体用电	进户主干线	中央空调进户主线	电路主线壁挂空调烤箱热水器大功率电器	插座线低功率电器部分支线	灯具开关线

图 1-83　线型规格与载流量

电线	安全载流量	功率	空开漏保
1mm²	6~8A	1.3~1.7kW	C10
1.5mm²	8~15A	1.7~3.5kW	C16
2.5mm²	15~25A	3.5~5.5kW	C25
4mm²	25~32A	5.5~7kW	C32
6mm²	32~40A	7~8.8kW	C40
10mm²	40~65A	8.8~14kW	C63

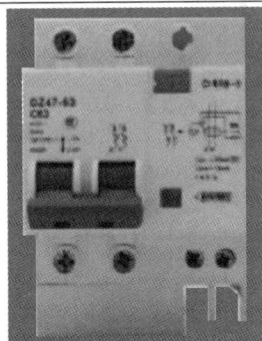 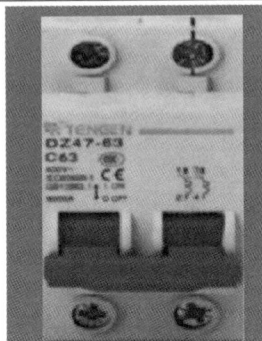

漏电保护器　　　　　　　　　　空气开关

图 1-84　空开漏保的选择

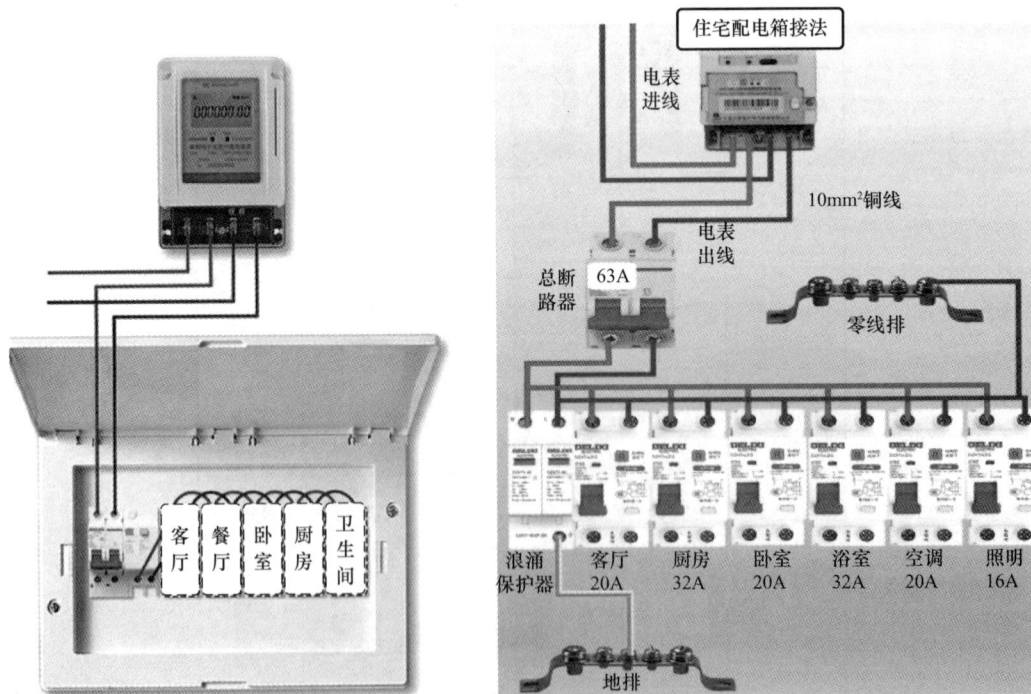

图 1-85　住宅配电箱接线图

注：1. 住宅配电箱总开关一般选择双极 32~63A 小型空气开关或隔离开关；2. 照明回路一般用 10~16A 小型空气开关；
3. 插座回路一般选择 16~20A 的空气开关；4. 空调回路一般选择 16~25A 的空气开关；5. 采用双极或 1P＋N（相线＋
中性线）空气开关，当线路出现短路或漏电故障时，应立即切断电源的相线和中性线，确保人身及用电设备的安全。

总之，农村住宅配电箱的选择需要综合考虑多方面因素，精心挑选合适的产品，从而为农村居民提供安全、稳定、便捷的用电环境。

1.5　测　量　知　识

1.5.1　工程测量与测量仪器

1. 工程测量概念

工程测量是指在工程建设的规划、设计、施工建设以及运营管理等阶段，为了确定地面点的位置、高程以及建筑物的几何形状和尺寸等所进行的各种测量工作。它贯穿于整个工程建设全过程，对于保证工程质量、提高施工效率、确保工程安全等方面都起着至关重要的作用。

工程测量的主要内容包括平面控制测量、高程控制测量、地形测量、施工测量以及变形监测等。

2. 工程仪器的使用与保养

工程测量中常用的仪器有水准仪、经纬仪和全站仪等。

（1）水准仪的正确使用方法

水准仪测量地面两点间高差。水准仪型号的"D"和"S"分别为"大地测量"和"水准仪"汉语拼音的第一个字母，数字表示每千米往、返测高差中数的中误差，以mm 计。

DS3 型微倾式水准仪由望远镜、水准器及基座三大部分组成，如图 1-86 所示。

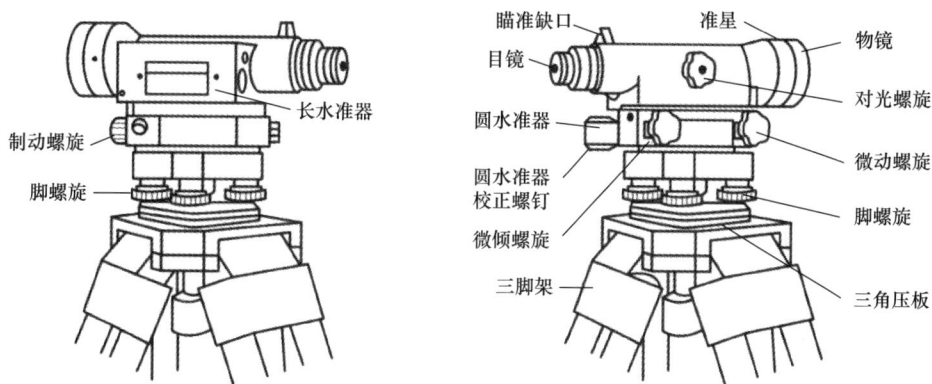

图 1-86　DS3 型微倾式水准仪

1）安置水准仪：在测站上松开架腿的蝶形螺旋，按需要调整架腿的长度，将螺旋拧紧。将三脚架张开，使架头大致水平，并将架脚的脚尖踩入土中，然后把水准仪从箱中取出，将其固定在三脚架上。

2）认识水准仪：指出仪器各部件的名称，了解其作用并熟悉其使用方法；同时弄清水准尺的分划与注记。

3）粗略整平水准仪：按"左手拇指规则"，先用双手同时反向旋转一对脚螺旋，使圆水准器气泡移至中间，再转动另一只脚螺旋使气泡居中。通常需反复进行，如图1-87所示。

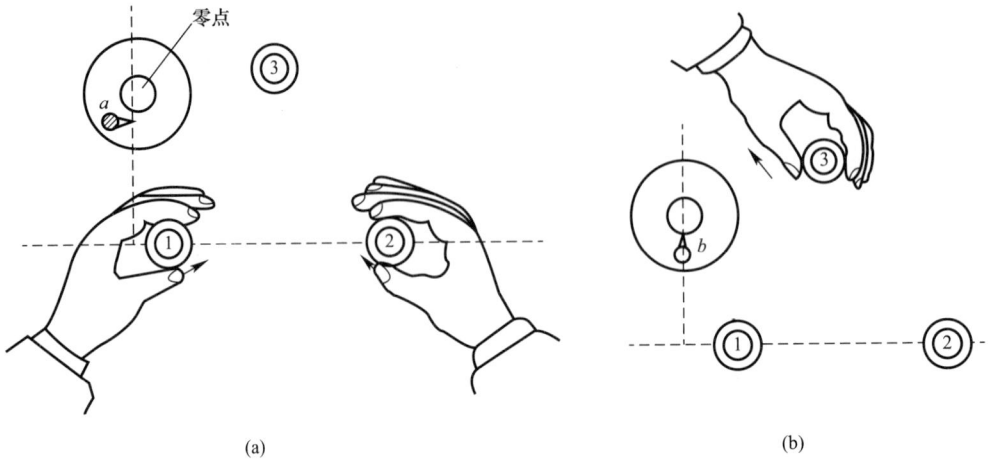

(a)   (b)

图 1-87　水准仪的调平

(a) 气泡由 a 点向脚螺旋②方向移动直至 b 点位置；(b) 气泡从 b 点移动到圆水准器的中心

4）瞄准水准尺：转动目镜对光螺旋，使十字丝清晰；松开水平制动螺旋，转动望远镜，通过望远镜上的缺口和准星初步瞄准水准尺，固定水平制动螺旋；转动物镜对光螺旋，使水准尺分划清晰；旋转水平微动螺旋，使水准尺影像的一侧靠近于十字丝竖丝（便于检查水准尺是否竖直）；眼睛略作上下移动，检查十字丝与水准尺分划像之间是否有相对移动（视差）；如果存在视差，则重新进行目镜与物镜对光，消除视差。

5）精确整平水准仪：转动微倾螺旋，使符合水准器气泡两端的像吻合。注意微倾螺旋转动方向与符合水准管左侧气泡移动方向的一致性。

6）读数：用十字丝中丝在水准尺上读取 4 位读数。读数时，先估读毫米（mm）数，然后按 m、dm、cm 及 mm 依次读出。

(2) 经纬仪的正确使用方法

经纬仪用于测量水平角和竖直角，可确定方向和角度关系。其主要部件包括望远镜、水平度盘、垂直度盘、基座等。在测量水平角时，通过瞄准不同目标点，读取水平度盘上的相应读数，计算出两点间的水平角；测量竖直角时，则读取垂直度盘上的读数并进行相应计算。

经纬仪主要由照准部、水平度盘和基座三部分组成。

经纬仪是一种能进行水平角和竖直角测量的仪器，它还可以借助水准尺，利用视距测量原理，测出两点间的大致水平距离和高差，也可以进行点位的竖向传递测量。

经纬仪分光学经纬仪和电子经纬仪，如图1-88所示。主要区别在于角度值读取方式的不同，光学经纬仪采用读数光路来读取刻度盘上的角度值，电子经纬仪采用光敏元件来读取数字编码度盘上的角度值，并显示到屏幕上。随着技术的进步，目前普遍使用电子经纬仪。

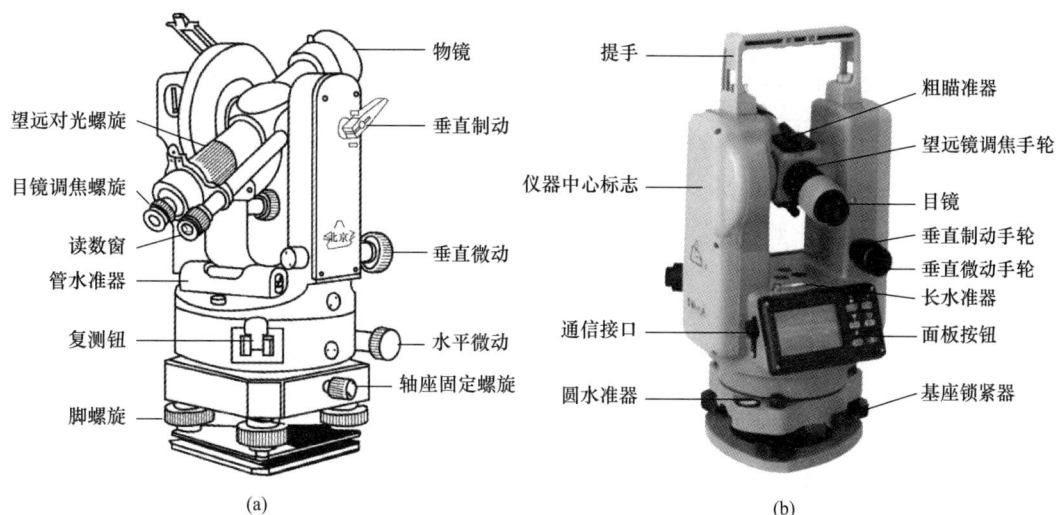

望远对光螺旋
目镜调焦螺旋
读数窗
管水准器
复测钮
脚螺旋

物镜
垂直制动
垂直微动
水平微动
轴座固定螺旋

(a)

提手
仪器中心标志
通信接口
圆水准器

粗瞄准器
望远镜调焦手轮
目镜
垂直制动手轮
垂直微动手轮
长水准器
面板按钮
基座锁紧器

(b)

图 1-88 经纬仪

（a）光学经纬仪；（b）电子经纬仪

对于经纬仪，同样要选择合适的安置地点，使仪器能够清晰地瞄准目标点。安置好后，先进行对中操作，即使仪器中心与测站点重合，然后进行整平，通过调整脚螺旋使水平度盘和垂直度盘处于水平和垂直状态。在测量角度时，要准确瞄准目标点，读取度盘上的相应读数，并按照测量要求进行计算。

（3）全站仪的正确使用方法

全站仪是一种集光、机、电为一体的高技术测量仪器，如图 1-89 所示，它不仅具有水准仪测量高差和经纬仪测量角度的功能，还能直接测量两点之间的距离，并且可以通过内置程序自动计算出所测点的三维坐标（平面坐标和高程）。全站仪在工程测量中的应用

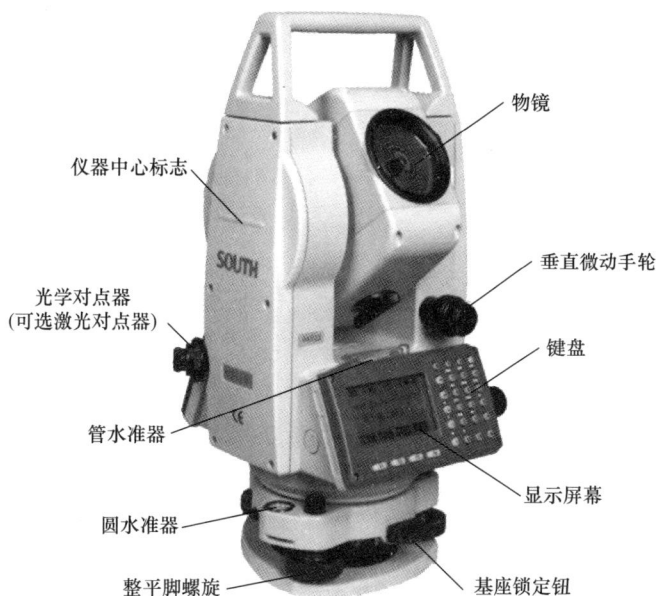

仪器中心标志
光学对点器
（可选激光对点器）
管水准器
圆水准器
整平脚螺旋

物镜
垂直微动手轮
键盘
显示屏幕
基座锁定钮

图 1-89 全站仪

越来越广泛，大大提高了测量工作的效率和精度，与光学经纬仪比较，电子经纬仪将光学度盘换为光电扫描度盘，将人工光学测微读数代之以自动记录和显示读数，使测角操作简单化，且可避免读数误差的产生。

全站仪与光学经纬仪区别在于度盘读数及显示系统，电子经纬仪的水平度盘和竖直度盘及其读数装置是分别采用两个相同的光栅度盘（或编码盘）和读数传感器进行角度测量的。根据测角精度可分为 $0.5''$、$1''$、$2''$、$3''$、$5''$、$10''$等几个等级。

(4) 仪器的保养措施

为了保证测量仪器的精度和使用寿命，必须做好仪器的保养工作。

水准仪、经纬仪和全站仪等仪器在使用完毕后，都要及时清理仪器表面的灰尘、污渍等，可用干净的软布轻轻擦拭。对于仪器的镜头，要用专门的镜头纸或干净柔软的毛刷轻轻清扫，避免划伤镜头。

仪器应存放在干燥、通风良好的环境中，避免受潮、受热或受冻，可以将仪器放置在专门的仪器箱内，并在箱内放置干燥剂，防止仪器生锈或损坏。

定期对仪器进行检查和校准也是非常重要的。根据仪器的使用频率和精度要求，每隔一定时间（如半年或一年）将仪器送回专业的计量检测机构进行校准，确保仪器的测量精度符合工程测量的要求。

1.5.2 水准测量方法相关知识

1. 水准测量的原理

水准测量的基本原理是利用水准仪提供的水平视线，读取水准尺上的读数，从而测定两点之间的高差，进而推算出各点的高程，如图 1-90 所示。

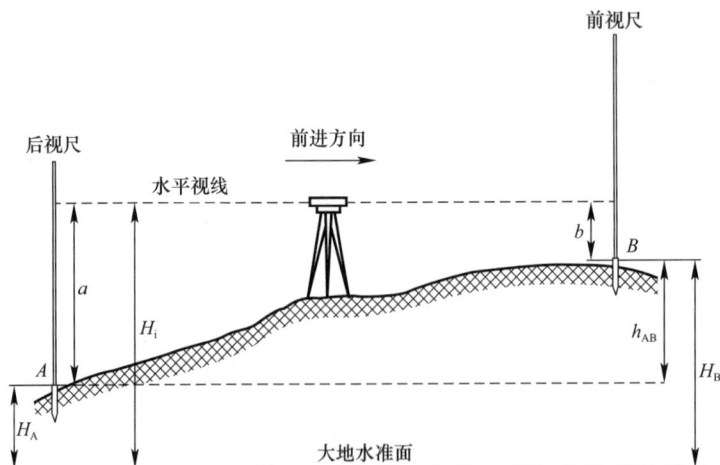

图 1-90 水准测量原理

假设我们有 A、B 两点，需要测定它们之间的高差。首先，在 A、B 两点之间合适的位置安置水准仪，使水准仪的视线水平。然后，在 A 点和 B 点分别竖立水准尺。通过水准仪的望远镜观察水准尺，读取 A 点水准尺上的读数为 a，B 点水准尺上的读数为 b。

根据高差的计算公式：高差 $h_{AB}=a-b$，就可以计算出 A、B 两点之间的高差。如果

已知 A 点的高程为 H_A，那么 B 点的高程 H_B 就可以通过公式：$H_B = H_A + h_{AB}$ 来计算得出。

2. 水准测量的实施方法和成果整理

（1）水准测量的实施方法

在进行水准测量之前，要先做好准备工作，包括选择合适的水准仪和水准尺，检查仪器是否正常工作，确定测量路线等。

测量时，首先要在已知高程点（如水准点）上竖立水准尺，作为测量的起始点。然后，在起始点附近合适的位置安置水准仪，调节脚螺旋使水准器气泡居中，使视线水平。通过望远镜观察起始点水准尺上的读数，记为后视读数。

接下来，沿着测量路线前进，在预定的中间点和终点分别竖立水准尺，同样通过水准仪观察各点水准尺上的读数，分别记为前视读数。

在测量过程中，要注意保持水准仪的视线水平，每次移动水准仪时，都要重新调节脚螺旋使水准器气泡居中。同时，要准确记录每一个观测点的后视读数、前视读数以及观测点的位置等信息。

（2）成果整理

完成水准测量后，需要对测量成果进行整理。

首先，根据各观测点的后视读数和前视读数，按照高差计算公式计算出各相邻观测点之间的高差。

例如，设第 i 个观测点的后视读数为 a_i，前视读数为 b_i，则第 i 个观测点与第 $(i+1)$ 个观测点之间的高差 $h_i = a_i - b_i$。

其次，根据已知起始点的高程，按照高程计算公式计算出各观测点的高程。

设起始点的高程为 H_0，第 i 个观测点的高程 H_i 可以通过以下公式计算：

当 $i=1$ 时，$H_1 = H_0 + h_{01}$（h_{01} 为起始点与第 1 个观测点之间的高差）；

当 $i>1$ 时，$H_i = H_{(i-1)} + h_{(i-1),i}$（$h_{i-1,i}$ 为第 $(i-1)$ 个观测点与第 i 个观测点之间的高差）。

最后，对测量成果进行平差处理。由于测量过程中不可避免地会存在测量误差，为了得到更准确的高程值，需要采用合适的平差方法（如闭合水准路线的闭合差调整方法、附合水准路线的附合差调整方法等）对测量结果进行调整。平差处理后，得到最终的各观测点高程值，并将测量成果整理成表格或绘制成等高线图等形式，以便于后续的工程应用。

1.5.3　角度测量方法相关知识

1. 角度测量的原理

角度测量主要包括水平角测量和竖直角测量。

（1）水平角测量原理

水平角是指空间两相交直线在水平面上的投影所夹的角。在工程测量中，通常是通过经纬仪来测量水平角，如图 1-91 所示。

假设我们要测量 A、B 两点与观测点 O 之间的水平角 $\angle AOB$。在观测点 O 安置经纬仪，通过望远镜分别瞄准 A 点和 B 点，此时经纬仪的水平度盘会记录下两次瞄准操作对应的读数，设瞄准 A 点时水平度盘读数为 α，瞄准 B 点时水平度盘读数为 β。

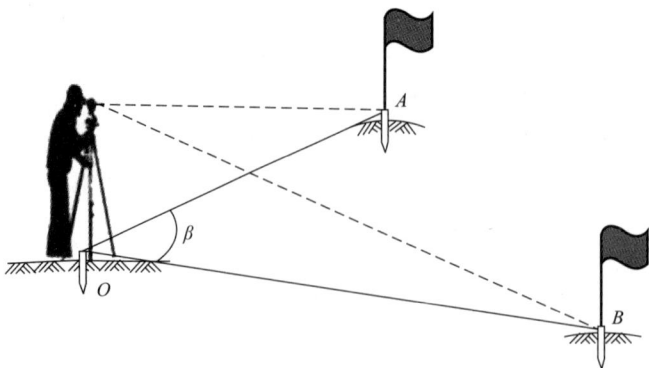

图 1-91　水平角测量原理

根据水平角计算公式：水平角$\angle AOB = \beta - \alpha$（当 $\beta > \alpha$ 时）或 $\angle AOB = 360° - \alpha + \beta$（当 $\beta < \alpha$ 时），就可以计算出 A、B 两点与观测点 O 之间的水平角。

（2）竖直角测量原理

竖直角是指在同一竖直面内，视线与水平线所夹的角。当视线在水平线之上时，竖直角为仰角；当视线在水平线之下时，竖直角为俯角，如图 1-92 所示。

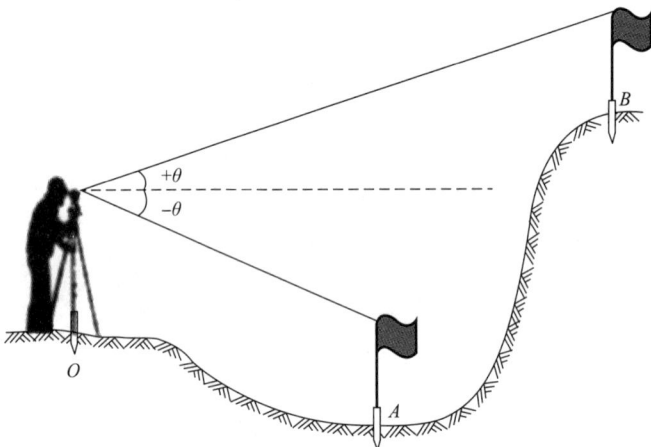

图 1-92　竖直角测量原理

测点安置经纬仪，将望远镜瞄准目标点，此时垂直度盘会记录下相应的读数。设垂直度盘的零刻度线与水平线重合，当望远镜向上瞄准目标点时，垂直度盘读数为 θ，那么仰角 $\alpha = \theta$（当 $\theta > 0$ 时）或 $\alpha = -\theta$（当 $\theta < 0$ 时）；当望远镜向下瞄准目标点时，垂直度盘读数为 θ，那么俯角 $\beta = -\theta$（当 $\theta > 0$ 时）或 $\beta = \theta$（当 $\theta < 0$ 时）。

2. 角度测量的方法

（1）水平角测量方法

在进行水平角测量时，首先要做好准备工作，包括选择合适的经纬仪，检查仪器是否正常工作，确定观测点和目标点等。

测量时，在观测点安置经纬仪，进行对中、整平操作，使仪器中心与观测点重合且水平度盘和垂直度盘处于水平和垂直状态。

然后，通过望远镜瞄准第一个目标点，读取水平度盘上的相应读数，记为 α。接着，再通过望远镜瞄准第二个目标点，读取水平度盘上的相应读数，记为β。

最后，根据水平角的计算公式计算出两点间的水平角。在测量过程中，要注意准确瞄准目标点，避免出现瞄准误差，同时要准确记录每次瞄准操作对应的读数。

（2）竖直角测量方法

竖直角测量的准备工作与水平角测量类似，同样要选择合适的经纬仪，检查仪器是否正常工作，确定观测点和目标点等。

测量时，在观测点安置经纬仪，进行对中、整平操作，使仪器中心与观测点重合且水平度盘和垂直度盘处于水平和垂直状态。

然后，通过望远镜瞄准目标点，读取垂直度盘上的相应读数，记为θ。

根据竖直角的计算公式，判断视线与水平线的相对位置关系，计算出仰角或俯角的数值。在测量过程中，要注意准确瞄准目标点，避免出现瞄准误差，同时要准确记录每次瞄准操作对应的读数。

1.6 计 算 知 识

计算知识包括建筑面积计算与建筑工程各分部分项工程量计算知识。建筑面积按《建筑工程建筑面积计算规范》GB/T 50353—2013 相应的规定计算。各分部分项工程量的计算应符合《建设工程工程量清单计价标准》GB/T 50500—2024 相应的规定。

合同工程应以承包人按合同要求已完成且应予计量的工程进行计量。工程数量应按发承包双方约定的相关工程国家及行业工程量计算标准及补充的工程量计算规则计算。

1.6.1 建筑面积计算知识

1. 建筑面积的概念

建筑面积是指建筑物外墙勒脚以上各层水平投影面积之和（包括墙体）各层水平面积之和，它是衡量建筑物规模大小的一个重要指标。建筑面积不仅包括建筑物内部可供使用的净面积，还包含了可能涉及建筑物的外墙、走廊、楼梯、电梯井、阳台等各个部分。准确计算建筑面积对于建筑工程的规划、设计、造价估算以及相关税费计算等方面都具有重要意义。

2. 建筑面积计算规则

根据《建筑工程建筑面积计算规范》GB/T 50353—2013，建筑物建筑面积计算规则如下：

（1）单层建筑物的建筑面积：单层建筑物不论其高度如何，均按一层计算建筑面积。其建筑面积按建筑物外墙勒脚以上的外围水平面积计算。若建筑物有局部楼层，局部楼层的二层及以上楼层，有围护结构的应按其围护结构外围水平面积计算建筑面积，无围护结构的应按其结构底板水平面积计算建筑面积。

（2）多层建筑物的建筑面积：多层建筑物的建筑面积按各层建筑面积之和计算。首层建筑面积按建筑物外墙勒脚以上的外围水平面积计算，二层及以上各层建筑面积按其外墙外围水平面积计算。

（3）地下室、半地下室建筑面积：地下室、半地下室应按其外墙上口（不包括采光井、外墙防潮层及其保护墙）外围水平面积计算建筑面积。其中，采光井、外墙防潮层及其保护墙所占面积不计算在内。

（4）建筑物的阳台：建筑物的阳台，不论其形式如何（如凸阳台、凹阳台、半凸半凹阳台等），在计算建筑面积时，应按其水平投影面积的一半计算建筑面积（注：不同地区若有特殊规定，需按照当地规范执行）。

（5）建筑物的楼梯：建筑物内的楼梯间，包括楼梯（含休息平台）、电梯井、提物井、垃圾道、管道井等，应按建筑物自然层数计算建筑面积。即各层楼梯间的建筑面积相加，等于该建筑物楼梯间的总建筑面积。

（6）建筑物的走廊：建筑物内的走廊，有围护结构的按其围护结构外围水平面积计算建筑面积；无围护结构的，如建筑物内的挑廊、檐廊等，按其结构底板水平面积计算建筑面积。

（7）建筑物的雨篷：1）有柱雨篷：按照柱外围的水平面积进行计算；2）独立的雨篷、单排柱的车棚、货棚等：按照其顶盖水平投影面积的一半进行计算；3）悬挑雨篷：悬挑长度超过 2.1m 的雨篷，应按雨篷结构板的水平投影面积的 1/2 计算；悬挑长度未超过 2.1m 的雨篷不计算建筑面积。

（8）建筑物的变形缝：建筑物内的变形缝，应视为建筑物的一部分，当缝两边建筑物结构相同，应按其缝宽以自然层数计算建筑面积；当缝两边建筑物结构不同，应按其缝宽分别计算建筑面积。

3. 建筑面积计算实例

例 1-1：某三层住宅，其底层平面如图 1-93 所示，二层及以上各层平面布置与底层相同，求该住宅的建筑面积。

根据多层建筑物建筑面积计算规则，多层建筑物的建筑面积按各层建筑面积之和计算。该建筑首层面积为总长×总宽－②④轴/ⒹⒺ轴之间的空缺面积＋阳台面积。

即，首层建筑面积＝11.64m×9.24m－（3.0m＋5.1m）×1.20m＋2.1m×4.2m/2＝102.24m²；

则，总建筑面积＝首层建筑面积×层数＝102.24×3＝306.72m²。

1.6.2 基础土方量计算知识

1. 基础土方量的概念

基础土方量是指在进行建筑物基础施工时，需要开挖或回填的土方体积。准确计算基础土方量对于合理安排施工机械、确定运输车辆数量、控制施工成本以及确保基础施工的顺利进行等方面都具有重要意义。土方量的大小取决于建筑物基础的形状、尺寸、深度以及场地的地形地貌等因素。

2. 土方量计算原理和方法

土方量按图示尺寸体积以 m³ 计算，土方量＝长×宽×深。

（1）基坑（槽）不放坡时，如图 1-94（a）所示：

$$V = (a + 2c) \times (b + 2c) \times H$$

（2）基坑（槽）放坡时，如图 1-94（b）所示：

$$V = (a + 2c + kH)(b + 2c + kH)H + \frac{1}{3}k^2H^3$$

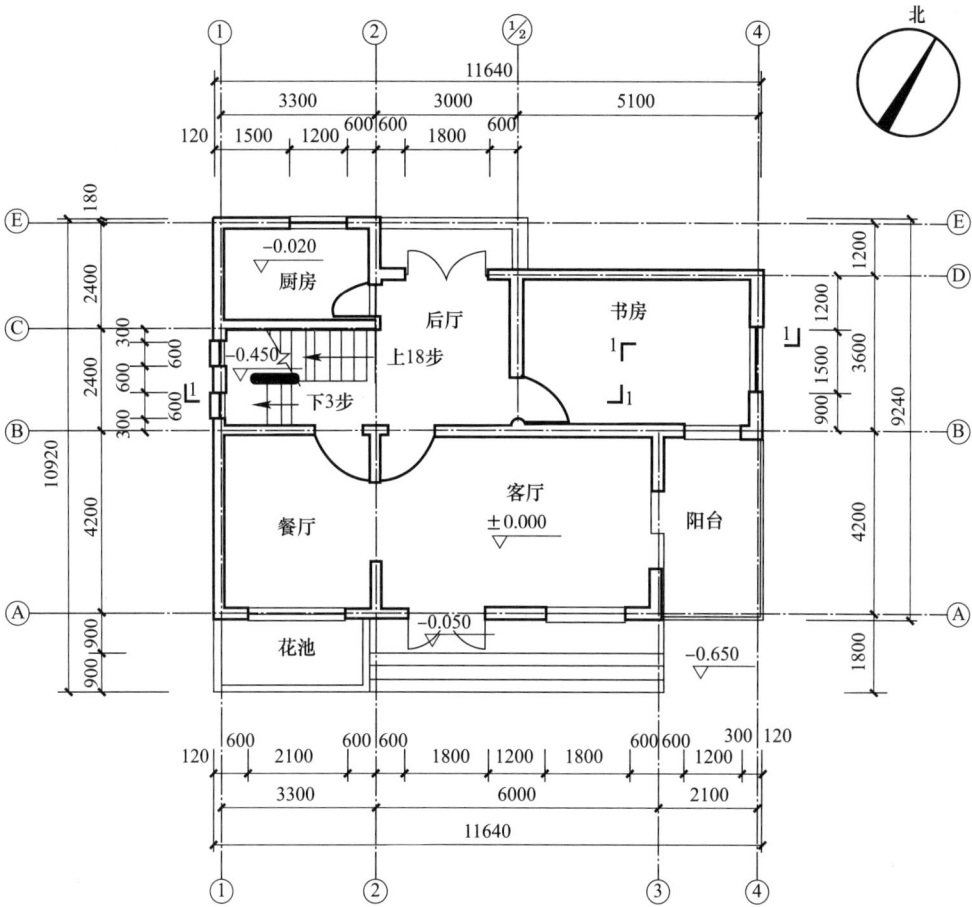

底层平面图　1:100

图 1-93　某建筑底层平面图

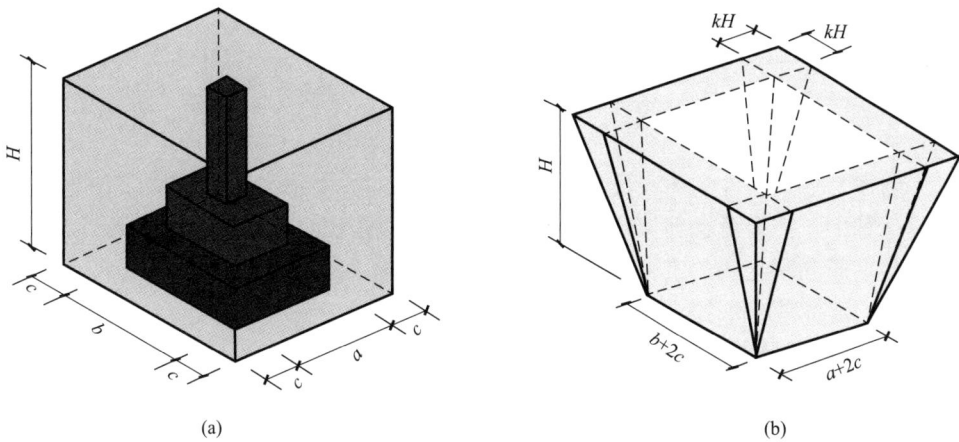

(a)　　　　　　　　　　　　(b)

图 1-94　土方量计算

（a）不放坡；（b）放坡

V—挖基坑土方体积；a—垫层长；b—垫层宽；c—工作面宽；k—放坡系数；h—挖土深度

其中，放坡系数 k 如表 1-9 所示。

放坡系数表（1∶k） 表 1-9

土壤类别	放坡起点（m）	人工挖土	机械挖土	
			在坑内作业	在坑上作业
一、二类土	1.20	1∶0.50	1∶0.33	1∶0.75
三类土	1.50	1∶0.33	1∶0.25	1∶0.67
四类土	2.00	1∶0.25	1∶0.10	1∶0.33

放坡起点：当采用混凝土垫层时，由垫层底面开始放坡；当采用灰土垫层时，由垫层上表面开始放坡；当无垫层时，由基础底面开始放坡。计算放坡时，在交接处的重复工程量不予扣除。因土质不好，地基处理采用挖土、换土时，其放坡点应从实际挖深开始。

3. 土方量计算实例

例 1-2：某建筑物基础为长方体形状，长（$a+2c$）为 8m（含工作面宽），宽（$b+2c$）为 5m（含工作面宽），深度（H）为 3m，求该基础的土方量。

如果挖土不放坡，则

该基础土方量 $V=(a+2c)×(b+2c)×H=8m×5m×3m=120m^3$

如果挖土放坡，且放坡系数（k）为 0.5，则

该基础土方量 $V=(a+2c+kH)(b+2c+kH)H+\dfrac{1}{3}k^2H^3$

$$=(8m+0.5×3m)×(5m+0.5×3m)×3m+\dfrac{1}{3}×0.5^2×3^3=187.5m^3$$

1.6.3 砌筑工程量计算

1. 砌筑工程量计算基本知识

(1) 常用计量单位

砌筑工程量通常采用立方米（m^3）作为计量单位，用于表示墙体、柱、基础等砌筑构件的体积大小。但对于一些线性的砌筑构件，如砖砌腰线、压顶等，有时也会采用延长米（m）作为计量单位；而对于面积类的砌筑项目，像砖砌台阶等，以平方米（m^2）为单位，具体要根据实际项目情况和计算规则来确定。

(2) 基本计算思路

对于墙体等砌筑构件的体积计算，一般是用墙体的长度乘以高度再乘以厚度得出。不过在实际计算中，需要考虑墙体中的各种构造及开口情况，如要扣除门窗洞口、过人洞、嵌入墙内的钢筋混凝土柱、梁、圈梁、过梁等所占的体积，同时对于凸出墙面的砖垛等部分则需要并入墙体体积一并计算，以真实反映实际砌筑的工程量。

2. 砌筑工程量计算规则

(1) 墙体工程量计算规则

1) 外墙：按中心线长度乘以墙高再乘以墙厚以立方米（m^3）计算。砖墙的厚度常见有 240mm（1 砖墙）、370mm（1.5 砖墙）等（表 1-10）。这里的中心线长度是指外墙各段墙体中心线长度之和，计算时要注意外墙转角处的处理，按照规则准确确定长度尺寸。墙高的确定需根据不同的屋面形式、有无女儿墙等情况区分，一般从基础顶面算至屋面板底

（有女儿墙时算至女儿墙顶）。在扣除门窗洞口及嵌入墙内的其他构件体积时，要严格按照洞口尺寸和构件实际所占体积准确扣除。

砖墙厚度（单位：mm）　　　表 1-10

砖墙名称	1/4 砖墙	1/2 砖墙	3/4 砖墙	1 砖墙	1.5 砖墙	2 砖墙
标志尺寸	60	120	180	240	370	490
构造（计算）尺寸	53	115	178	240	365	490

2）内墙：按净长乘以墙高再乘以墙厚以立方米（m³）计算。净长是指内墙在房间内的实际净长度，即两端与其他墙体或构件交接处之间的距离。墙高的确定原则与外墙类似，但在分层情况、与楼板交接等方面需按相应规则执行。同样要扣除门窗洞口、嵌入墙内构件等所占体积，对于墙垛等并入墙体体积计算。

不同材料墙体：当墙体采用不同材料砌筑时（如下部为砖墙、上部为砌块墙等情况），应分别计算不同材料墙体的工程量，并按照各自的计算规则准确计量，注明不同材料墙体的分界线位置以及各自的尺寸范围等信息，便于后续计价和施工安排。

（2）砖柱工程量计算规则：砖柱工程量按设计图示尺寸以体积计算，不分柱身和柱基，合并计算其体积。计算时用柱的截面面积乘以柱高得出体积，柱高从柱基上表面算至柱顶，截面面积根据砖柱的形状（如方形、矩形、圆形等）按相应的几何公式计算，对于柱身上的装饰性线条等若不单独计价，可并入砖柱体积一并计算。

（3）砖砌基础工程量计算规则：砖砌基础通常与墙身以设计室内地坪为界，以下为基础，以上为墙身。基础工程量按图示尺寸以立方米（m³）计算，大放脚部分一般采用折加高度法或折加面积法将其折算到基础墙身的高度或面积中统一计算。在计算基础长度时，外墙基础按外墙中心线长度，内墙基础按内墙净长线长度计算，同时要扣除嵌入基础内的钢筋混凝土柱、地圈梁等所占体积。大放脚高度折加原理如图 1-95 所示。

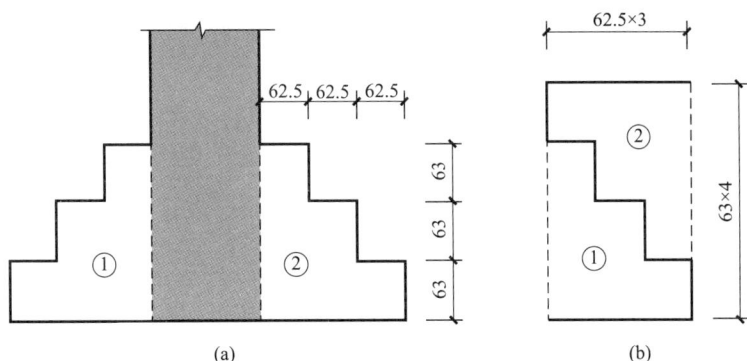

图 1-95　大放脚高度折加原理
（a）原基础；（b）大放脚高度折加

（4）砖砌台阶：按水平投影面积以平方米计算，最上层踏步外沿加 300mm 的水平投影面积并入台阶工程量内。台阶的步数、踏步尺寸等按设计要求确定，计算时需准确量取水平投影范围。

（5）砖砌零星项目：包括砖砌小便池槽、明沟、暗沟、隔热板砖墩等，这些零星项目一般按设计图示尺寸以体积计算，对于难以用体积准确计量的部分，也可根据实际情况采用其他合适的计量单位和计算方法，具体按当地工程量计算规则执行。

3. 砌筑工程量计算实例

(1) 墙体砌筑工程量计算

例 1-3：根据下述条件计算图 1-96 所示建筑物墙体砌筑工程量。

1) 工程概况：某单层砖混结构房屋，如图 1-96 所示建筑平面图，外墙厚 370mm，内墙厚 240mm，墙高从室内地坪算至屋面板底，高度为 3.6m。内外墙上均有门窗洞口见表 1-11。

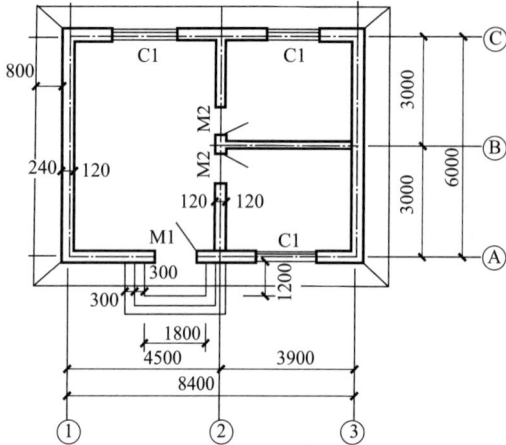

图 1-96 建筑平面图

门窗数量表		表 1-11	
门窗名称	洞口尺寸（宽×高）	单位	数量
C1	1.5m×1.8m	樘	3
M1	1.2m×2.1m	樘	1
M2	0.9m×2.0m	樘	2

该房屋外墙圈梁、构造柱、过梁等混凝土构件体积为 $2.52m^3$，内墙圈梁、构造柱、过梁等混凝土构件体积为 $1.04m^3$。

2) 计算过程：

首先计算外墙中心线长 $l_{中}$ 与内墙净长线 $l_{净}$。

外墙中心线：

① 轴外墙中心线相等 $l_{①中}=6.00+0.06×2=6.12m$

③ 轴中心线与①轴中心线相等，即 $l_{③中}=l_{①中}=6.12m$

Ⓐ 轴外墙中心线相等 $l_{Ⓐ中}=8.40+0.06×2=8.52m$

Ⓑ 轴中心线与Ⓐ轴中心线相等，即 $l_{Ⓑ中}=8.52m$

则，外墙中心线合计 $l_{中}=(6.12+8.52)×2=29.28m$

内墙净长线：

② 轴净长线 $=l_{②净}=6.00-0.12×2=5.76m$

Ⓑ 轴净长线 $=l_{B净}=3.00-0.12×2=2.76m$

则，内墙净长线 $l_{净}=5.76+2.76=8.52m$

外墙门窗面积：

M1 门面积：$1.2×2.1×1=2.52m^2$

C1 窗面积：$1.5×1.8×3=8.10m^2$

门窗洞口面积为 $10.62m^2$

内墙门窗面积：

M2 门面积：$0.9×2.0×2=3.60m^2$

然后计算墙体砌筑工程量。

① 外墙砌筑工程量：

首先计算外墙面积，按中心线长度乘以墙高，即：

$$A_{外}=29.28\times3.6=105.40\text{m}^2$$

然后计算外墙砌筑工程量，用墙体面积减去门窗洞口面积乘以墙厚，再减去混凝土构件所占体积，即：

$$V_{外}=(105.40-10.62)\times0.365-2.52=34.59-2.52=32.07\text{m}^3$$

② 内墙砌筑工程量：

首先计算内墙净墙面积，按净长线长度乘以墙高，即：

$$A_{内}=8.52\times3.6=30.67\text{m}^2$$

然后计算内墙砌筑工程量，用墙体净面积减去门窗洞口面积乘以墙厚，再减去混凝土构件所占体积，即：

$$V_{外}=(30.67-3.6)\times0.24-1.04=6.50-1.04=5.46\text{m}^3$$

(2) 砖柱砌筑工程量计算

例1-4：根据下述条件计算砖柱的砌筑工程量。

工程概况：某建筑大厅有4根方形砖柱，砖柱截面尺寸为370mm×370mm，柱高从基础顶面算至柱顶，高度为4.5m。

砖柱工程量为柱断面面积乘以高度再乘以数量，即：

$$V_{柱}=0.370\times0.370\times4.50\times4=2.46\text{m}^3$$

(3) 砖砌基础工程量计算

例1-5：根据下述条件计算外墙砖砌基础工程量（采用折加高度法）。

工程概况：某住宅外墙基础为砖砌大放脚基础，外墙中心线长度为40m，基础墙厚240mm，大放脚为等高式，每边每层放出60mm，共3层，基础埋深从室外地坪算至基础底面为1.2m，室内外高差为0.3m。等高与不等高基础大放脚如图1-97所示；等高、不等高砖基础大放脚折加高度和大放脚增加断面积详见表1-12。

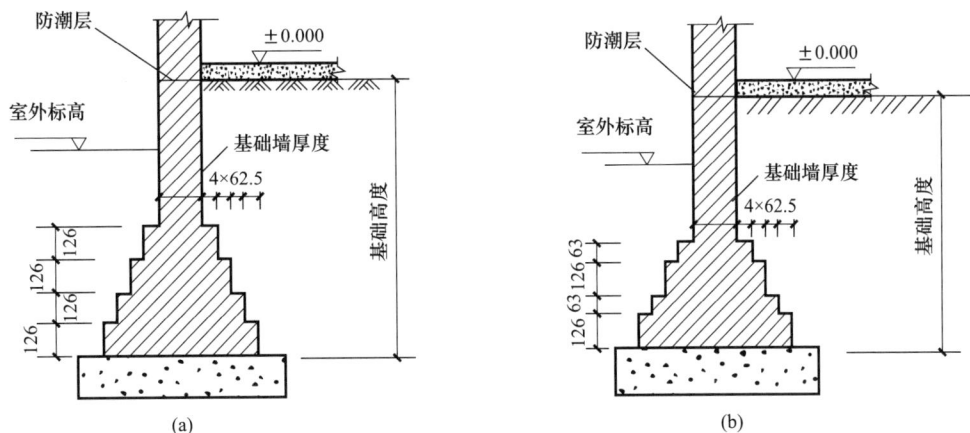

图1-97 等高与不等高砖基础大放脚示意图

(a) 等高式；(b) 非等高式

等高、不等高砖基础大放脚折加高度和大放脚增加断面面积表 表 1-12

放脚层数	折加高度（m）												增加断面（m²）	
	1/2砖（0.115）		1砖（0.24）		1.5砖（0.365）		2砖（0.49）		2.5砖（0.615）		3砖（0.74）			
	等高	不等高	等高	不等高	等高	不等高	等高	不等高	等高	不等高	等高	不等高	等高	不等高
一			0.066	0.066	0.043	0.043	0.032	0.032	0.026	0.026	0.021	0.021	0.0158	0.0158
二			0.197	0.164	0.129	0.108	0.096	0.08	0.077	0.064	0.064	0.053	0.0473	0.0394
三			0.394	0.328	0.259	0.216	0.193	0.161	0.154	0.128	0.128	0.106	0.0945	0.0788
四			0.656	0.525	0.432	0.345	0.321	0.253	0.256	0.205	0.213	0.17	0.1575	0.126
五	0.137	0.137	0.984	0.788	0.647	0.518	0.482	0.38	0.384	0.307	0.319	0.255	0.2363	0.189
六	0.411	0.342	1.378	1.083	0.906	0.712	0.672	0.53	0.538	0.419	0.447	0.351	0.3308	0.2599

首先计算基础墙身部分面积，外墙中心线长度乘以高度，即：

$$A_{墙身} = 40 \times 1.2 = 48.0 m^2$$

然后计算大放脚面积，查表 1-12 大放脚折加高度表可知，等高式大放脚 3 层，每边每层放出 60mm 时，折加高度为 0.394m。则大放脚面积为：

$$A_{大放脚} = 40 \times 0.394 = 15.76 m^2$$

所以基础工程量为墙身面积 $A_{墙身}$ 加大放脚面积 $A_{大放脚}$ 乘以墙厚，即：

$$V_{基础} = (A_{墙身} + A_{大放脚}) = (48.0 + 15.76) \times 0.24 = 15.30 m^3$$

1.6.4 钢筋、混凝土工程量计算

1. 钢筋工程量计算

钢筋工程量按图示尺寸重量以 kg 计算；若数量大，则以 t 计算。

（1）钢筋长度计算

钢筋长度的计算是钢筋工程量计算的基础。在计算钢筋长度时，需要考虑钢筋的设计长度、弯钩长度、搭接长度等因素。对于直钢筋，其长度一般按照设计图纸标注的长度加上弯钩长度（如光圆钢筋末端需做 180°弯钩，弯钩增加长度为 $6.25d$，其中 d 为钢筋直径）。对于带肋钢筋，当采用绑扎搭接时，需要加上搭接长度，搭接长度根据钢筋种类、混凝土强度等级以及抗震等级等因素确定。

（2）钢筋重量计算

钢筋重量可以通过钢筋长度和钢筋的理论重量来计算。钢筋的理论重量是根据钢筋的直径和密度计算得出的，常用的计算公式为：

钢筋重量(kg) = 钢筋长度(m) × 钢筋的理论重量(kg/m)

钢筋的理论重量(kg/m) = $0.00617d^2$（d 为钢筋直径，mm）

例 1-6：某钢筋直径为 10mm，其理论重量为 0.617kg/m，若钢筋长度为 5m，则钢筋重量 = 5m × 0.617kg/m = 3.085kg。常用钢筋单位重量见表 1-13。

常用钢筋单位重量 表 1-13

钢筋直径 d（mm）	单位重量（kg/m）	钢筋直径 d（mm）	单位重量（kg/m）	钢筋直径 d（mm）	单位重量（kg/m）
6	0.222	16	1.580	28	4.837
8	0.395	18	1.999	32	6.318

钢筋直径 d（mm）	单位重量（kg/m）	钢筋直径 d（mm）	单位重量（kg/m）	钢筋直径 d（mm）	单位重量（kg/m）
10	0.617	20	2.468	36	7.996
12	0.888	22	2.986	40	9.872
14	1.209	25	3.856	50	15.425

2. 混凝土工程量计算

(1) 混凝土体积计算

混凝土工程量主要是计算其体积。对于不同形状的混凝土构件，如长方体、圆柱体、棱柱体等，可根据其相应的几何形状公式来计算体积。例如，长方体混凝土构件的体积＝长×宽×高；圆柱体混凝土构件的体积＝$\pi r^2 h$（其中 r 为底面半径，h 为高度）。在实际施工中，还需要考虑混凝土的损耗率，一般在 3%～5%，所以实际需要的混凝土量要比理论计算值略高。

(2) 混凝土强度等级

混凝土强度等级是衡量混凝土性能的重要指标，在计算混凝土工程量时，要明确各构件所需的混凝土强度等级，以便准确采购和使用混凝土材料。

3. 钢筋工程量计算规则与计算实例

(1) 计算规则

1）直钢筋：钢筋长度＝构件长度－保护层厚＋弯钩增加长度＋钢筋搭接长度。

2）弯起钢筋：弯起钢筋下料长度＝直段长度＋斜段长度－弯曲调整值＋弯钩增加长度＋钢筋搭接长度。

3）箍筋：箍筋下料长度＝箍筋周长＋箍筋调整值。

(2) 计算实例

例 1-7：如图 1-98 所示，XL1 钢筋混凝土梁长为 8.050m，断面尺寸为 300mm×700mm。设计钢筋如表 1-14 所示，混凝土强度等级为 C30，混凝土保护层厚度为 25mm。抗震等级为二级，计算该梁钢筋的工程量。

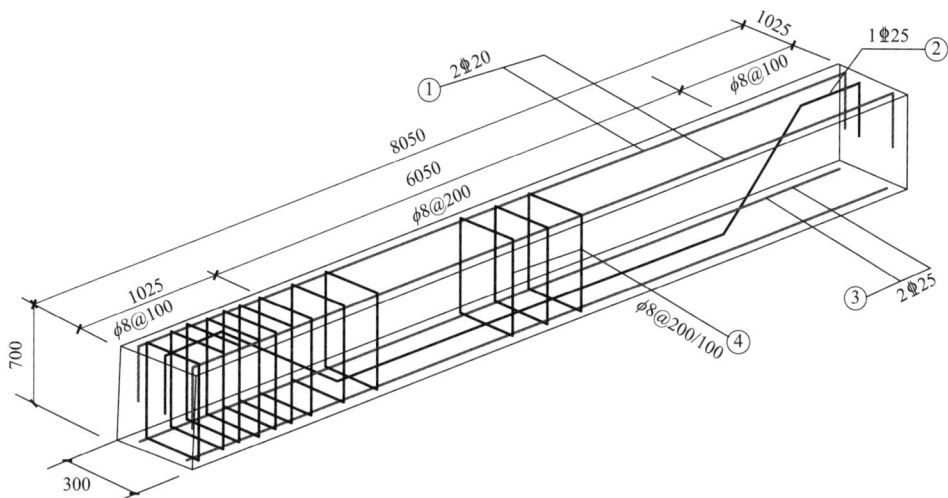

图 1-98　现浇梁配筋图

XL1 配筋表　　　　　　　　　　　　　　　　　　　　　表 1-14

钢筋编号	钢筋级别	根数	直径	备注
①	Φ	2	20	架立筋，钢筋两端各弯折 250mm
②	Φ	1	25	弯起筋，钢筋两端各弯折 250mm
③	Φ	2	25	纵向受力筋
④	Φ	间距 200/100（mm）	8	箍筋

注：梁中间段箍筋间距为 200mm，靠近梁两段各 1.025m 范围内加密间距 100mm。

该梁工程量计算如下：

① 号钢筋：

首先计算钢筋长度

$l_①$＝(8050＋250×2－25×2)×2＝17000mm，即 17.00m。

然后计算钢筋重量：钢筋实际长度乘以单位重量（见表 1-13），即：

$$17.00×2.468＝41.96kg$$

② 号钢筋

首先计算钢筋长度，在①号长的基础上加斜段增加值，钢筋弯起 45°角，斜段增加值为 (700－25×2)×0.414，即：

$l_②$＝[8050＋250×2－25×2＋(700－25×2)×0.414]×2 根＝9038mm，即 9.038m。

然后计算钢筋重量：9.038×3.856＝34.85kg

③ 号钢筋

首先计算钢筋长度，钢筋长度＝梁长－保护层，即：

$l_③$＝(8050－25×2)×2＝16000mm，即 16.00m。

然后计算钢筋重量：16.00×3.856＝61.70kg

④ 号钢筋

首先计算钢筋长度，钢筋长度＝(梁宽－保护层×2)×2＋(梁长－保护层×2)×2＋调整值，即：

$l_④$＝(300－25×2)×2＋(700－25×2)×2＋150＝1950mm，即 1.95m。

然后计算箍筋根数，箍筋根数＝梁长÷箍筋间距＋1。

梁两端 1025mm 范围内箍筋间距为 100mm，所以，梁两端加密区箍筋根数 n_1＝(1025－25)÷100＋1)×2＝22 根

梁中间段 (8.05－1.025×2) 范围内箍筋间距为 0.2m，

所以，中间段箍筋根数 n_2＝(6.00÷0.20＋1)＝31 根

最后计算箍筋总重量：一根箍筋长度×根数×钢筋单位重量，即：

$$1.7×(22＋31)×0.395＝35.59kg$$

4. 混凝土工程量计算规则与计算实例

(1) 计算规则

混凝土构件体积计算：根据不同形状的混凝土构件采用相应的几何公式计算体积。

混凝土损耗率：在实际施工中，要考虑混凝土的损耗率，一般在 3%～5%。计算实际需要的混凝土量时，要将理论计算值乘以 (1＋损耗率)。

（2）计算实例

例 1-8：如图 1-99 所示，某长方体混凝土设备基础，长为 10m，宽为 6m，厚为 3m，混凝土损耗率为 3%，求实际需要的混凝土量。

首先计算混凝土理论体积，长方体混凝土构件的体积＝长×宽×高＝$10×6×3＝180\text{m}^3$。

然后计算实际需要的混凝土量，实际需要的混凝土量＝理论体积×（1＋3%）＝$180\text{m}^3×1.03＝185.4\text{m}^3$。

例 1-9：某圆柱体混凝土柱，底面半径为 2m，高为 5m，混凝土损耗率为 4%，求实际需要的混凝土量。

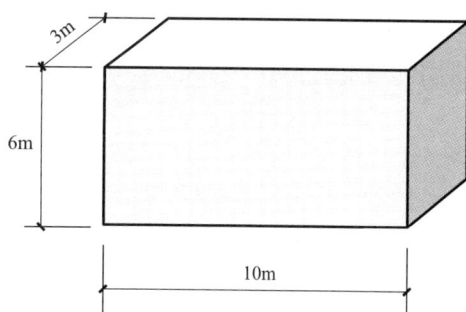

图 1-99　混凝土设备基础

首先计算混凝土理论体积，圆柱体混凝土构件的体积＝$\pi r^2 h＝3.14×2^2×5＝62.8\text{m}^3$。

然后计算实际需要的混凝土量，实际需要的混凝土量＝理论体积×（1＋0.04）＝$62.8\text{m}^3×1.04＝65.312\text{m}^3$。

1.6.5　模板和脚手架工程量计算

1. 模板工程量计算

（1）模板面积计算

模板工程量主要是计算其与混凝土接触的面积。对于不同形状的混凝土构件，如长方体、圆柱体、棱柱体等，需要根据其形状特点来计算模板面积。例如，长方体混凝土构件的模板面积＝2×（长×高＋宽×高）；圆柱体混凝土构件的模板面积＝$2\pi rh$（其中 r 为底面半径，h 为高度）。

（2）模板损耗率

同其他材料一样，模板也存在损耗率，一般在 5%～10%。在计算实际需要的模板工程量时，要将理论计算值乘以（1＋损耗率）。

2. 脚手架工程量计算

（1）砌筑脚手架

外脚手架按外墙外边线长度乘以外墙砌筑高度以平方米（m^2）计算；里脚手架按墙面垂直投影面积计算；独立柱按图示柱结构外围周长另加 3.6m 乘以砌筑高度以平方米（m^2）计算。

（2）装饰工程脚手架

满堂脚手架按室内净面积计算；挑脚手架按搭设长度和层数以延长米（m）计算；悬空脚手架按搭设水平投影面积以平方米（m^2）计算；高度超过 3.6m 墙面装饰不能利用原砌筑脚手架时，可按双排外脚手架乘以 0.3 计算。

（3）其他脚手架工程量计算

水平防护架按实际铺板的水平投影面积，以平方米（m^2）计算；垂直防护架按自然地坪至最上一层横杆之间的搭设高度，乘以实际搭设长度，以平方米（m^2）计算；架空运输脚手架按搭设长度以延长米（m）计算；建筑物垂直封闭工程量按封闭面的垂直投影面积计算。

3. 模板工程量计算实例

例 1-10：某长方体混凝土基础，长为 8m，宽为 5m，高为 3m，模板损耗率为 5%，求实际需要的模板工程量。

首先计算模板理论面积，长方体混凝土构件的模板面积＝2×（长×高＋宽×高）＝2×（8×3＋5×3）＝2×（24＋15）＝2×39＝78m²

然后计算实际需要的模板工程量，78×（1＋5%）＝81.9m²。

例 1-11：某现浇梁 XL1 尺寸如图 1-100 所示，该梁共有 12 根，模板损耗率为 5%，求实际需要的模板工程量。

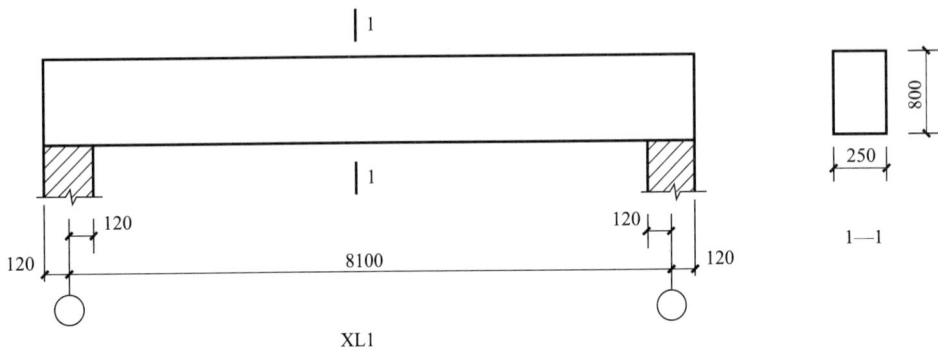

图 1-100　现浇梁尺寸

首先计算模板图示面积，该梁模板由梁侧、梁底和梁端组成：
① 梁侧模板为 （8.10＋0.12×2）×0.80×2 侧＝13.34m²；
② 梁底模板为 （8.10－0.12×2）×0.25＝1.97m²；
③ 梁端模板为 0.25×0.80×2 端＝0.40m²。

则，该 12 根 XL1 模板图示工程量＝ （13.34＋1.97＋0.40）×12 根＝188.52m²。

然后计算该 12 根 XL1 模板实际工程量＝188.52×（1＋5%）＝197.95m²。

4. 脚手架工程量计算实例

例 1-12：某配电室平面图、剖面图如图 1-101 所示，墙厚均为 240mm，计算其综合脚手架工程量。

根据图 1-101 所示尺寸，配电室综合脚手架＝（5.40＋0.12×2）×（4.20＋0.12×2）＝25.04m²。

1.6.6　装饰工程量计算知识

1. 装饰工程量计算原理和方法

（1）计算原理

1）依据设计图纸：装饰工程量计算首先要以施工设计图纸为依据，包括平面图、剖面图、立面图以及节点大样图等。

2）遵循工程量计算规则：不同的装饰工程项目有其对应的计算规则，这些规则是统一规范工程量计算过程、保证计算结果准确性和可比性的重要依据。

3）结合施工工艺和实际情况：考虑施工工艺和实际施工过程对工程量的影响也很关键。

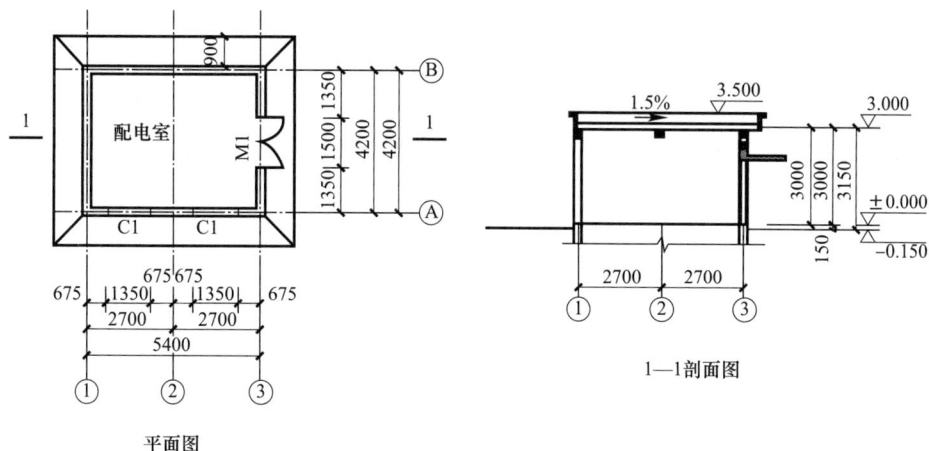

图 1-101　某配电室平面图、剖面图

（2）计算方法

1）长度计量法：适用于一些线性装饰项目的工程量计算，如踢脚线、装饰线条、栏杆扶手等。

2）面积计量法：广泛应用于地面、墙面、顶面等大面积装饰工程的工程量计算。对于规则形状的平面（如矩形地面、方形墙面等），直接用长乘以宽等相应的几何公式计算面积即可；但如果遇到不规则形状的区域，可采用分割法或补形法将其转化为规则形状进行计算。

3）体积计量法：主要用于涉及有一定厚度、需要考虑空间体积的装饰项目，像室内的造型柱、装饰性的墙体砌筑等。计算时按照相应的立体几何形状的体积计算公式进行，如长方体造型柱就用长×宽×高计算体积，对于一些复杂的立体造型，同样可以通过分割成简单几何体组合的方式进行体积计算。

2. 装饰工程量计算实例

例 1-13：某单位值班室平面布置如图 1-102 所示，内外墙厚均为 240mm，轴线居中。建筑层高为 3.60m，钢筋混凝土楼板厚度为 180mm，地面为地板砖，内墙面耐擦洗白色涂料，顶棚为轻钢龙骨石膏板吊顶，现计算地面、内墙面和吊顶装饰的工程量。

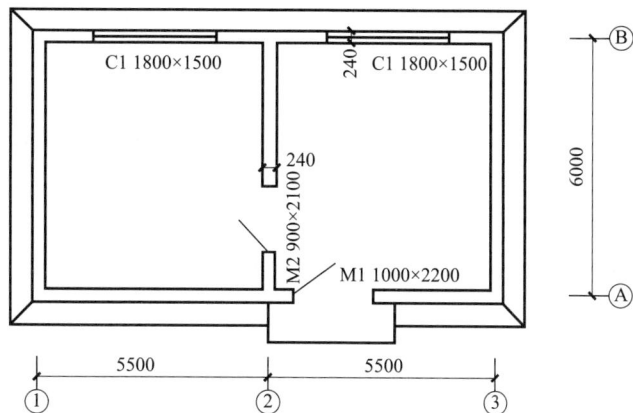

图 1-102　平面图

计算工程量如下：

第一，地面地板砖工程量按地面净面积计算，即：

$$(5.5-0.12\times2)\times(6.0-0.12\times2)\times2\ 间=5.26\times5.76\times2=60.60m^2$$

第二，内墙面耐擦洗白色涂料工程量按内墙面净面积计算，即墙面净长×净高，再减去门窗洞口所占面积。

① 轴工程量=$(6.0m-0.12m\times2)\times(3.60m-0.18m)=19.70m^2$

② 轴工程量=$[(6.0m-0.12m\times2)\times(3.60m-0.18m)-0.9m\times2.1m]\times2=35.62m^2$

③ 轴工程量计算同①轴，即工程量=$19.70m^2$

Ⓐ 轴工程量=$(5.5m\times2-0.12m\times2-0.24)\times(3.60m-0.18m)=35.98m^2$

Ⓑ 轴工程量=$(5.5m\times2-0.12m\times2-0.24)\times(3.60m-0.18m)-1.8m\times1.5m\times2=30.58m^2$

则，内墙面耐擦洗白色涂料工程量=$19.70+35.62+19.70+35.98+30.58=141.58m^2$

第三，计算顶棚为轻钢龙骨石膏板吊顶工程量。计算方法同地面工程量计算，所以顶棚为轻钢龙骨石膏板吊顶工程量=$60.60m^2$。

1.6.7 水电材料工程量计算

1. 水电材料工程量计算基本知识

(1) 水电系统概述

建筑物的水电系统主要包括给水排水系统和电气系统。给水排水系统包括建筑物内的供水和排水功能，涉及给水管网、排水管网、卫生器具等部分；电气系统则承担着建筑物内的照明、动力以及弱电等方面的功能，包含照明灯具、动力设备、弱电设备等。

(2) 水电材料种类

1) 给水排水材料：常见的给水排水材料有给水管（如 PPR 管、PVC 管等）、排水管（如 PVC-U 管、铸铁管等）、水龙头、阀门、卫生器具（如马桶、洗手盆、淋浴喷头等）。

2) 电气材料：电气材料包括电线（如铜芯线、铝芯线等）、电缆（如电力电缆、控制电缆等）、开关、插座、照明灯具（如白炽灯、LED 灯等）、动力设备（如电梯、水泵等）、弱电设备（如电话、电视、网络等）以及各种配电箱、配电柜等。

2. 水电材料工程量计算规则

(1) 给水排水材料计算规则

1) 给水管材用量计算：给水管材的用量主要根据给水管网的布置、管径大小以及管道长度来计算并考虑一定的损耗率（一般在 $3\%\sim5\%$），计算出实际需要的给水管材长度。

2) 排水管材用量计算：排水管材的用量计算原理与给水管材类似，也是根据排水管网的布置、管径大小以及管道长度来计算。

3) 卫生器具用量计算：卫生器具的用量就是根据建筑物内实际需要安装的各种卫生器具的数量来确定。

(2) 电气材料计算规则

1) 电线电缆用量计算：电线电缆的用量主要根据电气系统的布置、线路长度以及负载情况来计算。首先要确定电气系统的拓扑结构（如放射状、环状等），然后根据设计图纸标注的线路长度，按照实际施工中的线路连接方式（如焊接、压接等）考虑一定的损耗率（一般在 3%～5%），计算出实际需要的电线电缆长度。

2）开关插座用量计算：根据建筑物内实际需要安装的开关插座的数量来确定。

3）照明灯具用量计算：根据建筑物内实际需要安装的照明灯具的数量来确定。

4）动力设备用量计算：根据建筑物内实际需要安装的动力设备的数量来确定。

5）弱电设备用量计算：根据建筑物内实际需要安装的弱电设备的数量来确定。

3. 水电材料工程量计算实例

(1) 给水排水材料计算实例

例 1-14：某多层住宅建筑，给水管网采用枝状管网结构，管径为 PPR 管 25mm，设计图纸标注的管道长度为 150m，考虑 3% 的损耗率，求实际需要的给水管材长度。

根据给水管材用量计算规则，实际需要的给水管材长度＝设计图纸标注的管道长度×(1+3%)＝150m×(1+3%)＝154.5m。

例 1-15：某商业建筑，排水管网采用环状管网结构，管径为 PVC-U 管 150mm，设计图纸标注的管道长度为 200m。由于商业建筑人流量大，排水管道易受堵塞等因素影响，在施工过程中管道变形及损坏的可能性相对较高，所以考虑 7% 的损耗率，计算实际需要的排水管材长度如下：

根据排水管材用量计算规则，实际需要的排水管材长度＝设计图纸标注的管道长度×(1+损耗率)。

已知设计图纸标注的管道长度为 200m，损耗率为 7%，则实际需要的排水管材长度为：200m×(1+7%)＝200m×1.07＝214m。

此外，该商业建筑内计划设置公共卫生间 5 处，每个卫生间配备 6 个洗手盆、4 个马桶和 3 个淋浴喷头；另外，在商场的餐饮区域还需单独设置 10 个洗手盆用于清洁。计算该商业建筑卫生器具的总用量如下：

公共卫生间洗手盆用量：5 处×6 个/处＝30 个

公共卫生间马桶用量：5 处×4 个/处＝20 个

公共卫生间淋浴喷头用量：5 处×3 个/处＝15 个

餐饮区域洗手盆用量：10 个

卫生器具总用量＝30+20+15+10＝75 个

(2) 电气材料计算实例

例 1-16：某商业建筑，电气系统采用环状结构，设计图纸标注的照明线路长度为 300m，考虑 3% 的损耗率，求实际需要的电线长度用于照明系统。

根据电线电缆用量计算规则，实际需要的电线长度＝设计图纸标注的线路长度×(1+损耗率)＝300m×(1+3%)＝300m×1.03＝309m。

该商业建筑内，每个客厅平均需要安装 3 个插座和 2 个开关用于日常用电。假设商铺共有 200 个客厅，另外，商铺内还需安装 50 个插座和 30 个开关用于公共设施用电。计算该商业建筑开关插座的总用量如下：

商铺插座用量：200 个商铺×3 个/商铺＝600 个

商铺开关用量：200 个商铺×2 个/商铺＝400 个

公共区域插座用量：50 个

公共区域开关用量：30 个

开关插座总用量＝600 个＋400 个＋50 个＋30 个＝1080 个

1.7 劳动保护与安全生产

1.7.1 职业健康、劳动保护、安全生产相关基础知识

1. 职业健康

(1) 职业健康的定义与标准

职业健康是指对工作场所内的员工在身体、心理和社会适应等方面的健康保护。职业健康的标准包括工作环境中的物理因素（如噪声、振动、辐射等）、化学因素（如有毒有害物质）和生物因素（如细菌、病毒等）应控制在安全范围内，以防止对员工健康造成危害。同时，还包括员工的工作强度、工作时间等应符合人体工程学要求，以避免过度疲劳和职业性疾病的发生。

(2) 建筑工程常见职业病

尘肺病：由于长期吸入生产性粉尘而引起的以肺组织弥漫性纤维化为主的全身性疾病。建筑工程中的凿岩工、放炮工、出渣工等在施工过程中容易接触大量粉尘，是尘肺病的高发人群。

噪声聋：长期接触噪声而引起的一种进行性的感音性听觉损伤。建筑工程中的风钻工、破碎机操作工、电锯工等在施工过程中会接触到高强度的噪声，容易导致噪声聋。

中暑：在高温作业环境下，由于热平衡和（或）水盐代谢紊乱而引起的以中枢神经系统和（或）心血管系统障碍为主要表现的急性疾病。建筑工程中的露天作业人员在夏季高温天气下容易中暑。

电光性皮炎：接触人工紫外线光源（电焊器、炭精灯、水银石英灯等）引起的皮肤急性炎症。建筑工程中的电焊工在工作过程中容易受到紫外线照射，引发电光性皮炎。

(3) 职业病预防措施

工程技术措施：采用先进的生产工艺和技术，减少或消除职业病危害因素的产生。例如，采用湿式作业代替干式作业，减少粉尘的产生；采用低噪声设备，降低噪声强度。

个体防护措施：为员工提供符合国家标准的个人防护用品，如防尘口罩、耳塞、护目镜等，并督促员工正确佩戴和使用。

卫生保健措施：对员工进行定期的职业健康检查，及时发现和处理职业病早期症状；加强员工的职业健康教育，提高员工的自我保护意识。

2. 劳动保护

(1) 劳动保护政策与法规

我国制定了一系列劳动保护政策与法规，如《中华人民共和国劳动法》《中华人民共和国安全生产法》《中华人民共和国职业病防治法》等，明确了用人单位在劳动保护方面的责任和义务，保障了劳动者的合法权益。

(2) 建筑工地劳动保护用品

安全帽：用于保护头部免受坠落物、撞击等伤害。

安全带：用于高处作业时防止人员坠落。

安全网：用于防止人员或物体从高处坠落。

防护手套：用于保护手部免受机械伤害、化学伤害等。

防护鞋：用于保护脚部免受机械伤害、化学伤害等。

护目镜：用于保护眼睛免受飞溅物、紫外线等伤害。

(3) 劳动保护培训与教育

用人单位应定期组织员工进行劳动保护培训与教育，使员工了解劳动保护的重要性，掌握劳动保护用品的正确使用方法和应急处理措施。培训内容应包括劳动保护政策法规、职业病防治知识、安全操作规程等。

(4) 安全帽的选择及使用与保管注意事项

使用者在选择安全帽时，应注意符合国家相关管理规定、标志齐全、经检验合格，并应检查其近期检验报告，并且要根据不同的防护目的选择不同的品种，如：带电作业场所的使用人员，应选择具有电绝缘性能并检查合格的安全帽。

安全帽的佩戴要符合标准，使用要符合规定。如果佩戴和使用不正确，就起不到充分的防护作用。

佩戴前应检查各配件有无破损、装配是否牢固、帽衬调节部分是否卡紧、插口是否牢靠、绳带是否系紧等，若帽衬与帽壳之间的距离不在 25~50mm 之间，应用顶绳调节到规定的范围，确定各部件完好后方可进行佩戴。

根据使用者头的大小，将帽箍长度调节到适宜位置（松紧适度）。

佩戴安全帽时下颏带必须系紧，不能将下颏带放入帽子内或翻在帽顶上。不能把安全帽戴歪，不能将安全帽反带或不系下颏带。

安全帽在使用时受到较大冲击后，无论是否发现帽壳有明显的断裂纹或变形，都应停止使用，更换受损的安全帽。

3. 安全生产

(1) 安全生产理念、方针和机制

安全生产理念：以人为本，安全第一。坚持把保障人民群众生命财产安全作为安全生产工作的出发点和落脚点，始终把安全放在首位。

安全生产方针：安全第一、预防为主、综合治理。坚持安全第一，把预防作为安全生产工作的主要任务，采取综合措施治理安全生产隐患。

安全生产机制：建立健全安全生产责任制，加强安全生产监督管理，加大安全生产投入，提高安全生产技术水平，完善安全生产应急救援体系。

(2) 施工现场安全环境

施工现场应设置明显的安全警示标识，如禁止吸烟、禁止明火、当心触电等。施工现场的道路应保持畅通，不得堆放杂物。施工现场的临时用电应符合安全规范，不得私拉乱接电线。施工现场的机械设备应定期进行维护保养，确保其安全性能。

1.7.2　消防、现场救护相关基本知识

1. 消防保护

(1) 建筑工地消防安全概述

建筑工地由于施工过程中存在大量的易燃、可燃材料，如木材、油漆、防水材料等，

同时施工现场临时用电设备多、火源多，容易发生火灾事故。因此，建筑工地消防安全至关重要。

（2）施工现场易发生火灾的场所

木工加工区：木工加工过程中会产生大量的木屑、刨花等易燃物，且使用电锯、电刨等电动工具容易产生火花，引发火灾。

电气焊作业区：电气焊作业时会产生高温火焰和火花，容易引燃周围的易燃物。

仓库：仓库内储存着大量的建筑材料和易燃物品，如油漆、涂料、防水材料等，一旦发生火灾，容易造成严重的损失。

生活区：生活区人员密集，使用电器设备多，容易发生电气火灾。

（3）火灾的分类与特性

火灾的分类：根据燃烧物质的不同，火灾分为 A 类火灾（固体物质火灾）、B 类火灾（液体或可熔化的固体物质火灾）、C 类火灾（气体火灾）、D 类火灾（金属火灾）、E 类火灾（带电火灾）和 F 类火灾（烹饪器具内的烹饪物火灾）。

火灾的特性：火灾具有蔓延迅速、破坏性大、扑救困难等特点。

（4）建筑工地火灾的起因与预防措施

起因：电气设备故障、违规用火用电、乱扔烟头等。

预防措施：加强施工现场的消防安全管理，制定消防安全制度和应急预案；加强对电气设备的检查和维护，确保其安全性能；严格控制火源，禁止在施工现场吸烟和使用明火；加强对易燃、可燃材料的管理，分类存放，远离火源。

（5）灭火的基本方法

1）冷却灭火：对一般可燃物来说，能够支持燃烧的条件之一就是在火焰或热的作用下达到了各自的着火温度。因此对一般可燃物火灾，将可燃物冷却到其燃点或闪点温度以下，燃烧反应就会终止，水的灭火机理主要是冷却作用。

2）窒息灭火：各种可燃物的燃烧都必须在其低氧气的浓度以上进行，否则燃烧不能持续进行。因此，通过降低燃烧物周围的烟气浓度可以起到灭火的作用。通常使用的二氧化碳、氮气、水蒸气等的灭火机理主要是窒息作用。

3）隔离灭火：把燃烧物与引火源或氧气隔离开来，燃烧反应就会自动终止。火灾中，关闭阀门，切断流向火区的可燃气体和液体的通道；打开有关阀门，使已经发生燃烧的容器或已受到火势威胁的容器中的液体可燃物，通过管道流至安全区域，都是隔离灭火的措施。

4）化学抑制灭火：使用灭火剂与链式反应的中间体自由基反应，从而使燃烧的链式反应中断，使燃烧不能持续进行。常用的干粉灭火剂、卤代烷灭火剂的主要灭火机理就是化学抑制作用。

2. 现场急救的概念和急救步骤

（1）现场急救的概念

现场急救是指在事故现场对受伤人员进行的紧急救治，目的是挽救生命、减轻痛苦、防止伤情恶化。

（2）急救步骤

观察现场环境：确保现场安全，避免二次伤害。

评估伤者情况：判断伤者的意识、呼吸、心跳等生命体征。

呼叫急救人员：拨打 120 急救电话，请求专业救援。

进行急救处理：根据伤者的情况进行相应的急救处理，如止血、包扎、固定、心肺复苏等。

1.8　环境保护与文明施工

1.8.1　环境保护相关知识

1. 环境保护的原则和要求

原则：以保护优先、预防为主、综合治理、公众参与、损害担责为原则。坚持从源头预防环境污染和生态破坏，采取多种措施进行治理，实现经济、社会和环境的协调发展。

要求：遵守国家和地方的环境保护法律法规，减少施工过程中的污染物排放，保护生态环境，实现可持续发展。

2. 常见环境污染

大气污染：建筑施工过程中产生的扬尘、废气等会对大气环境造成污染。

水污染：施工过程中的废水排放、建筑材料的泄漏等会对水体造成污染。

噪声污染：施工过程中的机械设备运行、车辆行驶等会产生噪声污染。

固体废弃物污染：施工过程中产生的建筑垃圾、生活垃圾等会对环境造成污染。

3. 环境保护的措施

大气污染防治措施：施工现场设置围挡，定期洒水降尘；运输车辆采取封闭措施，减少扬尘污染；使用环保型建筑材料，减少废气排放。

水污染防治措施：设置污水处理设施，对施工废水进行处理后达标排放；加强对建筑材料的管理，防止泄漏污染水体。

噪声污染防治措施：选用低噪声设备，合理安排施工时间，避免在居民休息时间进行高噪声作业；设置隔声屏障，减少噪声传播。

固体废弃物污染防治措施：对建筑垃圾进行分类收集、运输和处理；设置垃圾桶，对生活垃圾进行集中处理。

4. 环境污染的处理方法

大气污染处理方法：采用除尘器、吸附剂等对废气进行处理；加强绿化，提高空气自净能力。

水污染处理方法：采用物理、化学、生物等方法对废水进行处理，去除其中的污染物。

噪声污染处理方法：采用隔声、消声、减震等措施降低噪声强度。

固体废弃物污染处理方法：采用填埋、焚烧、回收利用等方法对固体废弃物进行处理。

1.8.2　成品、半成品保护相关知识

1. 成品保护的概念

成品保护是指在施工过程中，对已完成的工程产品进行保护，防止其受到损坏、污染

和丢失。

2. 成品、半成品保护措施

覆盖保护：对成品、半成品进行覆盖，防止其受到污染和损坏。

封闭保护：对成品、半成品进行封闭，防止其受到外界因素的影响。

警示保护：在成品、半成品周围设置警示标志，提醒人们注意保护。

专人保护：安排专人对成品、半成品进行保护，防止其受到人为破坏。

1.8.3 文明施工相关知识

1. 文明施工的要求和目标

要求：施工现场整洁、卫生、有序；施工人员文明、礼貌、遵守纪律；施工过程中不扰民、不污染环境。

目标：创建安全文明工地，提高企业形象和社会声誉。

2. 文明施工的主要内容

现场围挡：施工现场设置连续、封闭的围挡，其高度符合要求。在市区主要路段和市容景观道路及机场、码头、车站广场设置的围栏高度不得低于 2.5m。在其他路段设置的围栏，其高度不得低于 1.8m。

封闭管理：施工现场设置大门，实行封闭管理，进出人员进行登记。

施工场地：施工现场道路畅通，场地平整，排水设施完善。

材料堆放：建筑材料、构配件等按照品种、规格分类堆放整齐，并设置标识牌。

现场住宿：施工现场设置宿舍、食堂、厕所等临时设施，满足施工人员的生活需要。

现场防火：施工现场配备消防器材，设置消防通道，加强对火源的管理。

治安综合治理：施工现场建立治安保卫制度，加强对施工人员的管理。

施工现场标牌：施工现场设置工程概况牌、管理人员名单及监督电话牌、消防保卫牌、安全生产牌、文明施工牌和施工现场平面图等"五牌一图"。

生活设施：施工现场设置食堂、厕所、淋浴间等生活设施，满足施工人员的生活需要。

保健急救：施工现场设置保健急救设施，配备急救人员和急救药品。

社区服务：施工现场与周边社区建立良好的关系，积极开展社区服务活动。

1.9 相关法律法规

1.9.1 土地管理法、城乡规划法、建筑法

1. 《中华人民共和国土地管理法》相关知识

（1）土地的分类

我国土地依据不同的用途和性质等因素，主要分为以下几类：

1）农用地

农用地是直接用于农业生产的土地，包括耕地、林地、草地、农田水利用地、养殖水

面等。

2）建设用地

建设用地指建造建筑物、构筑物的土地，像城乡住宅和公共设施用地、工矿用地、交通水利设施用地、旅游用地、军事设施用地等都属于建设用地范畴。例如，在农村建设村民住宅的宅基地，以及为了发展乡村产业建设的厂房用地等都是建设用地的一部分。建设用地的使用需要经过法定的审批程序，依据规划进行合理开发利用，确保符合城乡建设和发展的整体布局要求。

3）未利用地

未利用地是指农用地和建设用地以外的土地，主要包括荒草地、盐碱地、沙地、裸土地、裸岩等。虽然这类土地暂时未投入特定的生产或建设用途，但并不意味着可以随意开发，在对未利用地进行开发利用时，同样要遵循相关的法律法规和规划要求，很多情况下需要进行可行性研究以及办理相应的审批手续，避免因不合理开发造成生态破坏等不良后果。

(2) 土地的权属

土地权属主要涉及土地所有权和土地使用权两方面：

1）土地所有权

我国实行土地的社会主义公有制，即全民所有制和劳动群众集体所有制。城市市区的土地属于国家所有；农村和城市郊区的土地，除由法律规定属于国家所有的以外，属于农民集体所有；宅基地和自留地、自留山，也属于农民集体所有。例如，农村集体所有的土地可以由村集体经济组织或者村民委员会经营、管理，代表农民集体行使土地所有权相关的权益，像将集体土地通过合法程序发包给农户进行农业生产经营等活动。

2）土地使用权

单位和个人可以依法取得土地的使用权，用于相应的合法用途。对于国有土地，使用者需通过出让（如缴纳土地出让金、签订出让合同等方式获得一定年限的土地使用权，常见于城市的房地产开发等情况）、划拨（一般针对符合特定公益用途等条件的土地，无需缴纳出让金，像国家机关用地、军事用地等）等法定方式取得使用权；而对于农村集体土地中的建设用地，如宅基地，符合条件的农村村民可以向本集体经济组织申请无偿取得宅基地使用权，用于建造自住房屋等。土地使用权在使用期限、流转等方面都有着明确的规定，保障土地资源的合理有序利用。

(3) 耕地制度

我国有着严格的耕地保护制度，主要体现在以下几个方面：

1）占补平衡制度

非农业建设经批准占用耕地的，按照"占多少，垦多少"的原则，由占用耕地的单位负责开垦与所占用耕地的数量和质量相当的耕地；没有条件开垦或者开垦的耕地不符合要求的，应当按照省、自治区、直辖市的规定缴纳耕地开垦费，专款用于开垦新的耕地。

2）基本农田保护制度

国家实行基本农田保护制度，将优质的、集中连片的耕地划定为基本农田，实行严格管理。基本农田一经划定，任何单位和个人不得擅自占用或者改变其用途，如不准在基本农田内挖塘养鱼、种树造林、发展林果业等破坏耕作层的活动，必须确保基本农田主要用于粮食生产等农业种植活动，这是保障我国粮食安全的核心防线。

3）耕地用途管制制度

严格限制农用地转为建设用地，控制建设用地总量，对耕地转为其他农用地（如将耕地改为林地等情况）也有相应的管控措施，要求符合相关规划以及经过法定审批程序，防止随意改变耕地用途，维护土地利用的合理结构和秩序，保障农业生产有足够的土地资源支撑。

（4）宅基地制度

宅基地制度是关乎农村村民居住权益的重要制度，具有以下特点和规定：

1）申请主体和条件

农村村民一户只能拥有一处宅基地，其宅基地的面积不得超过省、自治区、直辖市规定的标准。一般来说，符合下列条件之一的农村村民可以申请宅基地：一是因子女结婚等原因确需分户，缺少宅基地的；二是外来人口落户，成为本集体经济组织成员，没有宅基地的；三是因发生或者防御自然灾害、实施村庄和集镇规划以及进行乡（镇）村公共设施和公益事业建设，需要搬迁的等情况。

2）审批程序

农村村民申请宅基地，应当向所在的村民小组或者村民委员会提出书面申请，经村民会议或者村民代表会议讨论同意，并在本集体经济组织范围内公示后，报乡（镇）人民政府审核批准。涉及占用农用地的，还需要依照法定程序办理农用地转用审批手续。整个审批过程遵循公开、公正、规范的原则，确保宅基地分配合理、合法。

3）使用和流转限制

宅基地主要用于农村村民建设自住房屋及其附属设施，不得用于非居住性的商业开发等其他用途。虽然在一定条件下，宅基地使用权可以在本集体经济组织内部进行流转（如转让给符合宅基地申请条件的同村村民等情况），但严禁城镇居民到农村购买宅基地，这是为了保障农村宅基地的集体性质以及农村村民的居住权益，维护农村土地利用和乡村建设的稳定有序。

2.《中华人民共和国城乡规划法》相关知识

（1）城乡规划法五项原则

1）城乡统筹原则：强调打破城乡二元分割的局面，将城市和乡村作为一个有机整体进行统一规划、统筹发展。

2）合理布局原则：要求根据不同区域的自然条件、资源禀赋、人口分布等因素，科学合理地确定城乡各类用地的布局、功能分区以及建设项目的选址等。

3）节约土地原则：土地是宝贵的资源，城乡规划要充分体现对土地的节约集约利用。一方面，要严格控制建设用地规模，避免盲目扩张，提高土地的利用效率，如鼓励建设多层住宅、合理提高工业用地的容积率等；另一方面，要积极盘活存量土地，对闲置土地、废弃土地等进行再开发利用，减少对新增土地的需求，实现土地资源的可持续利用。

4）集约发展原则：侧重于通过优化资源配置、提升产业聚集度等方式，促进城乡建设的高质量、高效益发展。在城市中，打造产业园区、商业区等功能聚集区，实现资源共享、协同发展，提高城市的综合竞争力；在乡村，引导农业产业规模化、现代化发展，推动乡村旅游等新业态的集约经营，提升乡村发展的活力和可持续性。

5）先规划后建设原则：明确城乡的各项建设活动都必须在科学合理的规划指导下进行，没有规划或者不符合规划要求的建设项目不得开工建设。

（2）城乡规划法五项制度

1）规划编制制度：城乡规划需按照法定的程序和要求进行编制。城市规划一般分为总体规划和详细规划，总体规划是对城市发展的总体布局、战略定位等进行宏观规划，详细规划则进一步细化到具体地块的用途、建筑密度、容积率等指标；乡村规划同样包括村庄规划等，要结合乡村的实际情况，对村民住宅、公共设施、基础设施以及产业发展等方面进行规划布局。

2）规划审批制度：不同层级、不同类型的城乡规划需要经过相应的审批机关批准后才能生效实施。

3）规划实施制度：城乡规划一经批准，就要严格按照规划要求组织实施。政府相关部门要通过核发建设项目选址意见书、建设用地规划许可证、建设工程规划许可证等行政许可手段，对城乡建设活动进行管理和监督，确保建设项目符合规划的位置、规模、功能等要求，保障规划能够落地执行，使城乡建设按照既定的蓝图有序推进。

4）规划修改制度：由于城乡发展过程中可能出现一些新情况、新变化，如重大基础设施建设调整、政策变化等，允许对已经批准的城乡规划进行适当修改，但必须遵循严格的法定程序。

5）规划监督检查制度：建立健全对城乡规划实施情况的监督检查机制，由政府相关部门、社会公众等多主体参与监督。一方面，行政主管部门要定期对建设项目是否符合规划进行检查，对违反规划的行为依法予以查处；另一方面，鼓励公众参与监督，通过举报、建议等方式反馈规划实施过程中的问题，保障城乡规划能够得到有效执行，维护城乡建设的合法性和规范性。

3.《中华人民共和国建筑法》相关知识

（1）农村宅基地上建房有"六不准"

1）不准随意多层修建：农村宅基地建房要遵循所在地区规定的层数要求，一般来说，大多数地区限制在三层及以下，不能未经审批擅自加建多层，这是考虑到农村建筑的安全性以及与周边环境的协调性等因素，避免因过高的建筑层数带来结构安全隐患以及影响乡村整体风貌。

2）不准超面积标准建造

各省、自治区、直辖市对农村宅基地的面积标准有所不同，村民建房时必须严格按照当地规定的面积标准执行。

3）不准随意翻建房屋

虽然村民对自家宅基地上的房屋有一定的修缮、翻建权利，但不能随意进行，需要向所在村集体经济组织和乡镇政府申请，经过审批同意后，按照批准的方案进行翻建，比如房屋的位置、面积、层数等都要符合审批要求，不能擅自改变，以确保翻建行为符合乡村规划和土地管理等相关规定。

4）不准建在规划区域外

农村也有相应的村庄规划，明确了哪些区域可以用于建设住宅等，宅基地上的建房必须在规划确定的宅基地范围内进行，严禁在农用地（如耕地、林地等）或者其他规划为非住宅建设用途的土地上建房，否则会破坏土地利用规划和乡村整体布局，属于违法建设行为。

5）不准非法转让宅基地建房

宅基地使用权是有特定限制的，仅限于本集体经济组织成员依法取得和使用，不能将宅基地非法转让给城镇居民或者不符合条件的其他人员用于建房，即使在本集体经济组织内部转让，也需要符合相关规定和程序，保障宅基地的合理流转和农村土地管理秩序。

6）不准擅自改变用途

宅基地主要用途是供农村村民建设自住房屋及其附属设施，不能将其用于开办工厂、经营商业店铺等非居住性的商业用途，除非经过法定的审批程序，将宅基地转变为符合规划要求的其他建设用地类型，否则擅自改变用途就是违反法律规定的行为。

（2）宅基地的申请和使用

1）申请流程

符合条件的农村村民首先要向所在的村民小组或者村民委员会提出书面申请，详细说明申请宅基地的理由、家庭人口情况等信息。村民小组或村民委员会收到申请后，会组织村民会议或者村民代表会议进行讨论，对申请人的资格、需求等情况进行审核，并在本集体经济组织范围内公示，公示期一般不少于一定天数（如 15 天等），接受村民监督。公示无异议后，报乡（镇）人民政府审核批准，涉及占用农用地的，还需依照法定程序办理农用地转用审批手续，整个过程要确保公平、公正、公开，让真正有需求且符合条件的村民能够获得宅基地。

2）使用规范

获得宅基地批准后，村民应在规定的时间内开始建房，建房过程中要按照批准的面积、位置、层数等要求进行建设，不得擅自变更。宅基地上的房屋建成后，主要用于村民及其家庭成员的居住生活，同时可以配套建设一些必要的附属设施（如厨房、厕所、杂物间等），但附属设施的建设也要符合村庄规划和相关管理规定，不得超范围、超标准建设，并且要保持宅基地及周边环境的整洁卫生，合理利用宅基地资源。

（3）宅基地的标准和限制

宅基地的面积标准在不同地区存在差异，通常会综合考虑所在地区的人口密度、土地资源等因素来确定。

除了面积方面的限制，还有一些其他限制条件，比如前面提到的"一户一宅"原则（除符合分户条件等法定的"一户多宅"情况外），限制了村民拥有宅基地的数量；在宅基地的选址上，必须符合村庄规划确定的建设用地范围，不能占用基本农田等禁止用于建设的土地；而且宅基地的使用必须与农业生产生活相适应，不能将其用于与农村居住功能无关的、大规模的商业或工业用途，以维护农村土地利用的合理性和乡村的居住功能。

（4）农村建房施工资质的相关规定

在农村自建低层住宅（一般是指三层及以下，且建筑面积在 300m² 以下的住宅），目前多数地区不要求建房者必须具备建筑施工资质，农村工匠或者有一定建房经验的农民可以自行组织施工，但也要遵循相关的安全、质量等方面的规范要求，比如要按照合格的施工图纸施工，使用符合质量标准的建筑材料等。

然而，对于农村自建住宅超出上述范围（如层数超过三层或者建筑面积超过 300m² 等情况），就需要按照相关规定，由具备相应建筑施工资质的企业进行施工，以确保建筑工程的结构安全、质量可靠，保障农村居民的居住安全。同时，在施工过程中，无论是哪种情况，都要做好施工安全管理工作，采取必要的安全防护措施，防止发生安全事故，如设置施工围挡、搭建安全通道等。

1.9.2　劳动合同法、安全生产法和产品质量法基本知识

1.《中华人民共和国劳动合同法》相关知识

（1）劳动合同无效或者部分无效

劳动合同出现以下情形之一的，会被认定为无效或者部分无效：

1）以欺诈、胁迫的手段或者乘人之危，使对方在违背真实意思的情况下订立或者变更劳动合同的。

2）用人单位免除自己的法定责任、排除劳动者权利的。

3）违反法律、行政法规强制性规定的。

（2）劳动合同的履行和变更

履行原则：劳动合同一经签订，双方当事人都应当按照合同约定全面履行各自的义务。用人单位应当按照劳动合同约定和国家规定，向劳动者及时足额支付劳动报酬，提供劳动条件和劳动保护，依法为劳动者缴纳社会保险等；劳动者则应当按照用人单位的要求，遵守劳动纪律和规章制度，认真履行工作职责，保质保量地完成工作任务。

变更条件和程序：劳动合同的变更需要遵循一定的条件和程序。一般情况下，当用人单位与劳动者协商一致，可以变更劳动合同约定的内容，变更应当采用书面形式。此外，在一些法定情形下也可能导致劳动合同的变更，在与劳动者协商后，可以对劳动合同相关内容进行变更。但用人单位需要提前通知劳动者，并就变更事宜进行充分的沟通协商，若双方无法达成一致意见，用人单位依照法定程序，有可能解除劳动合同并依法支付相应的经济补偿。

（3）劳动合同的解除和终止

1）劳动合同的解除

① 双方协商解除：用人单位与劳动者协商一致，可以解除劳动合同。这种情况下，双方通常会就解除劳动合同的相关事宜（如经济补偿、工作交接等问题）达成一致意见，并签订相应的协议，按照约定履行各自的义务，和平友好地结束劳动关系。

② 劳动者单方解除：劳动者享有法定的单方解除权，可分为两种情况。一是劳动者提前通知解除，即劳动者提前三十日以书面形式通知用人单位（在试用期内提前三日通知用人单位），就可以解除劳动合同，无需用人单位同意，这给予了劳动者自主选择职业发展的权利，便于其根据自身情况合理安排工作变动；二是用人单位存在过错时劳动者即时解除，当用人单位出现未按照劳动合同约定提供劳动保护或者劳动条件、未及时足额支付劳动报酬、未依法为劳动者缴纳社会保险费、用人单位的规章制度违反法律、法规的规定，损害劳动者权益等情形时，劳动者可以立即解除劳动合同，且用人单位需依法支付经济补偿，以保障劳动者在权益受损情况下能够及时脱离不利的工作环境。

③ 用人单位单方解除：用人单位同样在特定情形下有权单方解除劳动合同，但需要遵循严格的法定条件和程序。

2）劳动合同的终止

劳动合同终止是指劳动合同关系的自然结束，通常在以下情形下发生：一是劳动合同

期满，双方约定的劳动期限到期，除用人单位维持或者提高劳动合同约定条件续订劳动合同，劳动者不同意续订的情形外，终止劳动合同的用人单位应当向劳动者支付经济补偿；二是劳动者开始依法享受基本养老保险待遇，此时其与用人单位的劳动关系自然终止，因为劳动者已进入养老保障阶段，不再具备劳动主体资格；三是劳动者死亡，或者被人民法院宣告死亡或者宣告失踪，劳动关系因主体的灭失而终止；四是用人单位被依法宣告破产，用人单位的主体资格不复存在，无法继续履行劳动合同，劳动合同终止，劳动者依法享有获得相应经济补偿等权益；五是用人单位被吊销营业执照、责令关闭、撤销或者用人单位决定提前解散，同样导致劳动合同无法继续履行而终止，劳动者可依据法律规定主张相应的补偿和权益保障。

2. 《中华人民共和国安全生产法》相关知识

(1) 安全生产方针

我国安全生产方针是"安全第一、预防为主、综合治理"。

安全第一：强调把安全放在首要位置，在生产经营活动中，无论考虑经济效益、生产进度还是其他因素，都必须始终将保障人的生命安全和身体健康作为最根本的出发点和落脚点，当安全与其他因素发生冲突时，要优先保障安全。

预防为主：突出了事前预防在安全生产中的重要性，要求企业和相关单位通过各种手段，如风险评估、隐患排查、安全培训等，提前识别和消除可能导致事故发生的危险因素，将事故隐患消灭在萌芽状态，而不是等到事故发生后再去补救。

综合治理：体现了安全生产需要综合运用多种方法和手段，多主体协同参与来实现。这既包括政府部门通过制定和完善安全生产法律法规、加强监管执法力度等宏观层面的管理；也涵盖企业自身建立健全安全生产管理制度、加大安全投入、开展安全教育培训等内部管理措施；还涉及社会层面的广泛参与，如行业协会发挥自律作用、公众进行监督举报等，各方共同努力形成一个全方位、多层次的安全生产治理体系，保障生产经营活动的安全有序进行。

(2) 安全生产法律法规与法律制度

1）法律法规体系

我国安全生产法律法规体系涵盖了法律、行政法规、地方性法规、部门规章以及规范性文件等多个层次。《中华人民共和国安全生产法》作为安全生产领域的基础性法律，对安全生产的方针、原则、生产经营单位及相关人员的安全生产责任、监督管理等方面作出了全面规定，是各类生产经营活动遵循的基本准则。

2）法律制度

主要包括安全生产许可制度、安全生产责任保险制度、安全评价制度等。安全生产许可制度要求从事矿山开采、建筑施工和危险化学品、烟花爆竹、民用爆破器材生产等高危行业的企业，必须依法取得安全生产许可证后，方可从事生产经营活动，这一制度通过对企业安全生产条件的严格审核，把好准入关，确保高危行业企业具备基本的安全保障能力；安全生产责任保险制度鼓励生产经营单位投保安全生产责任保险，当发生生产安全事故时，由保险公司按照保险合同约定为事故伤亡人员进行赔偿，同时也督促企业加强安全生产管理，降低事故风险，实现风险分担和事故保障；安全评价制度则是通过专业的安全评价机构，运用科学的评价方法，对企业的生产经营场所、设备设施、工艺流程等进行安全性评价，帮助企业识别安全风险，提出改进措施，为企业安全生产决策提供依据，促进企业不断提升安全生产水平。

(3) 特种作业人员安全生产职业规范和岗位职责

1）特种作业人员范围

特种作业人员是指直接从事特种作业的人员，特种作业涉及容易发生人员伤亡事故，对操作者本人、他人的生命健康及周围设施的安全可能造成重大危害的作业。常见的特种作业包括电工作业、焊接与热切割作业、高处作业、制冷与空调作业、煤矿安全作业、金属非金属矿山安全作业、石油天然气安全作业、冶金（有色）生产安全作业、危险化学品安全作业、烟花爆竹安全作业、有限空间安全作业等多个类别。

2）职业规范

特种作业人员要严格遵守国家有关安全生产的法律法规、标准规范以及所在单位的安全生产规章制度，在作业过程中必须正确佩戴和使用劳动防护用品，如电工要穿戴绝缘鞋、绝缘手套，高处作业人员要系好安全带等，这是保障自身安全的基本要求；同时，要按照操作规程进行作业，严禁违规操作，像焊接作业时要确保焊接设备完好、通风良好、严格控制焊接参数等，不能为了赶进度而忽视安全操作要求；在作业前，要对作业环境、设备设施等进行安全检查，确认无安全隐患后再开始作业，作业结束后，要做好现场清理和设备的维护保养工作，确保作业现场恢复到安全状态。

3）岗位职责

特种作业人员的岗位职责明确，首先要熟悉所从事特种作业的安全技术操作规程，掌握本岗位的安全操作技能，能够准确判断和处理作业过程中出现的各类安全问题；其次要负责对所使用的特种作业设备、工具进行日常检查、维护和保养，确保其处于良好的安全运行状态。

3. 《中华人民共和国产品质量法》相关知识

(1) 生产者、经营者在产品质量方面的义务和责任

1）生产者的义务和责任

① 产品质量义务：生产者应当对其生产的产品质量负责，产品质量应当符合下列要求：一是不存在危及人身、财产安全的不合理的危险，有保障人体健康和人身、财产安全的国家标准、行业标准的，应当符合该标准；二是具备产品应当具备的使用性能，但是，对产品存在使用性能的瑕疵作出说明的除外；三是符合在产品或者其包装上注明采用的产品标准，符合以产品说明、实物样品等方式表明的质量状况。

② 产品标识义务：生产者生产的产品，其标识应当符合法律规定，一般应包括产品名称、生产厂厂名和厂址、产品规格、等级、所含主要成分的名称和含量、生产日期和安全使用期或者失效日期、警示标志或者中文警示说明等内容（根据产品的特点和使用要求确定具体标识内容）。

③ 产品包装义务：对于一些需要包装的产品，生产者要保证包装质量，使产品在储存、运输等过程中不受损坏，并且包装要符合相关环保、安全等要求。

④ 责任承担：如果生产者生产的产品不符合质量要求，给消费者造成人身、财产损害的，生产者应当承担赔偿责任。即使生产者能够证明自己没有过错（如产品缺陷是由于原材料供应商的原因等情况），在符合法定条件下，依然要对受害者承担无过错责任，先

行赔偿受害者的损失，之后可以向有过错的其他责任方进行追偿，以充分保障消费者的合法权益。

2）经营者的义务和责任

① 进货检查验收义务：经营者在采购产品时，应当对进货的产品进行检查验收，验明产品合格证明和其他标识，核实产品的质量状况，确保所购进的产品符合质量要求，避免将不合格产品销售给消费者。

② 保持销售产品质量义务：经营者应当采取必要的措施，保持销售产品的原有质量，防止产品在销售过程中变质、损坏等。

③ 产品销售标识义务：经营者销售产品的标识应当符合法律规定，不得更改、涂抹生产者标注的产品标识内容，并且要向消费者如实提供产品的相关信息。

④ 责任承担：经营者销售的产品存在质量问题，给消费者造成人身、财产损害的，同样要承担赔偿责任。如果是由于生产者的原因导致产品质量问题，经营者赔偿后，可以向生产者追偿；如果经营者在销售过程中存在过错（如明知产品存在质量问题仍进行销售等情况），则要承担相应的过错责任，与生产者共同对消费者的损失负责，确保消费者在购买和使用产品过程中的权益得到有效维护。

(2) 违反产品质量法的法律责任

① 民事责任：生产者、经营者违反产品质量法规定，给消费者造成人身、财产损害的，应当承担民事赔偿责任，赔偿范围包括医疗费、护理费、误工费、残疾赔偿金、死亡赔偿金等（针对人身损害情况）以及财产损失赔偿等。

② 行政责任：质量监督管理部门等相关行政机关对于违反产品质量法的行为，可以给予责令停止生产、销售，没收违法生产、销售的产品，并处违法生产、销售产品货值金额一定倍数的罚款等行政处罚措施；情节严重的，还可以吊销营业执照等。

③ 刑事责任：生产、销售不符合保障人体健康和人身、财产安全的国家标准、行业标准的产品，或者在产品中掺杂、掺假，以假充真，以次充好，或者以不合格产品冒充合格产品等行为，情节严重的，可能构成生产、销售伪劣产品罪等相关犯罪，要依法追究刑事责任，包括有期徒刑、无期徒刑甚至死刑（在极其严重的情况下），同时还可能被处以罚金等附加刑，以严厉打击严重危害产品质量安全的违法犯罪行为，保障公众的生命健康和社会的安全稳定。

1.9.3 劳动法、环境保护法和消防法基本知识

1. 《中华人民共和国劳动法》相关知识

(1) 劳动法概述

《中华人民共和国劳动法》是为了保护劳动者的合法权益，调整劳动关系，建立和维护适应社会主义市场经济的劳动制度，促进经济发展和社会进步而制定的法律。它适用于在中华人民共和国境内的企业、个体经济组织（以下统称用人单位）和与之形成劳动关系的劳动者，以及国家机关、事业组织、社会团体和与之建立劳动合同关系的劳动者，涵盖了我国大部分的劳动用工领域，从劳动就业、劳动合同、工作时间和休息休假、工资、劳动安全卫生到社会保险和福利等方面都作出了明确的规定，是规范我国劳动用工行为、保障劳动者权益的重要法律依据。

（2）劳动法的主要内容

1）劳动就业

国家通过促进经济和社会发展，创造就业条件，扩大就业机会，鼓励企业、事业组织、社会团体在法律、行政法规规定的范围内兴办产业或者拓展经营，增加就业，保障公民能够实现劳动就业的权利。同时，禁止用人单位招用未满十六周岁的未成年人（文艺、体育和特种工艺单位招用未满十六周岁的未成年人，必须依照国家有关规定，履行审批手续，并保障其接受义务教育的权利），维护未成年人的身心健康和受教育权利，规范劳动用工的年龄门槛。

2）劳动合同

前面已详细阐述劳动合同的相关内容，包括劳动合同的订立、履行、变更、解除和终止等各个环节的规定，旨在明确用人单位与劳动者之间的权利和义务关系，保障双方在劳动关系中的合法权益，使劳动关系能够在法律框架内有序建立、运行和结束。

3）工作时间和休息休假

国家实行劳动者每日工作时间不超过八小时、平均每周工作时间不超过四十四小时的工时制度。用人单位应当保证劳动者每周至少休息一日，并且对于法定节假日（如元旦、春节、清明节、劳动节、端午节、中秋节、国庆节等），劳动者享有休假的权利，用人单位应当按照规定安排劳动者休假，保障劳动者有足够的时间休息、恢复体力以及与家人团聚等，体现对劳动者身心健康的关怀和尊重。此外，对于从事特殊行业、特殊工种或者因生产经营需要延长工作时间的情况，也有相应的规定和限制，如用人单位由于生产经营需要，经与工会和劳动者协商后可以延长工作时间，一般每日不得超过一小时；因特殊原因需要延长工作时间的，在保障劳动者身体健康的条件下延长工作时间每日不得超过三小时，但是每月不得超过三十六小时，并且要按照法律规定支付高于劳动者正常工作时间工资的报酬，以平衡生产经营需求和劳动者休息休假的权益。

4）工资

工资分配应当遵循按劳分配原则，实行同工同酬。用人单位应根据本单位的生产经营特点和经济效益，依法自主确定本单位的工资分配方式和工资水平，但支付给劳动者的工资不得低于当地最低工资标准。工资应当以货币形式按月支付给劳动者本人，不得克扣或者无故拖欠劳动者的工资。

5）劳动安全卫生

用人单位必须建立、健全劳动安全卫生制度，严格执行国家劳动安全卫生规程和标准，对劳动者进行劳动安全卫生教育，防止劳动过程中的事故，减少职业危害。要为劳动者提供符合国家规定的劳动安全卫生条件和必要的劳动防护用品，对从事有职业危害作业的劳动者应当定期进行健康检查。

6）社会保险和福利

国家发展社会保险事业，建立社会保险制度，设立社会保险基金，使劳动者在年老、患病、工伤、失业、生育等情况下获得帮助和补偿。用人单位和劳动者必须依法参加社会保险，缴纳社会保险费。同时，用人单位还应当创造条件，改善集体福利，提高劳动者的福利待遇，像企业为员工提供食堂、宿舍、班车等福利设施，或者组织员工开展文体活动等，从多方面关心劳动者的生活，提升劳动者的生活质量和对工作的满意度。

(3) 工作时间和休息休假、工资

1) 工作时间的特殊规定

除了前面提到的一般工时制度外，对于一些特殊工作岗位还有特殊的工时规定。

2) 休息休假的种类及规定

休息休假除了每周的休息日和法定节假日外，还有带薪年休假制度。劳动者连续工作1年以上的，享受带薪年休假，具体的休假天数根据劳动者的累计工作年限确定。此外，劳动者还有病假、婚假、产假、陪产假、丧假等各类假期，用人单位要按照国家和地方的相关规定，依法保障劳动者在这些特殊时期的休假权益以及相应的工资待遇等。

3) 工资的构成及支付保障

工资一般由基本工资、奖金、津贴、补贴等构成。基本工资是劳动者工资的主要组成部分，通常根据劳动合同约定或国家规定的工资标准确定；奖金是对劳动者超额劳动或突出贡献的奖励，如生产企业根据员工的产量、质量等指标发放的月度或年度奖金；津贴是为了补偿劳动者特殊或额外的劳动消耗和因其他特殊原因支付给劳动者的报酬，像高温津贴是对在高温环境下作业的劳动者的补贴，夜班津贴是对从事夜班工作劳动者的补偿；补贴则多是针对物价上涨、生活成本增加等情况给予劳动者的补助，如住房补贴等。在工资支付方面，用人单位必须以货币形式支付工资，不得用实物或有价证券替代，并且要制作工资支付记录，明确记载工资的支付日期、支付项目、应发工资额、实发工资额等内容，保存备查，确保工资支付的规范透明，便于劳动者核对以及监管部门进行监督检查。

(4) 职业培训

国家通过各种途径，采取各种措施，发展职业培训事业，开发劳动者的职业技能，提高劳动者素质，增强劳动者的就业能力和工作能力。

1) 职业培训的主体和方式

职业培训的主体包括政府、企业以及各类职业培训机构等。政府通过制定职业培训政策、投入资金建设公共实训基地等方式来推动职业培训工作，例如各地人力资源和社会保障部门会组织开展针对失业人员、农村转移劳动力等群体的免费职业技能培训项目，帮助他们提升就业竞争力；企业是职业培训的重要实施主体之一，要按照国家规定提取和使用职工教育经费，对本单位的职工进行职业技能培训，像制造业企业对新入职员工开展操作技能培训，对老员工进行新技术、新工艺的培训，以提高企业的生产效率和产品质量；职业培训机构则面向社会招生，根据市场需求开设各类专业技能培训课程。

2) 职业资格证书制度

国家实行职业资格证书制度，通过考核鉴定劳动者的职业技能水平，对合格者颁发相应的职业资格证书。这些证书是劳动者具备从事某一职业所必备的学识和技能的证明，在求职、上岗、晋升等方面具有重要作用。

2. 《中华人民共和国环境保护法》相关知识

(1) 环境保护法的内涵

《中华人民共和国环境保护法》旨在保护和改善环境，防治污染和其他公害，保障公众健康，推进生态文明建设，促进经济社会可持续发展。它确立了一系列环境保护的基本原则、制度和措施，明确了政府、企业、社会组织以及公民等各主体在环境保护中的权利和义务，将环境作为一种公共资源进行全面保护，涵盖了大气、水、土壤、生态等多个方面，要求人们在生产、生活等活动中遵循生态规律，合理利用自然资源，减少对环境的破坏和污染，实现人与自然的和谐共生。

（2）保护和改善环境

1）环境质量标准制定

国家制定了各类环境质量标准，如大气环境质量标准、水环境质量标准、土壤环境质量标准等，这些标准明确了环境要素应达到的质量水平，是衡量环境状况以及评价环境治理成效的重要依据。

2）生态保护与修复

注重对生态系统的保护和修复工作，加强对森林、草原、湿地、河流、湖泊、海洋等自然生态系统的保护，维护生物多样性。政府通过建立自然保护区、国家公园等保护地，划定生态保护红线等措施，将重要的生态区域进行严格保护，禁止或限制开发建设活动，保障生态系统的完整性和稳定性。同时，对于已经遭到破坏的生态系统，采取生态修复工程进行恢复，比如对矿山开采后的废弃地进行植被恢复，通过植树种草等方式改善土壤条件，减少水土流失，逐步恢复生态功能，促进生态系统的良性循环。

3）资源节约与循环利用

鼓励节约资源，提高资源利用效率，推动资源的循环利用。在工业生产中，推广清洁生产工艺，减少原材料的消耗和废弃物的产生，通过技术创新实现资源在企业内部或不同企业之间的循环利用。

（3）防止污染和其他公害

1）污染防治的重点领域

重点关注大气污染、水污染、土壤污染、噪声污染、固体废物污染等领域的防治工作。在大气污染防治方面，通过控制工业废气排放、机动车尾气排放、扬尘污染等源头，推广清洁能源的使用，加强对大气环境的监测和预警，采取区域联防联控等措施来改善空气质量；水污染防治则注重对工业废水、生活污水、农业面源污染等的治理，建设污水处理设施，提高污水排放标准，保护地表水、地下水以及饮用水水源地的水质安全；土壤污染防治要加强对工业污染场地、农业用地等土壤的监测和风险管控，采取修复措施治理受污染土壤，防止污染物通过食物链等途径危害人体健康；对于噪声污染，规范工业生产、建筑施工、交通运输以及社会生活等各个环节的噪声排放，通过设置噪声排放标准、采取隔声降噪措施等方式减少噪声对居民生活的影响；固体废物污染防治强调对各类固体废物（如生活垃圾、工业固体废物、危险废物等）的分类收集、贮存、运输、处理和处置，实现固体废物的减量化、资源化和无害化处理，避免对环境造成二次污染。

2）环境影响评价制度

建设项目的环境影响评价制度是防止新污染产生的重要手段。要求建设单位在进行项目建设前，对项目可能产生的环境影响进行全面评估，编制环境影响报告书、报告表或登记表（根据项目的性质、规模等因素确定具体形式），分析项目建设和运营过程中对大气、水、土壤、生态等环境要素的影响，并提出相应的预防或者减轻不良环境影响的对策和措施，报有审批权的环境保护行政主管部门审批。未经环境影响评价审批通过的项目，不得开工建设，通过这一制度提前介入项目建设过程，从源头把控环境风险，保障项目建设符合环境保护要求。

3）"三同时"制度

"三同时"制度规定建设项目中防治污染的设施，必须与主体工程同时设计、同时施工、同时投入使用。

（4）在建筑工程中怎样保护环境

1）施工扬尘控制

建筑施工过程中容易产生大量扬尘，影响周边大气环境质量。施工单位可以采取设置围挡、对施工现场道路进行硬化、洒水降尘、车辆冲洗、对裸露土方及物料进行覆盖等措施来控制扬尘产生和扩散。

2）噪声污染控制

建筑施工中的机械设备运行、打桩、混凝土浇筑等作业都会产生噪声，施工单位要合理安排施工时间，尽量避免在居民休息时间（如中午 12 点至下午 2 点、晚上 10 点至次日早上 6 点）进行高噪声作业，确因工艺要求等特殊情况需要连续施工的，要依法办理夜间施工许可手续，并提前向周边居民公告。同时，选用低噪声的施工设备，对高噪声设备采取隔声、减振等降噪措施，如给混凝土搅拌机等设备安装减振垫、设置隔声罩等，降低施工噪声对周边环境的影响，保障居民的正常生活不受干扰。

3）废水处理

建筑施工会产生含有泥沙、水泥等污染物的施工废水以及施工人员的生活污水。对于施工废水，要设置沉淀池、化粪池等相应的处理设施，施工废水经过沉淀处理后，可将上清液回用（如用于洒水降尘、车辆冲洗等），减少水资源浪费，沉淀物则按照规定进行处置；生活污水要尽量接入市政污水管网，如果施工现场不具备接入条件，要建设临时的污水处理设施，对生活污水进行处理，使其达标排放，避免未经处理的污水直接排放污染周边水体环境。

4）固体废物管理

建筑施工过程中会产生建筑垃圾（如废弃的砖块、混凝土块、木材等）以及施工人员的生活垃圾。建筑垃圾要按照可回收利用、不可回收利用等类别进行分类收集，对于可回收利用的部分（如废钢材、废木材等），及时送往回收站进行回收处理，不可回收利用的部分要按照当地规定运往指定的建筑垃圾消纳场进行处置，避免随意倾倒造成土地占用和环境污染；生活垃圾则要设置专门的垃圾桶进行收集，定期交由环卫部门统一清运处理，保持施工现场的环境卫生整洁。

5）生态保护

在建筑工程选址、规划和施工过程中，要充分考虑对周边生态环境的影响，尽量避免破坏自然生态系统和重要的生态区域。如果涉及占用绿地、林地等生态用地，要依法办理相关审批手续，并采取相应的生态补偿措施，如进行异地绿化、生态修复等工作，减少对生态平衡的破坏，保护生物多样性。

（5）法律责任

违反《中华人民共和国环境保护法》规定的行为将承担相应的法律责任，包括民事责任、行政责任和刑事责任。

1）民事责任

因污染环境、破坏生态造成他人损害的，污染者应当承担侵权责任，赔偿损失，包括对人身损害的赔偿（如医疗费、护理费、误工费等）、财产损害的赔偿（如农作物受损、房屋受损等的赔偿）以及生态环境损害的修复费用等。

2）行政责任

环境保护行政主管部门等相关执法机关对于违反环境保护法的行为，可以给予责令改正、责令停止违法行为、罚款、责令停产停业、暂扣或者吊销许可证等行政处罚措施。

3）刑事责任

对于严重污染环境、破坏生态的行为，如非法排放、倾倒、处置危险废物三吨以上的；通过暗管、渗井、渗坑、裂隙、溶洞等逃避监管的方式排放、倾倒、处置有污染物质的；致使基本农田、防护林地、特种用途林地五亩以上，其他农用地十亩以上，其他土地二十亩以上基本功能丧失或者遭受永久性破坏的等行为，构成污染环境罪等相关犯罪，要依法追究刑事责任，对犯罪嫌疑人判处有期徒刑、罚金等刑罚，严厉打击严重危害环境安全的违法犯罪行为，维护生态环境的稳定和公众的生命健康安全。

3. 《中华人民共和国消防法》相关知识

（1）制定消防法的原因

火灾是一种极具破坏力的灾害，对人民群众的生命财产安全、社会的稳定以及经济的发展都会造成严重影响。随着我国经济社会的快速发展，各类建筑不断增多，人员密集场所、易燃易爆场所等不断涌现，火灾隐患也日益复杂多样，原有的消防管理规定已难以满足新形势下的消防安全需求。为了加强消防工作，预防火灾和减少火灾危害，保护公民人身、财产安全，维护公共安全，我国制定了《中华人民共和国消防法》，它从消防工作的方针、原则、消防安全责任、火灾预防、灭火救援、监督检查以及法律责任等多个方面作出了全面规定，为我国的消防工作提供了坚实的法律依据，确保消防工作能够科学、有序、有效地开展，最大限度地保障人民群众的生命财产安全和社会的稳定和谐。

（2）火灾预防

1）消防安全责任制落实

消防工作实行消防安全责任制，明确各级政府、部门以及单位、个人在消防工作中的责任。各级人民政府负责本行政区域内的消防工作，将消防工作纳入国民经济和社会发展计划，保障消防工作与经济社会发展相适应，组织开展消防安全检查、消防宣传教育等工作；公民个人也有遵守消防法律法规，维护消防安全，保护消防设施，预防火灾的义务，如不随意丢弃烟头、不占用消防通道等，通过层层落实责任，形成全社会共同参与、共同防控火灾的良好局面。

2）消防设施建设与维护

建筑物、场所应当按照国家标准、行业标准配置消防设施、器材，设置消防安全标志，并定期进行维护保养，确保其完好有效。

3）火灾隐患排查与整治

机关、团体、企业、事业等单位以及各类场所要定期组织开展火灾隐患排查工作，重点检查用火、用电、用气是否安全规范，疏散通道、安全出口是否畅通无阻，消防设施、器材是否完好有效等方面。

4）消防安全教育与培训

加强消防安全教育与培训对于提高全社会的消防安全意识和自防自救能力至关重要。

各级政府、部门以及单位要通过多种形式开展消防安全宣传教育活动，如在社区张贴消防宣传海报、发放宣传手册，利用电视、广播、网络等媒体播放消防公益广告、消防安全知识专题节目等，向广大群众普及火灾预防、火灾报警、初期火灾扑救以及疏散逃生等基本常识。对于单位而言，要定期组织员工进行消防安全培训，使员工熟悉本单位的消防安全制度和操作规程，掌握消防设施、器材的使用方法，了解火灾报警流程以及应急疏散逃生的路线等内容。

5）易燃易爆危险物品管理

对易燃易爆危险物品（如汽油、酒精、液化气、烟花爆竹等）的生产、储存、经营、运输、使用等环节要进行严格的管控。生产、储存场所必须符合国家相关的消防安全要求，具备相应的防火、防爆、防静电等安全设施，并且要经过消防等相关部门的审批许可。

（3）法律责任

1）单位和个人违反消防法的民事责任

因违反消防法规定的行为导致火灾发生，造成他人人身伤害或者财产损失的，相关单位或者个人应当依法承担民事赔偿责任。

2）单位和个人违反消防法的行政责任

消防部门等相关执法机关对于违反消防法的单位和个人，可以给予多种行政处罚措施。对于单位而言，常见的处罚包括责令改正、警告、罚款、责令停产停业、暂扣或者吊销许可证等。比如，发现某企业未按规定设置消防设施，消防部门可以责令其限期改正，并处以相应的罚款，如果在规定期限内仍未改正，可进一步采取责令停产停业等更严厉的措施，督促其落实消防安全要求；对于个人，如堵塞消防通道、损坏消防设施等违反消防法规的行为，可给予警告、罚款等处罚，像居民在楼道内堆放杂物，阻碍消防通道，经劝告仍不改正的，消防部门可依法对其进行罚款处罚，以强化对单位和个人遵守消防法规的约束，规范消防安全行为。

3）单位和个人违反消防法的刑事责任

违反消防法的行为情节严重，构成犯罪的，要依法追究刑事责任。

总之，《中华人民共和国消防法》从多方面对消防工作进行了规定，各单位和个人都应当严格遵守相关要求，积极落实消防安全责任，做好火灾预防等各项工作，共同营造一个安全的消防安全环境。

第 2 部分　职业技能

2.1　乡村建设泥瓦工

2.1.1　砌筑

1. 材料及工具准备

(1) 材料准备

材料准备包括砖块、砌筑砂浆、拉结筋等的准备。

1) 砖块：常见的类型有烧结普通砖、烧结多孔砖、蒸压灰砂砖、混凝土小型空心砌块等。烧结普通砖尺寸一般为 240mm×115mm×53mm，其强度等级须符合设计要求。

2) 砌筑砂浆：由水泥、砂、水以及根据需要添加的外加剂等组成。水泥通常选用普通硅酸盐水泥，强度等级如 42.5 级，要保证水泥质量合格、无受潮结块现象；砂宜选用中砂，含泥量不能过高，一般不超过 5%，这样能保证砂浆有良好的和易性与强度。按照设计配合比进行配制，常见的水泥砂浆配合比（水泥：砂）有 1：3、1：4 等，混合砂浆（水泥：石灰膏：砂）配合比有 1：1：6 等，通过试配确保砂浆达到所需的强度、稠度等性能指标，用于粘结砖块，使其形成稳定的砌体结构。

3) 拉结筋：在砌体结构中，当墙体与柱、构造柱等连接时，需要设置拉结筋来增强墙体的整体性与稳定性。拉结筋一般采用直径 6mm 的钢筋，长度和设置间距根据规范及设计要求确定，如沿墙高每隔 500mm 设置 2 根直径 6mm 的拉结筋，伸入墙内的长度不少于 1000mm（在不同抗震设防要求地区会有调整），拉结筋要确保表面无锈蚀、弯折等缺陷，保证其能有效发挥拉结作用。

(2) 工具准备

1) 瓦刀：它是泥瓦工常用的手工工具，用于铲取砂浆、砍削砖块等操作，其刀刃要锋利，手柄握感舒适，方便施工人员灵活使用，能准确地将砂浆摊铺在砖块上以及对砖块进行适当修整，使砌筑工作顺利进行，如图 2-1 所示。

2) 大铲：主要用于铲灰和铺灰，其形状和大小设计便于一次性铲取适量的砂浆并均匀地铺在砌筑面上，提高铺灰效率，保证砌筑时砂浆的饱满度，一般大铲的头部较宽且呈一定弧度，方便操作，如图 2-2 所示。

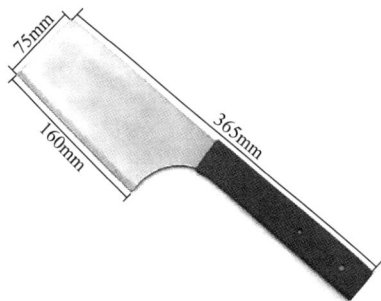

图 2-1　瓦刀

图 2-2　大铲

3）托线板：又称靠尺板，是检查墙体垂直度和平整度的重要工具，通常用木材或铝合金等材料制成，长度一般在 1.5～2m，带有垂直的刻度线，施工过程中靠在墙体表面，通过观察与铅垂线的偏差情况，来判断墙体是否垂直，从而及时调整砌筑偏差，确保墙体砌筑质量，如图 2-3 所示。

4）线坠：与托线板配合使用，是一个金属制成的圆锥体，顶端系有细线，使用时将线坠自然下垂，通过观察其与墙体表面的对应位置，辅助判断墙体的垂直度，尤其在墙体较高或不易用托线板全面检查时，线坠能起到很好的辅助检查作用，如图 2-4 所示。

5）皮数杆：用于控制墙体砌筑的层数以及各构件（如门窗过梁、圈梁等）的标高位置。一般用木杆制作，在杆上按照设计要求画出砖的皮数、灰缝厚度（一般灰缝厚度控制在 8～12mm 之间）以及各构件的高度位置等标记，立在墙体的转角处、交接处等关键部位，砌筑工人依据皮数杆上的标记来准确控制砌筑高度和各构件的位置，保证砌体结构的整体质量和尺寸精度，如图 2-5 所示。

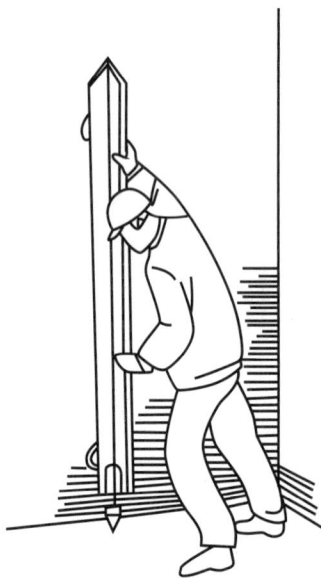

图 2-3　托线板

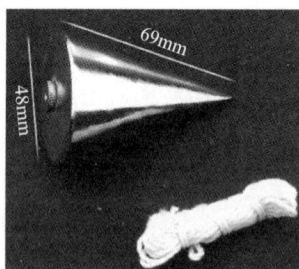

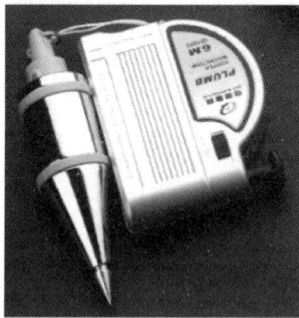

图 2-4　线坠

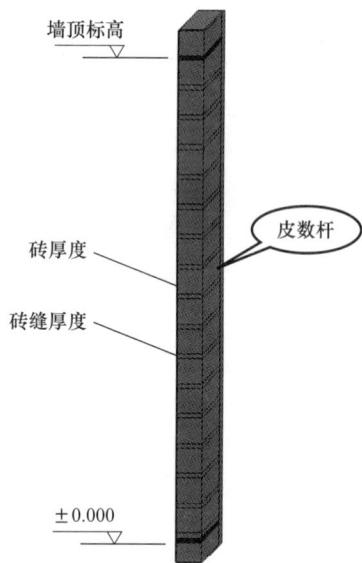

图 2-5　皮数杆

2. 操作流程

砌筑操作流程为：基层处理→放线定位→摆砖撂底→立皮数杆→挂线砌筑→勾缝清理。

3. 施工工艺

（1）组砌方式：如图 2-6 所示，常见的组砌方式有一顺一丁、梅花丁等。一顺一丁是一皮顺砖与一皮丁砖相间砌筑，如图 2-7 所示上下皮竖缝相互错开 1/4 砖长，这种方式砌筑的墙体整体性好，稳定性高，在农村住宅等砌体结构中应用较为广泛；梅花丁是每皮中丁砖与顺砖相间，上皮丁砖坐中于下皮顺砖，上下皮竖缝相互错开 1/4 砖长，外观上呈现梅花状，墙体的受力性能和美观性都较好，常用于对外观有一定要求的砌体工程中。施工时要根据设计要求和实际情况选择合适的组砌方式，并严格按照相应的组砌规则进行砌筑，确保墙体质量。

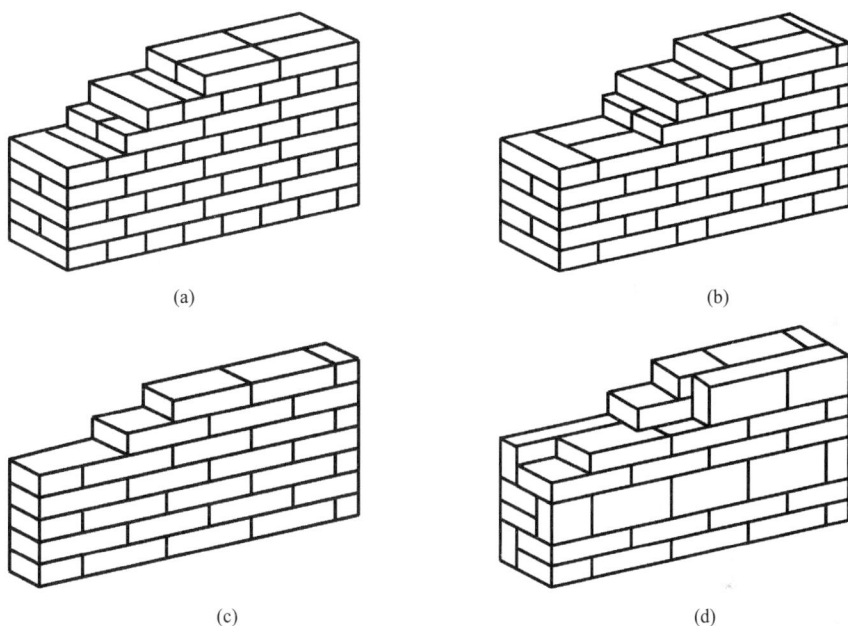

图 2-6　砖墙的砌筑方式

（a）240（或 370）墙一顺一丁；（b）240 墙梅花丁；（c）120 墙全顺式；（d）180 墙两平一侧

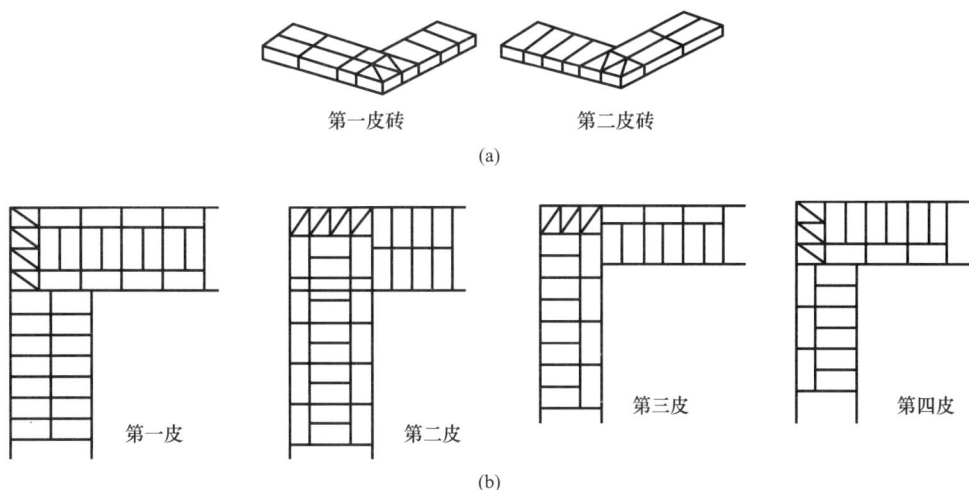

图 2-7　一顺一丁方式的砌筑方法

（a）240 墙的砌筑方法；（b）370 墙的砌筑方法

砌筑实心墙时宜选用三一砌砖法。即一块砖、一铲灰、一挤揉（简称"三一"），并随手将挤出的砂浆刮去。这种方法灰缝饱满、粘结力好、墙面整洁。

（2）灰缝控制：砖墙砌筑应上下错缝，内外搭砌，灰缝平直，砂浆饱满，水平灰缝厚度和竖向灰缝宽度一般为 10mm，但不应小于 8mm，也不应大于 12mm。灰缝饱满度要求水平灰缝的砂浆饱满度不得低于 80%，竖向灰缝宜采用挤浆或加浆方法，使其饱满，不得出现透明缝（能透过灰缝看到后面的墙体）、瞎缝（没有砂浆的灰缝）等情况。

（3）墙体拉结：砖砌体外墙转角、纵（横）墙交接处和楼梯间的墙体应同时砌筑，若不能同时砌筑，在临时间断处应砌成斜槎，斜槎长度不应小于高度的 2/3，如图 2-8（a）所示；当不能斜槎时，按图 2-8（b）要求留直槎，并按图中要求设置直径为 6mm 的拉结钢筋。构造柱与墙体的拉结如图 2-9 所示。

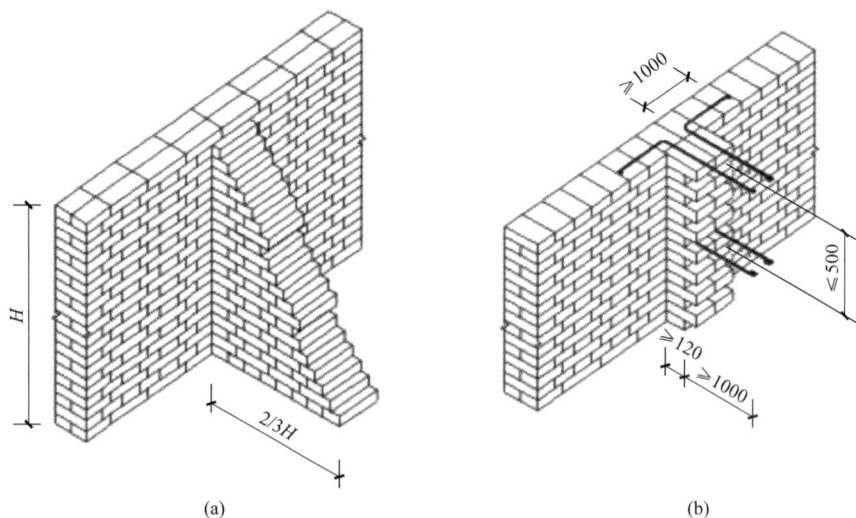

(a)　　　　　　　　　　(b)

图 2-8　留槎

（a）斜槎；（b）直槎

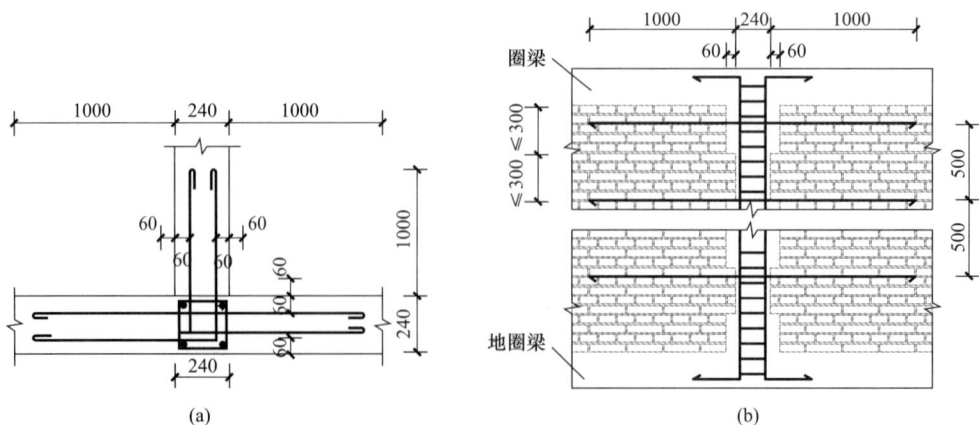

(a)　　　　　　　　　　(b)

图 2-9　构造柱与墙体的拉结

（a）平面图；（b）立面图

4. 检查与验收

（1）外观检查：主要检查墙体的平整度、垂直度、灰缝的均匀性以及有无裂缝、缺棱掉角等情况。平整度可通过 2m 靠尺和塞尺检查，墙体表面平整度的允许偏差一般为 8mm；垂直度用托线板或经纬仪检查，每层墙体垂直度允许偏差为 5mm，全高垂直度偏差有相应的规范限值（不同高度要求不同）；灰缝要均匀一致，宽度偏差控制在规定范围内，外观上不应有明显的通缝、瞎缝等缺陷，发现问题及时进行修补或整改，确保墙体外观质量符合要求。

（2）尺寸检查：对照设计图纸，检查墙体的轴线位置偏差、门窗洞口尺寸偏差以及墙体的高度、厚度等尺寸是否符合规定。轴线位置偏差一般不超过 10mm，门窗洞口尺寸偏差控制在一定范围内（如宽度和高度偏差一般不超过 ±5mm），墙体厚度偏差也有相应的允许值，通过钢尺等测量工具进行精确测量，保证墙体的实际尺寸与设计尺寸相符，避免影响后续的装修、安装等工序。

（3）强度检测：对于砌筑墙体的砂浆和砖块强度，需要通过检测来验证是否达到设计要求。砂浆强度可通过制作砂浆试块（边长为 70.7mm 的立方体试块），在标准养护条件下养护 28d，然后送试验室进行抗压强度试验，试验结果应符合设计的砂浆强度等级要求；砖块强度可通过查看产品的质量证明文件以及抽样送检等方式进行检测，确保砌体结构的材料强度满足承载能力等方面的设计标准，保障墙体的结构安全。

2.1.2　抹灰与镶贴

1. 材料及工具准备

（1）材料准备

1）抹灰材料

水泥：通常选用普通硅酸盐水泥，强度等级 42.5 级，水泥质量直接影响抹灰层的强度和粘结性能，应保证其质量良好、性能稳定，无结块、受潮等情况，不同的基层和使用环境可选择不同强度等级的水泥。

砂：以中砂为宜，平均粒径在 0.35～0.5mm 之间，含泥量不超过 3%，过细的砂会使抹灰层干缩性增大，容易出现裂缝，而过粗的砂则会导致抹灰层表面粗糙，影响美观和质量。砂要经过筛选，去除杂质和大颗粒石子等，确保抹灰砂浆的和易性良好。

石灰膏：在配制混合砂浆时经常用到，将块状生石灰经过熟化、陈伏等过程制成，要求质地细腻、无杂质，石灰膏的作用是改善砂浆的和易性，使抹灰操作更顺畅，同时能在一定程度上提高抹灰层的柔韧性，减少裂缝产生，其用量根据配合比确定，一般在混合砂浆中占一定比例（如在 1：1：6 的混合砂浆中，石灰膏占一份）。

抹灰砂浆配合比：根据不同的基层和使用要求，有多种配合比可供选择。如室内砖墙基层的普通抹灰，常用的水泥砂浆配合比为 1：3（水泥：砂），混合砂浆配合比为 1：1：6（水泥：石灰膏：砂）；对于混凝土基层，可能会根据实际情况调整配合比，以增强抹灰层与基层的粘结力。配合比要通过试配准确确定，保证抹灰砂浆达到所需的强度、稠度等性能指标。

2）镶贴材料

瓷砖、面砖等块材：瓷砖有多种规格、花色可供选择，常见的尺寸如 300mm×

600mm、600mm×600mm 等，用于室内墙面、地面的装饰；面砖多用于建筑外墙装饰，其规格和材质根据设计要求选用，要选择质地坚硬、色泽均匀、无裂缝、边角完整的块材，并且块材的吸水率等性能指标要符合相应标准。

粘结剂：现代镶贴工艺中常用专用的瓷砖粘结剂代替传统的水泥砂浆，瓷砖粘结剂具有粘结强度高、耐水、耐老化等优点，能更好地适应不同基层和块材的粘结需求，其类型有普通型、增强型等，根据具体的镶贴工程情况选用，使用时按照产品说明书的要求进行调配和施工，确保块材与基层牢固粘结。

勾缝材料：一般采用专用的瓷砖勾缝剂，有白色、彩色等多种颜色可供选择，以匹配不同颜色的瓷砖或面砖，勾缝剂具有良好的抗渗性、耐磨性和收缩小等特点，能保证勾缝处的质量，使镶贴效果更美观、持久，也可以采用水泥砂浆进行勾缝，但要注意控制其配合比和施工质量，防止勾缝出现开裂、脱落等问题。

(2) 工具准备

准备工具包括各种抹子、压板、捋角器、刮尺、方尺、剁斧、挂线板、托灰板等，如图 2-10 所示。

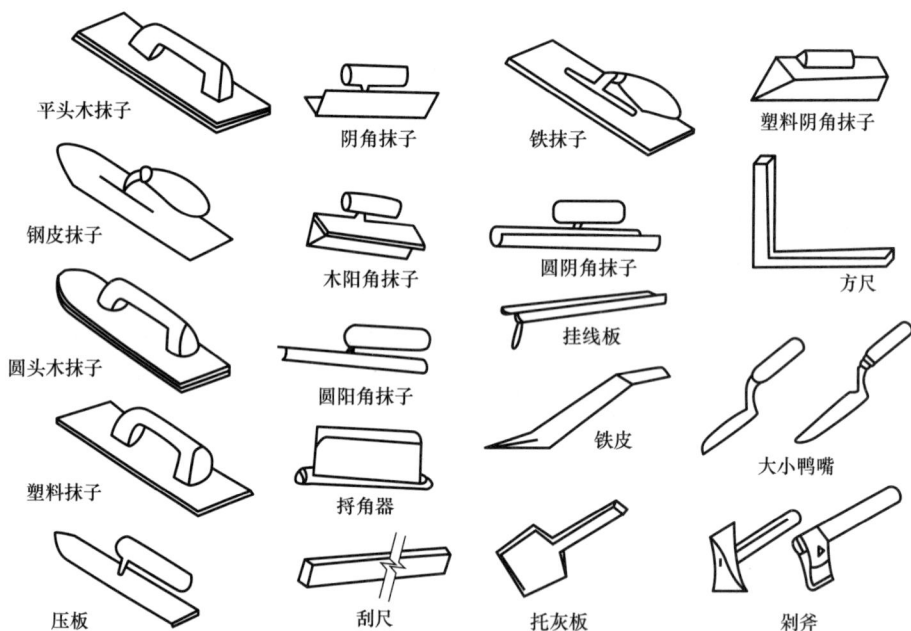

图 2-10　抹灰工具

1) 抹子：包括铁抹子、木抹子等。铁抹子主要用于抹灰时涂抹、压实砂浆，使其表面平整、光滑，在抹底层、中层和面层砂浆时都会用到，其头部较薄且平整，便于操作；木抹子用于对抹灰层进行搓平、搓毛处理，使抹灰层表面形成一定的纹理，增加与后续涂层（如腻子、涂料等）的粘结力，一般用质地较硬的木材制成，表面较为粗糙。

2) 灰板：是盛放抹灰砂浆的工具，施工人员用抹子从灰板上铲取砂浆进行涂抹，灰板通常为长方形，有一定的深度，并且面积适中，方便携带和操作，能保证抹灰过程中砂浆的供应，如图 2-11 所示。

3）橡皮锤：在镶贴瓷砖、面砖等块材时，用于轻轻敲击块材，使其与基层粘结更紧密，同时调整块材的平整度和位置，避免出现空鼓现象，橡皮锤的锤头采用橡胶材质，敲击时不会损伤块材表面，能有效保证镶贴质量，如图 2-12 所示。

4）靠尺：一般为 2m 长的铝合金靠尺或木质靠尺，用于检查抹灰墙面的平整度，在抹灰过程中靠在墙面上，通过观察与墙面的缝隙情况来判断是否平整，及时进行调整，确保抹灰后的墙面符合质量要求，同时在镶贴瓷砖等块材时也可借助靠尺保证块材的平整度和垂直度，如图 2-13 所示。

图 2-11　灰板

图 2-12　橡皮锤

图 2-13　2m 折叠靠尺

2. 操作流程

（1）抹灰操作流程

抹灰操作流程为：基层处理→找规矩、做灰饼→设置标筋→抹底层灰→抹中层灰→抹面层灰→养护。

（2）镶贴操作流程

镶贴操作流程为：基层处理→弹线定位→预排砖（预排板）→粘贴块材→勾缝与清理。

3. 施工工艺

（1）抹灰施工工艺

分层抹灰原则：遵循分层施工的原则，底层灰主要起与基层粘结和初步找平的作用，其强度和稠度要适中，以便更好地附着在基层上；中层灰进一步找平，增加抹灰层的厚度和强度，使表面更平整；面层灰则注重装饰效果和表面质量的呈现。每层抹灰之间要保证有合适的间隔时间，让前一层有一定程度的干燥和硬化，防止因各层干燥收缩不一致而产生空鼓、裂缝等问题，通过分层抹灰实现高质量的抹灰效果。

阴阳角处理工艺：在阴阳角处，除了使用阴阳角抹子进行抹灰操作外，还需采取特殊的工艺确保其质量。对于阳角，可采用水泥砂浆做护角，先在阳角两侧抹宽约 50mm、高度不低于 2m 的水泥砂浆带，然后用靠尺将其抹直、抹光，形成坚固的护角，防止阳角在使用过程中被碰撞损坏；对于阴角，要保证抹灰层的交接处平整、顺直，可通过多次抹压和用阴阳角抹子仔细修整等操作，使阴角线条清晰、角度准确，提升整体的装饰和保护性能。

不同基层抹灰适配工艺：针对砖墙、混凝土墙、加气混凝土墙等不同基层，抹灰工艺有一定差异。如在加气混凝土墙上抹灰，由于其表面孔隙率大、吸水性强，需要先进行界面处理，如涂刷专用的加气混凝土界面剂，封闭孔隙，降低吸水性，然后再按常规抹灰流程操作；在混凝土墙面上，除了凿毛、浇水湿润等常规处理外，还可根据实际情况增加甩浆等工艺（将掺有建筑胶的水泥砂浆甩在墙面上形成颗粒状凸起，增强粘结力），确保抹灰层与基层粘结牢固，满足不同基层的抹灰质量要求。

（2）镶贴施工工艺

块材浸泡与晾干工艺：对于吸水性较强的瓷砖等块材，在镶贴前需要进行浸泡处理，将块材放入清水中浸泡至无气泡冒出，一般浸泡时间根据块材的吸水率和厚度等因素在 2~4h，目的是让块材充分吸水，避免在镶贴后吸收粘结材料中的水分，影响粘结效果。浸泡后将块材取出晾干表面水分，达到表面无明水状态即可进行镶贴，确保镶贴质量。

留缝与勾缝工艺：镶贴块材时合理留缝不仅关乎美观，也对防止因温度变化、块材膨胀等因素导致的空鼓、开裂问题有重要作用。除了前面提到的控制缝隙宽度外，还要注意缝隙的形状，常见的有平缝、凹缝、凸缝等多种形式，不同形式的缝隙可通过不同的勾缝工艺实现。

大面积镶贴工艺要点：在进行大面积的墙面或地面镶贴时，要注意镶贴顺序和排砖方式，以保证整体效果的一致性和美观性。比如墙面镶贴一般从下往上、从左往右进行，每一排块材的起始和结尾要与控制线对齐，同时要采用通缝或错缝等合理的排砖方式，避免出现明显的不协调感；地面镶贴同样要遵循一定的顺序，确保块材之间的缝隙对齐、平整，对于复杂形状的房间或有特殊要求的区域，要提前做好排板规划，通过精准的施工工艺实现高质量的大面积镶贴效果。

4. 检查与验收

（1）抹灰检查与验收

外观检查：主要查看抹灰层表面是否平整、光滑，有无裂缝、空鼓、脱落等现象，阴阳角是否顺直、方正，颜色是否均匀一致等。用 2m 靠尺和塞尺检查平整度，允许偏差一般不超过 4mm；用阴阳角尺检查阴阳角的方正度，偏差不超过 4mm；对于空鼓情况，可通过小锤轻击抹灰层进行检查，空鼓面积不超过规定标准（如单个空鼓面积不超过 $200cm^2$，且每自然间不多于 2 处），发现外观质量问题要及时进行修补处理。

强度检查：通过制作抹灰砂浆试块（边长为 70.7mm 的立方体试块），在标准养护条件下养护 28d，送试验室进行抗压强度试验，试验结果应符合设计规定的砂浆强度等级要求，如设计为 M5 砂浆，其抗压强度实测值应满足相应的强度标准范围，以此验证抹灰层的结构强度是否达标，保障抹灰工程的质量可靠。

厚度检查：使用钢尺等测量工具，测量抹灰层的实际厚度，其厚度应符合设计要求，一般室内普通抹灰厚度控制在 15～20mm 之间，若超过规定厚度范围，可能会增加空鼓、裂缝等质量风险，需根据实际情况进行分析和整改。

（2）镶贴检查与验收

空鼓检查：同样采用小锤轻击块材表面的方法，检查块材与基层之间是否存在空鼓现象，要求空鼓率控制在一定范围内。

平整度和垂直度检查：利用 2m 靠尺和水平尺等工具，检查镶贴块材表面的平整度和垂直度，墙面瓷砖平整度允许偏差一般为 2mm，垂直度偏差不超过 2mm；地面块材平整度偏差不超过 2mm，通过精确测量保证块材镶贴符合质量规范，使装饰效果美观大方。

缝隙检查：查看块材之间的缝隙宽度是否均匀一致，偏差控制在规定范围内，如瓷砖缝隙宽度要求偏差不超过 0.5mm，同时检查勾缝质量，勾缝应饱满、密实、光滑，无裂缝、脱落等情况，若发现缝隙问题，须及时进行勾缝修补或调整，提升镶贴的整体质量。

外观检查：检查块材表面有无裂缝、缺棱掉角、色泽不均等情况，整体镶贴效果是否符合设计要求和美观标准，对于有瑕疵的块材要进行更换或修复处理，保证镶贴工程的外观质量达到预期效果。

2.1.3　屋面防水

1. 材料及工具准备

（1）材料准备

1）卷材类防水材料

SBS 改性沥青防水卷材：具有良好的耐候性、耐水性和耐高低温性能，适用于多种屋面防水工程。其规格一般有多种厚度可供选择，如 3mm、4mm 等，卷材表面有矿物粒料覆面或聚乙烯膜覆面等不同形式，以满足不同的使用环境和外观要求。在选用时要注意查看卷材的质量证明文件，确保其各项性能指标符合国家标准。

高分子防水卷材：包括三元乙丙橡胶防水卷材、聚氯乙烯防水卷材等，这类卷材具有优异的耐老化、耐化学腐蚀等性能，防水效果好，使用寿命长。

2）涂料类防水材料

聚氨酯防水涂料：是一种双组分反应固化型防水涂料，固化后形成的涂膜具有良好的弹性、耐水性和粘结性，能很好地密封屋面的细微裂缝和孔隙，起到防水作用。其两组分要按照规定的比例准确调配，使用前要查看产品的保质期、说明书等资料，保证其质量和施工性能良好，涂刷后涂膜厚度一般要求达到规定标准（如不低于 1.5mm），以实现可靠的防水效果。

丙烯酸防水涂料：以水为分散介质，环保性能较好，具有良好的耐候性和可操作性，能在潮湿基层上施工，常用于屋面、卫生间等部位的防水。涂料的固体含量、拉伸强度等性能指标要符合要求，施工时可根据需要进行多遍涂刷，增加涂膜厚度和防水效果，一般总厚度控制在一定范围（如 1.0～2.0mm 之间）。

3）辅助材料

基层处理剂：用于对屋面基层进行预处理，增强防水材料与基层的粘结力，不同类型的防水材料搭配相应的基层处理剂，如 SBS 改性沥青防水卷材常用沥青基层处理剂，使用时要按照说明书要求进行涂刷，保证基层处理均匀、彻底，为后续防水施工奠定良好基础。

4）密封材料：像屋面的阴阳角、落水口、天沟等部位需要用密封材料进行密封处理，防止雨水渗漏，常见的密封材料有硅酮密封胶、聚硫密封胶等，要选择与防水材料相容性好、密封性能优良的产品，确保密封部位的防水质量可靠。

5）保护层材料：为了保护防水层，延长其使用寿命，屋面防水层施工完成后通常要设置保护层，可采用水泥砂浆保护层（厚度一般为20～30mm）、细石混凝土保护层（厚度40～60mm）、块材保护层（如地砖、瓦片等）等，根据屋面的使用功能和设计要求选用，材料的强度、厚度等参数要符合规定，保障对防水层起到有效的保护作用。

（2）工具准备

扫帚、吹风机等清理工具：用于清扫屋面基层表面的灰尘、杂物等，吹风机可将一些不易清扫的灰尘吹净，保证基层的清洁，为防水施工创造良好的起始条件，使防水材料能更好地与基层粘结。

喷枪、滚刷、毛刷等涂刷工具：喷枪主要用于卷材类防水材料的热熔铺贴（如SBS改性沥青防水卷材），通过加热使卷材与基层粘结，喷枪的火焰温度、喷射角度等要能准确控制；滚刷用于大面积涂刷涂料类防水材料或基层处理剂等，操作方便、效率高，能使涂刷材料均匀覆盖在基层或卷材表面；毛刷则用于一些边角、细节部位（如阴阳角、落水口等）的精细涂刷，确保这些关键部位的防水处理到位。

剪刀、卷尺等裁剪测量工具：在铺贴卷材时，需要用剪刀根据屋面的实际尺寸和铺贴要求对卷材进行裁剪，使其尺寸合适，避免浪费；卷尺用于准确测量屋面各部位的尺寸、卷材的铺贴长度和宽度等，保证防水施工的准确性和规范性。

压辊、刮板等压实工具：压辊用于在卷材铺贴过程中压实卷材，排出卷材与基层之间的空气，使卷材与基层粘结牢固，其重量和表面硬度要适中，便于操作；刮板在涂刷涂料类防水材料时，可用于刮平涂料，使涂膜厚度均匀一致，保证防水效果和外观质量。

2. 操作流程

屋面防水操作流程为：基层处理→防水卷材铺贴→防水涂料涂刷→保护层施工。

3. 施工工艺

（1）卷材防水施工工艺

1）热熔法施工要点：在使用热熔法铺贴卷材时，喷枪与卷材底面的距离要适中，一

般保持在100～150mm，加热要均匀，避免局部过热导致卷材烧焦或熔化过度，影响卷材性能和粘结效果。卷材铺贴过程中，要边铺贴边压实，压辊滚压的力度要均匀，确保卷材与基层之间无空气残留，贴合紧密，热熔法卷材铺贴如图2-14所示。

图2-14　热熔法卷材铺贴

2）卷材搭接工艺：卷材的搭接是保证防水效果的关键环节，纵向搭接和横向搭接都有严格的长度要求，同时要注意搭接缝的错开，相邻卷材的搭接缝应错开至少三分之一卷材幅宽（图2-15），防止在同一位置出现连续的搭接缝，形成渗漏隐患。

3）特殊部位处理工艺：屋面的特殊部位如天沟、檐沟处，卷材应顺天沟、檐沟方向铺

贴，且沟内卷材附加层在沟帮和沟底应满铺，附加层的宽度应符合设计要求（一般不小于500mm），然后再铺贴主卷材，铺贴时要注意排水坡度，保证雨水能顺利排出，避免积水导致渗漏；落水口周围应做成略低于屋面的凹坑，卷材铺贴要伸入落水口内一定深度（一般不小于50mm），并密封好，防止雨水从落水口周边渗漏；对于屋面的变形缝，应采用有足够变形能力的卷材和密封材料进行处理。

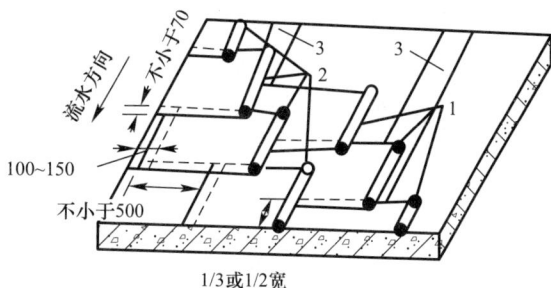

图2-15 卷材平行屋脊铺贴搭接要求

1—第一层卷材；2—第二层卷材；3—干铺材搭接宽度30

（2）涂料防水施工工艺

1）多遍涂刷工艺：涂料防水施工中，多遍涂刷是确保涂膜厚度和防水质量的重要手段。每遍涂刷之间要有合适的间隔时间，等待前一遍涂料干燥固化后再进行下一遍涂刷，一般以手触摸涂层表面不粘手为判断标准，且各遍涂刷的方向要相互垂直，这样可以使涂膜形成更均匀、致密的结构，避免出现漏刷、薄厚不均等问题。

2）阴阳角等部位加强工艺：阴阳角、管道根部、女儿墙根部等部位是屋面防水的薄弱环节，在涂刷防水涂料时要进行重点加强处理。在这些部位，先涂刷一层较厚的涂料作为附加层，附加层的厚度一般比正常涂层厚1～2倍，涂刷范围要超出这些部位一定距离（如阴阳角处向两边各延伸200mm左右），然后再进行大面积的常规涂刷，通过这种加强工艺，提高这些关键部位的防水能力，防止雨水从这些部位渗漏进入屋面结构内部。

3）与基层粘结工艺：涂料与基层的粘结牢固程度直接影响防水效果，在施工前要确保基层处理到位，如基层表面清洁、干燥、平整，且涂刷了合适的基层处理剂。在涂刷涂料时，要使涂料充分浸润基层，采用滚刷或毛刷反复涂刷，使涂料能渗入基层的孔隙中，形成良好的机械咬合作用，同时保证涂层与基层之间无气泡、空鼓等现象，提高粘结质量，为屋面防水提供可靠的保障。

4. 检查与验收

（1）外观检查

1）卷材防水层外观：查看卷材防水层表面有无破损、孔洞、气泡、褶皱等现象，卷材的搭接部位是否牢固，搭接宽度是否符合要求，屋面的特殊部位（如阴阳角、天沟、落水口等）的附加层和处理是否到位，整体卷材铺贴是否平整、顺直，排水坡度是否符合设计规定，若发现外观有缺陷的部位，要及时进行修补或整改，确保防水层外观质量合格。

2）涂料防水层外观：检查涂料防水层的涂膜是否均匀、连续，有无流坠、漏刷、起皮、开裂等情况，阴阳角等部位的加强处理是否明显、符合要求，涂膜的厚度通过针刺等简单方法进行初步判断（如需精确测量可采用专业的测厚仪），看是否达到设计规定的厚度范围，对于外观不符合要求的部位，应采取补刷、修补等措施进行处理，保证涂料防水层的外观质量良好。

（2）厚度检查

1）卷材防水层厚度：对于卷材防水层，可通过查看卷材的产品规格、质量证明文件等确认其标称厚度，同时在施工过程中随机抽取部分卷材进行实际测量，一般采用卡尺等工具测量卷材的厚度，测量值应符合产品标准和设计要求。

2）涂料防水层厚度：涂料防水层的厚度检查相对复杂一些，可采用针刺法结合卡尺测量进行大致估算，即在涂膜上用针刺出小孔，然后用卡尺测量涂膜到基层的距离，也可以使用专业的涂层测厚仪进行精确测量，测量结果应满足设计规定的涂膜总厚度要求，对于厚度不够的区域，要补刷涂料，直至达到规定厚度。

（3）蓄水试验或淋水试验

1）蓄水试验（适用于平屋面）：屋面防水层施工完成且保护层未施工前，将屋面的排水口等堵塞，然后蓄水，蓄水深度一般不低于 20mm，蓄水时间不少于 24h，观察屋面有无渗漏现象，若发现渗漏点，要标记清楚，待排水后对渗漏部位进行详细检查和修补，修补完成后再次进行蓄水试验，直至无渗漏为止，通过蓄水试验模拟雨水积聚情况，直观地检验防水层的防水效果。

2）淋水试验（适用于坡屋面等）：采用有一定压力的水对屋面进行喷淋，喷淋时间不少于 2h，重点观察屋面的接缝处、阴阳角、落水口等容易渗漏的部位，查看有无渗漏情况，若有渗漏，同样要做好记录，并进行针对性的修补，确保屋面在实际使用过程中能有效防水，淋水试验可以模拟雨水冲刷的实际工况，对防水层进行有效的检验。

2.1.4　混凝土拌制浇筑养护

1. 材料及工具准备

（1）材料准备

1）水泥：通常选用普通硅酸盐水泥、硅酸盐水泥等，根据混凝土的强度等级、使用环境等因素确定水泥的品种和强度等级，如配制 C30 混凝土用于一般建筑结构，可选用 42.5 级普通硅酸盐水泥，水泥要质量合格，无结块、受潮等情况，且应具有相应的质量证明文件，其各项性能指标（如细度、安定性、强度等）要符合国家标准要求，因为水泥是混凝土的胶凝材料，对混凝土的强度、耐久性等起着关键作用。

2）砂：优先选用中砂，其平均粒径在 0.35～0.5mm 之间，含泥量一般不超过 3%，砂的颗粒级配要好，即不同粒径的砂粒按一定比例搭配，这样能使混凝土具有良好的和易性，填充石子之间的空隙，提高混凝土的密实度。

3）石：常用的有碎石和卵石，碎石表面粗糙，与水泥的粘结力相对较强，卵石表面光滑，混凝土的流动性较好，根据工程实际需求选用，确保混凝土的强度和质量。

4）水：一般采用饮用水作为混凝土搅拌用水，若采用非饮用水，需经过检验，确保其水质符合国家现行标准中关于混凝土拌合用水的规定。

5）外加剂：根据混凝土的特殊性能要求，可添加不同类型的外加剂，如减水剂、缓凝剂、早强剂、防冻剂等。

（2）工具准备

1）搅拌机：常见的有自落式搅拌机和强制式搅拌机（图 2-16），自落式搅拌机适用于搅拌塑性混凝土，靠搅拌筒的旋转使物料自由下落，实现搅拌；强制式搅拌机搅拌作用强烈，能搅拌干硬性、轻骨料等各类混凝土，搅拌效率高、质量好。

(a)　　　　　　　　　　　　　　(b)

图 2-16　混凝土搅拌机

（a）自落式搅拌机；（b）强制式搅拌机

2）装载机：用于将砂、石等集料装入搅拌机料斗中，装载机的铲斗容量要与搅拌机的进料量相匹配，操作时要准确地将集料送入料斗，避免材料洒落浪费，提高进料效率，保证混凝土拌制的连续性。

3）计量器具：包括电子秤、磅秤等，用于准确称量水泥、砂、石、水以及外加剂等材料的用量，计量器具要定期校准，保证其称量的准确性。

4）运输工具：如混凝土搅拌车（图 2-17），用于将搅拌好的混凝土运输到浇筑现场，搅拌车罐体要保持良好的密封性，防止混凝土在运输过程中漏浆、离析，罐体还具备搅拌功能，可在运输途中对混凝土进行缓慢搅拌，保持其均匀性。

图 2-17　混凝土搅拌车

5）振捣工具：常用的有插入式振捣棒、平板振捣器等（图 2-18）。插入式振捣棒适用于振捣柱、梁、墙等厚度较大的构件，通过振

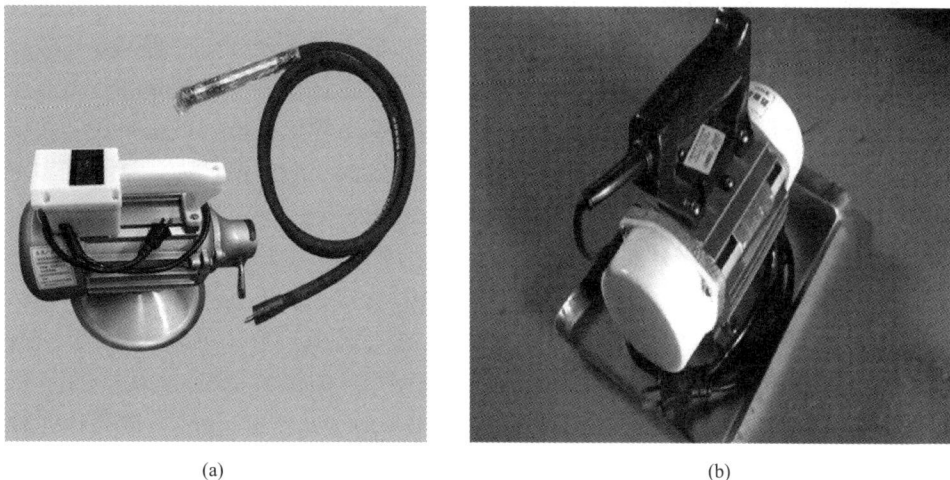

(a)　　　　　　　　　　　　　　(b)

图 2-18　振捣工具

（a）插入式振捣棒；（b）平板振捣器

捣棒的高频振动，使混凝土内部的空气排出，石子、水泥浆等分布更均匀，提高混凝土的密实度，振捣棒的振捣深度和时间要根据构件的尺寸、混凝土的坍落度等因素合理控制；平板振捣器主要用于振捣面积较大且厚度较薄的板类构件（如楼板、地面等），将其放在混凝土表面平稳移动，使混凝土密实，在使用振捣工具时，要按照操作规范进行，防止因过振或漏振而影响混凝土的浇筑质量。

6）养护工具：如覆盖养护用的塑料薄膜、草帘等，塑料薄膜能起到保湿作用，防止混凝土表面水分蒸发过快，草帘可在冬季起到保温作用，避免混凝土受冻害；还有喷水养护用的水管及喷头，通过定期喷水保持混凝土表面湿润，满足混凝土养护的要求，促进混凝土强度的正常发展和耐久性的提高。

2. 操作流程

(1) 混凝土拌制

1）材料计量：按照设计确定的混凝土配合比，使用计量器具准确称量水泥、砂、石、水以及外加剂（如有）等各材料的用量，称量误差应控制在规定范围内。

2）加料顺序：对于强制式搅拌机，一般先加入石子，再加入水泥，然后加入砂，这样的加料顺序有助于提高搅拌效率和质量，使各材料能更好地混合均匀，最后加入水和外加剂（若使用外加剂，需先将外加剂配制成溶液，按照规定的掺量加入），不同类型的搅拌机和混凝土配合比可能会有略微不同的加料顺序，但总体原则是保证各材料能充分搅拌均匀；对于自落式搅拌机，通常先加部分水，然后依次加入石、水泥、砂，最后再补足剩余的水，具体操作要根据搅拌机的使用说明书和实际经验进行调整。

3）搅拌时间：启动搅拌机，按照规定的搅拌时间进行搅拌，搅拌时间要根据搅拌机的类型、混凝土的坍落度等因素确定，一般强制式搅拌机搅拌时间不少于90s，自落式搅拌机搅拌时间不少于120s，以保证混凝土各材料充分混合均匀，形成具有良好和易性的拌合物，搅拌过程中要观察搅拌机的运行情况，如有异常要及时停机检查、维修，确保搅拌工作顺利进行。

(2) 混凝土浇筑

1）浇筑前准备：对混凝土的浇筑部位（如模板、钢筋等）进行检查。首先查看模板是否安装牢固，其表面应平整、光洁，拼缝要严密，防止浇筑过程中出现漏浆现象，若发现模板有缝隙，需用密封条或水泥砂浆等进行封堵；接着检查钢筋的规格、数量、位置以及绑扎情况是否符合设计要求，钢筋的保护层厚度要满足规定标准，可用垫块等进行调整固定，同时还要清理模板内的杂物、积水等，保证浇筑面干净整洁，为混凝土的顺利浇筑创造良好条件。

2）浇筑顺序：一般遵循分层分段、由低向高的原则。对于大型基础等大体积混凝土结构，可采用分层浇筑的方式。

3）振捣操作：在混凝土浇筑过程中，要及时进行振捣。使用插入式振捣棒振捣时，要快插慢拔，插入点要均匀排列，可采用行列式或交错式的排列方式，移动间距一般不超过振捣棒作用半径的1.5倍（通常振捣棒的作用半径为300～400mm），振捣棒要插入下层混凝土50～100mm，以保证上下层混凝土结合紧密，振捣时间以混凝土表面呈现浮浆、不再显著下沉、无气泡冒出为宜，避免过振导致混凝土离析或漏振使混凝土内部存在蜂窝、孔洞等质量缺陷；使用平板振捣器振捣板类构件时，要保证振捣器在混凝土表面平稳、缓慢移动，覆盖整个振捣区域，振捣遍数一般为 2～3 遍，直到混凝土表面密实、平整。

4）施工缝留设与处理：由于施工工艺等原因，当不能连续浇筑混凝土时，需要留设施工缝。

施工缝的位置应留置在结构构件受剪力最小，且便于施工的部位。施工缝的留设位置如图 2-19 和图 2-20 所示。

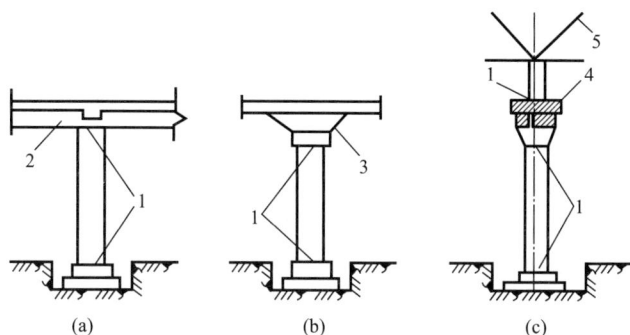

图 2-19　柱子施工缝的位置

（a）肋形楼板柱；（b）无梁楼板柱；（c）吊车梁柱
1—施工缝；2—梁；3—柱帽；4—吊车梁；5—屋架

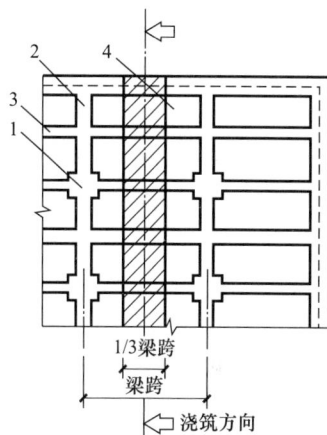

图 2-20　有梁板的施工缝位置
1—柱；2—主梁；3—次梁；4—板

施工缝的处理：在继续浇筑混凝土前，先将施工缝处的混凝土表面凿毛，清除松动的石子、水泥薄膜及软弱混凝土层，并用水冲洗干净，然后在施工缝处铺一层厚 10～15mm 且与混凝土内成分相同的水泥砂浆，再继续浇筑混凝土，并仔细捣实，使新旧混凝土接合良好，保证结构的整体性。

（3）混凝土养护

1）养护时间：混凝土浇筑完毕后，应及时进行养护，养护时间根据混凝土的品种、使用环境等因素确定，一般普通硅酸盐水泥拌制的混凝土，养护时间不少于 7d；采用矿渣水泥、火山灰质硅酸盐水泥等拌制的混凝土，养护时间不少于 14d；对于有抗渗要求的混凝土，养护时间不少于 14d，确保混凝土在足够长的时间内保持湿润状态，使水泥充分水化，强度得以正常发展。

2）养护方法

① 自然养护：这是最常用的养护方法之一，主要通过覆盖和浇水来保持混凝土表面湿润。在混凝土终凝后（一般用手指按压无痕迹时），可先用塑料薄膜覆盖在混凝土表面，薄膜要覆盖严密，防止水分蒸发，然后在薄膜上再覆盖草帘、麻袋等保湿材料，根据天气情况定期浇水，保证混凝土表面始终处于湿润状态。

② 蒸汽养护：适用于预制构件生产等需要快速提高混凝土强度的情况。将混凝土构件放置在养护室内，通过向室内通入蒸汽，控制养护室内的温度、湿度和养护时间等参数，使混凝土能在较短时间内达到规定的强度要求，便于提前脱模、周转模板，提高生产效率。

③ 喷涂养护剂养护：对于一些不易浇水养护的部位（如大面积的混凝土路面、高耸的混凝土柱顶等）或施工场地用水不方便的情况，可采用喷涂养护剂的方法。

3. 施工工艺

(1) 混凝土拌制工艺

1) 配合比优化工艺：在确定混凝土配合比时，除了依据设计要求的强度等级外，还要考虑混凝土的工作性（如坍落度、流动性等）、耐久性以及施工环境等因素，通过试配来优化配合比。

2) 搅拌均匀性控制工艺：为保证混凝土搅拌均匀，除了按照正确的加料顺序和规定的搅拌时间操作外，还需关注搅拌机的搅拌速度、叶片角度等因素。

3) 外加剂添加工艺：外加剂的添加要严格按照产品说明书和试配确定的掺量。

(2) 混凝土浇筑工艺

1) 分层浇筑工艺要点：在分层浇筑混凝土时，除了控制每层的浇筑厚度外，还要注意上下层浇筑的间隔时间，间隔过长可能导致两层混凝土结合不好，出现分层现象，影响结构整体性，因此要根据混凝土的凝结时间、施工环境温度等因素合理安排浇筑间隔。

2) 振捣密实工艺要点：振捣是保证混凝土密实度的关键环节，在振捣过程中要根据混凝土的坍落度、构件的形状和尺寸等因素灵活调整振捣方式和参数。对于坍落度较小的干硬性混凝土，振捣时间要适当延长，振捣棒的插入点间距可适当缩小；对于形状复杂、钢筋较密的构件（如梁柱节点处），要选用直径较小的振捣棒，采用多方位、多角度的振捣方式，确保混凝土能填充到各个角落，避免出现蜂窝、孔洞等质量缺陷。

3) 施工缝处理工艺要点：施工缝处理的好坏直接关系到结构的整体性和耐久性，除了前面提到的常规处理方法外，对于有抗渗要求的施工缝，在凿毛后可涂刷水泥基渗透结晶型防水涂料等防水处理材料，增强施工缝处的抗渗能力；在铺水泥砂浆前，要确保施工缝表面充分湿润但无积水，使水泥砂浆能更好地与老混凝土粘结，同时在继续浇筑混凝土时，要加强对施工缝部位的振捣，使其周围的混凝土更加密实，提高施工缝处的质量，防止出现渗漏等问题。

(3) 混凝土养护工艺

1) 保湿养护工艺要点：保湿是混凝土养护的核心要求，无论是采用覆盖浇水、喷涂养护剂还是蒸汽养护等方式，都是为了保持混凝土表面有适宜的湿度，促进水泥水化。在覆盖浇水养护时，浇水的频率要根据天气情况、混凝土表面蒸发速度等因素合理确定，一般在高温、干燥天气要增加浇水次数，保证混凝土表面始终湿润；对于采用养护剂养护的情况，要选择质量良好、保湿效果持久的养护剂，且要确保养护剂均匀覆盖在混凝土表面，避免出现局部干燥的情况，影响养护效果。

2) 温度控制工艺要点：温度对混凝土的强度发展和质量影响很大，尤其在大体积混凝土养护以及冬季、夏季等特殊施工环境下。在冬期施工时，要采取有效的保温措施，如在混凝土表面覆盖保温被、采用暖棚法等，使混凝土在正温环境下养护，防止冻害发生，保证其强度正常增大；在夏季高温时，除了通过覆盖隔热材料降低混凝土表面温度外，还可在混凝土配合比中适当调整原材料，如选用低热水泥等，减少水化热产生，同时避免在高温时段进行浇筑，控制混凝土的入模温度，防止因温度过高导致混凝土坍落度损失过快、产生温度裂缝等质量问题。

4. 检查与验收

(1) 外观检查

1) 表面质量检查：查看混凝土表面有无蜂窝、麻面、孔洞、露筋、裂缝等缺陷，对于出现的这些外观缺陷，要根据其严重程度和相关标准判断是否需要进行修补处理，轻微的麻面等可通过水泥砂浆等进行抹面修补，严重的孔洞、露筋等缺陷则要分析原因，采取针对性的加固、修补措施。

2) 尺寸检查：对照设计图纸，使用钢尺、全站仪等测量工具检查混凝土构件的尺寸是否符合要求，如柱、梁的截面尺寸偏差应控制在规定范围内（一般允许偏差为±5mm～±10mm，不同构件、不同规范要求略有不同），板的厚度偏差也有相应的允许值，同时检查构件的轴线位置、标高是否准确，若尺寸出现偏差超过允许范围，可能影响后续的装修、安装等工序，需要进行整改或采取相应的补救措施，确保结构整体尺寸符合设计意图。

3) 平整度检查：利用 2m 靠尺和塞尺检查混凝土表面的平整度，对于楼板、地面等要求平整的部位，平整度允许偏差一般不超过 5～8mm（不同使用功能、不同标准有差异），通过检查保证混凝土表面能满足后续使用要求，如地面的平整度影响行走舒适度以及装修材料的铺设等，若平整度不符合要求，可通过打磨、找平处理等方式进行整改。

(2) 强度检测

1) 试块抗压强度检测：按照规范要求制作混凝土标准养护试块（边长为 100mm 或 150mm 的立方体试块）和同条件养护试块，标准养护试块在标准养护室（温度 20℃±2℃，相对湿度 95％以上）中养护 28d，同条件养护试块则放置在与混凝土构件相同的环境条件下养护，到规定龄期后，将试块送试验室进行抗压强度试验，试验结果应符合设计规定的混凝土强度等级要求。

2) 回弹法、钻芯法等现场检测（如有需要）：当对混凝土构件的强度存在疑问（如试块强度不合格、外观质量较差等情况），可采用回弹法、钻芯法等现场检测手段进行补充检测。回弹法是利用回弹仪在混凝土构件表面测定回弹值，根据回弹值结合碳化深度等参数，通过相关的测强曲线推算混凝土的抗压强度，但回弹法检测结果相对误差可能稍大一些；钻芯法是直接从混凝土构件中钻取芯样，加工成标准试件后送试验室进行抗压强度试验，其检测结果更接近构件的真实强度，但会对构件造成一定损伤，一般作为验证性检测手段，通过这些现场检测方法进一步准确掌握混凝土构件的强度情况，以便采取合理的应对措施，保障结构安全。

(3) 其他性能检测（根据具体工程要求）

1) 抗渗性能检测（针对有抗渗要求的混凝土）：制作抗渗试块（一般为上口直径 175mm、下口直径 185mm、高度 150mm 的圆台体试块），按照规定的试验方法对试块进行抗渗试验，观察试块在规定压力下是否出现渗水现象，以判断混凝土的抗渗性能是否达到设计要求（如设计抗渗等级为 P6、P8 等），若抗渗性能不足，要分析原因，如是否因配合比不合理、施工振捣不密实等问题导致，采取改进措施提高混凝土的抗渗能力，确保有抗渗要求的结构（如地下室、水池等）能有效防水。

2) 耐久性相关检测（如碳化深度检测等）：碳化深度检测可采用酚酞酒精溶液等试剂，在混凝土构件表面钻孔，喷洒试剂后，根据颜色变化测量碳化深度，碳化会使混凝土的碱性降低，影响钢筋的锈蚀情况，通过检测碳化深度可以初步评估混凝土的耐久性状况，结合其他相关指标（如氯离子含量检测等）综合判断混凝土在长期使用过程中抵抗环境侵蚀的能力，对于耐久性不符合要求的情况，要采取相应的防护措施，延长混凝土结构的使用寿命。

2.2　乡村建设钢筋工

2.2.1　钢筋加工

1. 材料及工具准备

（1）材料准备

1）钢筋：根据设计要求选用不同种类和规格的钢筋，钢筋应具有质量合格证明文件，其实际规格（直径、重量偏差等）应符合国家标准要求，进场时应按批次进行抽样检验，确保质量可靠。同时，要根据工程所需钢筋的长度、数量等情况，合理采购不同定尺长度的钢筋，一般常见的定尺长度有9m、12m等，以便后续加工使用。

2）绑扎丝：用于钢筋绑扎连接，通常采用镀锌钢丝，其规格根据绑扎钢筋的粗细进行选择，如绑扎直径较小的钢筋可选用20～22号镀锌钢丝，绑扎较粗钢筋时可用18～20号镀锌钢丝，绑扎丝应具有良好的柔韧性和绑扎牢固性，保证钢筋绑扎后不易松动。

（2）工具准备

1）钢筋调直机：用于将弯曲或盘卷的钢筋调直，使其符合加工和使用要求。调直机可通过内部的调直轮、牵引装置等对钢筋施加拉力和扭转力，将钢筋调直，操作时要根据钢筋的直径合理调整设备的参数，如调直速度、牵引力度等，确保调直效果良好且不损伤钢筋的力学性能，如图2-21所示。

2）钢筋弯曲机：主要用来对钢筋进行弯曲加工，以制作各种形状的钢筋构件，如箍筋的弯钩、梁纵筋的弯折等。弯曲机有不同的弯曲模具，可根据需要弯曲的钢筋直径更换相应的模具，操作时将钢筋放入模具中，通过操作手柄或按钮控制弯曲机的弯曲角度，精确地制作出符合设计要求的弯曲钢筋，一般能实现0°～180°范围内的弯曲操作，如图2-22所示。

图2-21　钢筋调直机

图2-22　钢筋弯曲机

3）钢筋切断机：用于按照设计长度切断钢筋，它通过刀具的快速剪切动作将钢筋截断。切断机的刀片要保持锋利，且有不同规格的刀座，适配不同直径范围的钢筋，使用时将钢筋放置在合适的刀座位置，启动设备即可切断钢筋，要注意操作安全，防止钢筋弹出伤人，同时保证切断面平整、无毛刺等，便于后续加工和连接操作，如图 2-23 所示。

4）卷尺、游标卡尺等测量工具：卷尺用于测量钢筋的长度，在钢筋下料、加工过程中，精确测量钢筋尺寸，确保其符合设计和配料单的要求，

图 2-23　钢筋切断机

一般选用 5m 或 10m 长的钢卷尺；卡尺则用于检测钢筋的直径等尺寸参数，核查钢筋实际规格是否与标称规格一致，保证钢筋质量，其精度能达到 0.01mm，便于准确测量。卷尺、游标卡尺分别如图 2-24 和图 2-25 所示。

图 2-24　卷尺

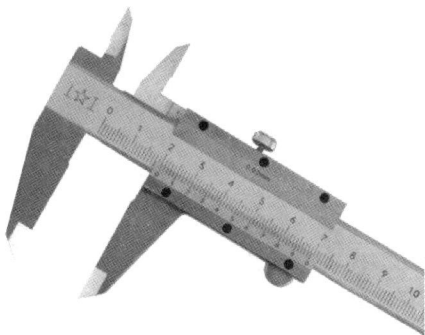

图 2-25　游标卡尺

2. 操作流程

钢筋加工操作流程为：钢筋调直→钢筋切断→钢筋弯曲。

3. 施工工艺

(1) 调直工艺要点

不同类型和直径的钢筋，其调直工艺有一定差异。对于热轧光圆钢筋，调直时要控制好调直机的牵引力，避免因拉力过大导致钢筋出现颈缩现象，影响钢筋的强度；对于热轧带肋钢筋，除了防止表面肋纹受损外，还要注意调直后的钢筋直线度，一般要求每米的弯曲度不超过 4mm，且总弯曲度不超过钢筋全长的 0.4%，通过合理调节调直机参数、多次抽检等方式保证调直质量，使调直后的钢筋能满足后续加工和结构受力要求。

(2) 切断工艺要点

在钢筋切断过程中，要确保切断尺寸的准确性，其允许偏差一般控制在规定范围内。

(3) 弯曲工艺要点

钢筋弯曲成型时，要严格按照设计规定的弯曲角度、弯曲半径等要求进行操作。对于不同规格的钢筋，其最小弯曲半径有相应标准，如 HPB300 钢筋作箍筋时，弯钩的弯曲半

径一般不应小于 2.5 倍钢筋直径；HRB400 钢筋在梁中进行弯折时，其弯曲半径要符合设计和规范要求，以保证钢筋在弯曲过程中内部结构不被破坏，力学性能不受较大影响。同时，在弯曲制作有抗震要求的箍筋等构件时，弯钩的角度、长度等都有特殊规定。

4. 检查与验收

(1) 外观检查

1）调直后的钢筋：检查钢筋表面有无划伤、裂纹、起皮等缺陷，调直后的钢筋应顺直，表面的肋纹（对于带肋钢筋）应清晰完整，若发现表面质量问题，要分析原因，如是否是调直机设备故障或调直参数不合理导致，对不符合要求的钢筋应进行更换或重新处理。

2）切断后的钢筋：查看钢筋切断面是否平整、垂直，有无明显的毛刺、斜口或马蹄形等情况，切断长度是否符合设计要求，偏差是否在允许范围内，若存在切割质量不佳的情况，需对切断机进行调整，对不符合长度要求的钢筋要重新进行切断加工。

3）弯曲后的钢筋：检查钢筋的弯曲角度是否准确，与设计要求的偏差一般不应超过 ±3°；弯曲处有无裂缝、变形等现象，弯钩的长度、弯曲半径等是否符合规定，对于不符合外观质量要求的弯曲钢筋，要进行矫正或重新弯曲加工，确保其能满足施工和结构安全要求。

(2) 尺寸检查

使用卷尺、卡尺等测量工具，对钢筋的直径、长度、弯曲尺寸等进行精确测量。钢筋的实际直径偏差应符合国家标准规定，如热轧带肋钢筋的实际直径允许偏差在一定范围内；对于已加工好的钢筋构件，如箍筋的内净尺寸、纵筋的弯折长度等要对照设计图纸进行核对，偏差超出允许范围的要进行整改，保证钢筋尺寸的准确性，使其能准确安装在相应的结构部位，发挥应有的力学性能。

(3) 力学性能检测

按照规范要求，对钢筋进行抽样送检，检测其屈服强度、抗拉强度、伸长率等力学性能指标是否符合相应钢筋品种和等级的标准要求。

2.2.2 钢筋运输与存放

1. 材料及工具准备

(1) 材料准备

1）垫木或垫块：用于垫高钢筋，使其与地面隔离，防止钢筋直接接触地面受潮生锈。垫木一般采用木质材料，要求质地坚硬、不易腐朽，其尺寸根据钢筋堆放的重量和场地情况确定，如长度可为 1～2m，宽度和厚度在 50～100mm 左右；垫块也可采用混凝土等材质制作，表面要平整，能稳定支撑钢筋，确保钢筋存放时底部通风良好，避免积水导致钢筋锈蚀。

2）标识牌：制作不同规格、用途的钢筋标识牌，上面注明钢筋的品种（如 HPB300、HRB400 等）、规格（直径尺寸）、数量、产地、检验状态等信息，以便清晰地对存放的钢筋进行识别和管理，防止错用、乱用钢筋情况发生。

(2) 工具准备

1）吊车或起重机（针对大型或较重的钢筋捆）：在将钢筋从运输车辆卸载到存放场地，或者在施工现场不同区域之间转运钢筋时，如果钢筋重量较大，需要使用吊车或起重机进行吊运操作。吊车的起重量要根据钢筋的最大单件重量和吊运捆数等情况合理选择，操作时要有专业的司机和指挥人员配合，确保吊运过程安全、平稳，避免钢筋掉落造成安全事故。

2）手推车或小型平板车（针对少量或较轻的钢筋）：对于少量、较轻的钢筋短料或在场地内近距离移动钢筋时，可使用手推车或小型平板车进行运输，操作方便快捷，能提高钢筋在场地内调配的效率，但要注意装载时保持钢筋平衡，防止在运输过程中滑落伤人。

2. 操作流程

（1）钢筋运输

1）场外运输至施工现场：当钢筋从供应商处采购后，通过货车等运输工具运输到施工现场。在装载时，要按照钢筋的规格、长度等分类装载，较重的钢筋放在底部，较轻的放在上部，并用绳索等进行固定绑扎，防止在运输途中钢筋晃动、滑落，同时要对运输车辆做好遮盖措施，避免钢筋在运输过程中淋雨生锈。到达施工现场后，由专人指挥吊车或起重机将钢筋逐捆吊运到指定的卸货场地，吊运过程中要确保起吊平稳，下方严禁站人，保证安全卸载。

2）施工现场内运输：对于需要在施工现场不同区域（如钢筋加工区、绑扎区等）之间转运的钢筋，根据钢筋的重量和数量选择合适的运输工具。

（2）钢筋存放

在存放场地，按照钢筋的品种、规格进行分类存放，先在地面上铺设垫木或放置垫块，垫木或垫块的间距要合理，一般每隔 2～3m 放置一组，确保钢筋堆放后底部空气能够流通。

3. 施工工艺

（1）运输工艺要点

在钢筋运输过程中，无论是场外运输还是场内转运，都要确保钢筋不受损伤。对于场外运输，要选择合适的运输车辆，其车厢底部要平整，避免钢筋因颠簸产生局部变形；绳索固定时要绑紧扎牢，但不能勒伤钢筋表面；在吊运过程中，吊车或起重机的吊钩要挂在钢筋捆的正确位置（如设置的吊环处或捆绑牢固的平衡点），起吊和降落速度要适中，防止因速度过快产生惯性力使钢筋散落或碰撞损坏。场内运输使用手推车等工具时，要注意道路的平整度，避免钢筋因道路颠簸而掉落或变形，保证钢筋从采购到使用前的整个运输环节质量安全。

（2）存放工艺要点

钢筋存放时的分类和垫高措施至关重要，严格按照品种、规格分类存放，便于施工管理和取用，避免因错用钢筋导致结构安全隐患；垫高存放不仅能防止钢筋受潮生锈，还能保证钢筋在堆放状态下的力学性能不受影响。此外，存放场地要选择地势较高、排水良好的地方，避免雨水积聚浸泡钢筋，若遇到长时间的降雨天气，要及时对钢筋进行遮盖，同时定期清理存放场地的杂物，保持环境整洁，为钢筋的长期存放创造良好条件。

4. 检查与验收

（1）外观检查

1）运输后的钢筋：查看钢筋在运输过程中有无碰撞变形、表面划伤、弯折等情况，特别是在吊运、装卸环节容易出现局部损伤，若发现外观有缺陷的钢筋，要根据损伤程度判断是否能继续使用，轻微损伤可进行修复矫正，严重的则需更换，确保用于工程的钢筋外观质量合格。

2) 存放后的钢筋：检查钢筋是否有生锈现象，对于轻微的浮锈，用钢丝刷等工具进行除锈处理后可继续使用，但如果出现严重的锈蚀，影响到钢筋的直径和力学性能，则不能用于施工，需联系供应商协商处理；同时查看标识牌是否完整、清晰，标识信息是否准确，若标识牌损坏或信息有误，要及时更换和更正，方便对钢筋进行准确管理。

（2）数量核对

根据采购清单、运输清单以及钢筋进场时的验收记录等资料，对存放的钢筋数量进行核对，按品种、规格分别统计数量，查看是否存在短缺或数量不符的情况，若发现数量问题，要及时查找原因，如是否在运输途中丢失、卸货时未清点准确等，并采取相应的补救措施，保证工程施工有足够数量的钢筋可用。

2.2.3 钢筋连接

钢筋连接方式选择得正确与否直接关系到工程质量的优劣，常见的钢筋连接方式有绑扎搭接、焊接连接和机械连接。

1. 材料及工具准备

（1）绑扎搭接

钢筋绑扎搭接接头形式如图 2-26 所示，钢筋绑扎所用的绑扎丝如图 2-27 所示。

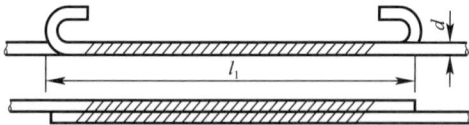

图 2-26　钢筋绑扎搭接接头

（a）　　　　　　　　　　　　　　　（b）

图 2-27　绑扎丝

（a）未经加工的盘状绑扎丝；（b）加工后的绑扎丝

（2）焊接材料

钢筋焊接搭接接头形式如图 2-28 所示。

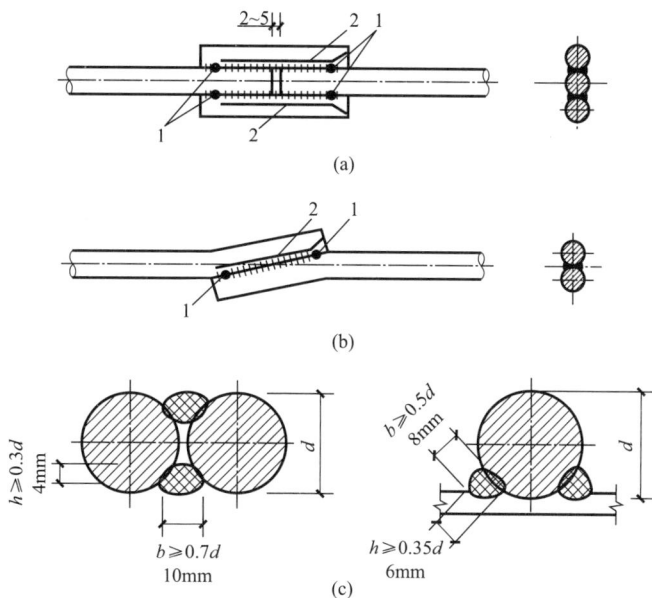

图 2-28　钢筋焊接搭接接头

（a）帮条焊；（b）搭接焊；（c）焊缝尺寸

（a）中 1—焊缝；2—帮条；（b）中 1—焊缝；2—搭接钢筋

1）焊条：根据钢筋的材质和焊接要求选用合适的焊条，如焊接 HRB400 级钢筋时，常用 E50 系列的焊条，焊条应符合相应的国家标准，其药皮无脱落、受潮等情况，焊芯的材质和直径要与焊接钢筋相匹配，保证焊接质量和电弧稳定性。

2）焊剂（用于埋弧焊等情况）：在采用埋弧焊连接钢筋时，需要选用合适的焊剂，焊剂要具有良好的焊接工艺性能，能保证焊缝成型美观、无气孔、夹渣等缺陷，并且要与所使用的焊丝适配。

（3）机械连接

钢筋机械连接形式包括直螺纹套筒连接和锥螺纹套筒连接，如图 2-29 所示。

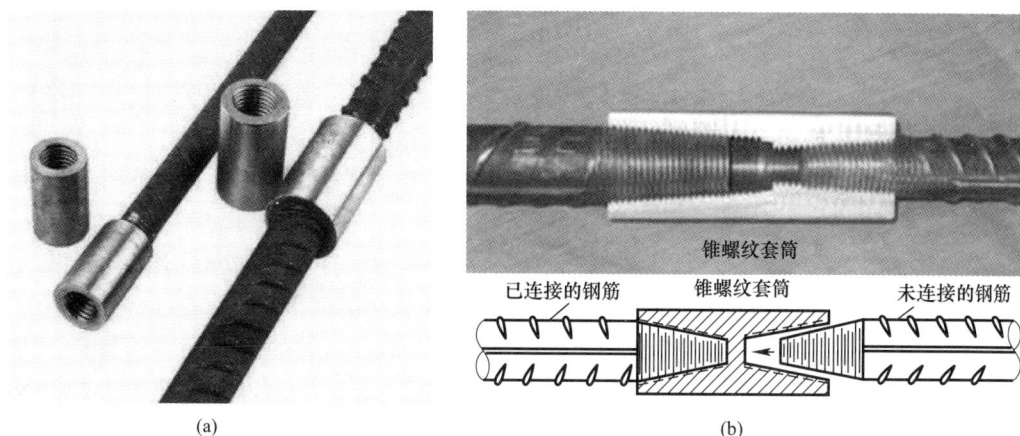

图 2-29　钢筋机械连接接头

（a）直螺纹套筒；（b）锥螺纹套筒

1）直螺纹套筒：是目前应用较为广泛的一种机械连接套筒，其内外螺纹的尺寸精度要高，牙型要饱满，表面应无裂纹、砂眼等缺陷，套筒的长度和外径等规格要符合相应标准，以保证与钢筋的连接强度和稳定性。

2）锥螺纹套筒：同样用于钢筋机械连接，其特点是一端为锥形螺纹，与钢筋的锥螺纹端相匹配，螺纹套筒的锥度及各部分尺寸需精准符合要求，能实现钢筋的可靠连接，并且在加工制作过程中要保证螺纹的质量，避免出现缺牙、烂牙等情况影响连接效果。套筒的材质也要具备足够的强度和韧性，以适应钢筋受力传递的要求。

（4）工具准备

1）焊接设备

① 电焊机：常见的有交流电焊机和直流电焊机。交流电焊机结构简单、成本较低，适用于一般性的钢筋焊接工作；直流电焊机焊接电弧稳定、焊接质量相对更高，尤其适合焊接要求较高、较重要的钢筋接头部位。

② 焊接夹具：用于固定钢筋，使其在焊接过程中保持相对位置准确，便于施焊。焊接夹具的夹紧力要适中，既能稳固地夹住钢筋，防止其在焊接时移位，又不会对钢筋表面造成过度挤压损伤，夹具的结构要便于操作工人快速安装和拆卸钢筋，提高焊接效率，不同规格的钢筋可选用相应尺寸的可调节式焊接夹具。

2）机械连接工具

① 钢筋直螺纹滚丝机：是加工钢筋直螺纹的关键设备，通过滚丝轮对钢筋端部进行滚压加工，形成符合要求的直螺纹。滚丝机有不同型号，可适配不同直径范围的钢筋，操作时要根据钢筋规格调整滚丝轮的间距、转速等参数，确保加工出的螺纹精度高、表面粗糙度符合标准，并且要定期对滚丝机进行维护保养，更换磨损的滚丝轮等部件，保证加工质量的稳定。

② 力矩扳手：在钢筋采用机械连接并拧紧套筒时，需使用力矩扳手来控制拧紧力矩，确保连接的可靠性。力矩扳手能精确显示施加的扭矩值，不同规格的钢筋连接对应的拧紧力矩有明确规定，操作工人应严格按照标准使用力矩扳手进行操作，避免因力矩过大或过小导致连接不合格。

2. 操作流程

（1）焊接连接操作流程

1）准备工作：选择合适的焊接场地，要通风良好、无易燃易爆物品，且周围设置必要的防护设施，避免焊接产生的火花、强光等对人员和周围环境造成伤害。

根据钢筋的规格和焊接要求，选用正确的焊条，并将焊条按规定进行烘焙处理（如有需要），放在焊条保温筒内备用，确保焊条在使用时处于良好的干燥状态，保证焊接质量。

用焊接夹具将需要焊接的两根钢筋固定在合适的位置，使钢筋的轴线对齐，接头处的间隙控制在 2～5mm 之间（根据焊接工艺和钢筋直径适当调整），保证焊接时能均匀熔合。

2）引弧：打开电焊机，调节好焊接电流等参数（焊接电流一般根据钢筋直径、焊条直径等因素确定，可参考焊接工艺规程选取合适数值），将焊条端部与钢筋接头处轻轻接触，然后迅速提起一定高度（一般为 2～4mm），使焊条与钢筋之间产生电弧，开始焊接过程。引弧时动作要轻、快，避免长时间在一处引弧造成钢筋局部烧伤。

3）焊接：保持焊条与钢筋之间合适的角度（一般焊条与焊接方向夹角在 70°～80°左

右）和电弧长度，匀速地沿接头处移动焊条进行焊接，使焊缝金属均匀地填充在钢筋接头间隙内，形成连续的焊缝。

4）收弧：当焊缝达到设计要求的长度后，要进行收弧操作，缓慢地将焊条向焊缝一侧倾斜，使电弧逐渐拉长，直至熄灭，避免在焊缝端部出现弧坑等缺陷，影响焊缝的强度和外观质量，收弧后要让焊缝自然冷却，不要急于移动焊接后的钢筋，防止焊缝在未完全冷却时受到外力破坏。

(2) 机械连接操作流程 (以直螺纹连接为例)

1）钢筋端部加工

首先将待连接的钢筋端部调直，去除弯曲部分，然后用钢筋直螺纹滚丝机对钢筋端部进行滚丝加工，将钢筋固定在滚丝机上，按照钢筋的直径调整好滚丝机的参数，启动设备，使滚丝轮对钢筋端部进行滚压，加工出符合要求的直螺纹，加工后的螺纹长度、牙型等要符合标准规定，且螺纹表面应光洁、无损伤，加工完成后，用专用的螺纹量规对螺纹进行检验，合格后方可进行下一步连接操作。

2）套筒安装与拧紧

选取与钢筋规格匹配的直螺纹套筒，将加工好螺纹的两根钢筋分别从套筒两端插入，使钢筋的螺纹与套筒的内螺纹相互旋合，然后使用力矩扳手按照规定的拧紧力矩将套筒拧紧，拧紧过程中要确保两根钢筋的螺纹都完全旋入套筒内，且拧紧力矩达到标准要求，保证钢筋连接牢固，对于较长的钢筋连接，可采用管钳等辅助工具帮助拧紧套筒，提高操作效率，完成连接后，再次检查连接部位是否牢固，有无松动现象。

3. 施工工艺

(1) 焊接连接施工工艺

1）焊接工艺选择依据：根据钢筋的材质、直径以及结构受力特点等因素选择合适的焊接工艺，如电弧焊适用于一般的钢筋连接，操作相对简单；电渣压力焊常用于竖向钢筋的连接，特别是在柱等竖向构件中，其焊接效率较高且能保证较好的连接质量；闪光对焊则适合于在加工厂对钢筋进行批量对接，焊接后的钢筋接头强度高、质量稳定。

2）焊接参数控制要点：焊接电流、电压、焊接速度以及焊接层数等焊接参数对焊接质量影响很大。以电弧焊为例，焊接电流过大时，容易造成焊缝金属过热，出现咬边、焊瘤等缺陷，同时也可能使焊条过快熔化，导致焊接过程不稳定；焊接电流过小则焊缝熔深不足，容易产生未焊透、夹渣等问题。

3）焊缝质量保证措施：为保证焊缝质量，除了控制焊接参数外，还要做好焊接前的准备工作和焊接过程中的质量检查。焊接前要确保钢筋的清洁，去除表面的油污、铁锈等杂质，焊条要按要求烘焙和保管；焊接过程中，要随时观察焊缝的外观质量，发现问题及时处理，确保焊缝质量符合要求。

(2) 机械连接施工工艺

1）钢筋螺纹加工工艺要点：在加工钢筋直螺纹时，滚丝机的滚丝轮要定期进行校准和更换，保证加工出的螺纹精度符合要求，螺纹的螺距、牙型角、中径等尺寸偏差要控制在规定范围内。同时，钢筋端部在加工前的调直工作很重要，避免因钢筋弯曲导致加工出的螺纹出现偏斜、不完整等情况，影响连接质量。

2）套筒安装与拧紧工艺要点：套筒的安装要确保两根钢筋的螺纹都能顺利旋入，且旋入深度要符合规定，一般套筒两端的钢筋旋入长度大致相等，可通过在钢筋上做标记等方式进行控制。

4. 检查与验收

(1) 外观检查

1) 焊接接头外观：查看焊缝表面有无气孔、夹渣、咬边、焊瘤、未焊透等缺陷，焊缝的外观形状应饱满、平整，焊缝余高（焊缝超出钢筋表面的高度）要符合规定要求，一般焊缝余高在 0～3mm 之间（不同焊接工艺和钢筋规格略有不同），焊缝宽度也应在合理范围，且焊缝表面的鱼鳞纹要均匀、细密，若发现外观有明显缺陷的焊接接头，要分析原因并进行修补或返工处理，对于无法修复达到质量要求的接头，要重新进行焊接。

2) 机械连接接头外观：检查钢筋与套筒连接部位有无松动现象，套筒表面有无裂缝、变形等情况，钢筋的螺纹是否完全旋入套筒内，旋入深度是否符合规定，通过观察和简单的手动检查（如尝试轻微转动钢筋，若感觉很牢固则说明连接良好）来判断机械连接接头的外观质量，若发现有松动、螺纹未旋入到位等问题，要及时重新拧紧套筒或更换不合格的套筒、钢筋，确保连接牢固可靠。

(2) 力学性能检测

1) 焊接接头力学性能检测：按照规范要求，对焊接接头进行抽样送检，通过拉伸试验检测焊接接头的抗拉强度是否达到规定标准，一般焊接接头的抗拉强度应不低于被焊接钢筋的抗拉强度标准值，同时对于某些有特殊要求的结构（如抗震结构），还需检测接头的延性等性能指标。

2) 机械连接接头力学性能检测：同样对机械连接接头进行抽样，进行拉伸试验等力学性能检测，机械连接接头的抗拉强度应符合相应的行业标准要求，并且在试验过程中要观察接头的破坏形式，正常情况下应是钢筋母材拉断，而不是接头处滑脱或套筒破坏等情况，若力学性能不符合要求，要检查套筒质量、钢筋螺纹加工以及拧紧力矩等环节是否存在问题，针对问题进行整改，保证钢筋连接的力学性能满足结构安全需要。

2.2.4 钢筋配料

1. 材料及工具准备

(1) 资料准备

1) 设计图纸：包含建筑结构的平面图、剖面图、节点详图等，是钢筋配料的根本依据，图纸上详细标注了各个构件（如梁、柱、板等）的尺寸、钢筋的布置形式（包括钢筋的种类、规格、数量、位置等信息）以及结构的设计要求，通过仔细研读图纸，才能准确确定钢筋的配料情况。

2) 钢筋翻样表：这是在熟悉设计图纸基础上，由专业人员根据钢筋施工规范和实际施工工艺，对钢筋进行详细计算和排布后形成的表格，它更直观地列出了每根钢筋的编号、形状、长度、根数等信息，为钢筋配料提供了具体的操作指导，方便配料人员准确配料，有的施工单位会自行编制钢筋翻样表，有的则依据设计提供的相关资料进行整理细化得到。

(2) 工具准备

1) 计算器：用于进行钢筋配料过程中的各种数值计算，如根据构件尺寸、钢筋锚固长度、弯钩长度等参数计算钢筋的下料长度，由于涉及较多的长度数值相加、相乘以及考虑各种系数等运算，计算器能保证计算的准确性和效率，一般选用具有基本运算功能以及开方、百分比等常用功能的计算器即可。

2）绘图工具（如绘图板、丁字尺、铅笔等）：在对一些复杂的钢筋形状进行分析和确定下料尺寸时，可能需要通过绘图来辅助理解，将构件的截面、钢筋的布置以及弯折形状等画出来，更清晰地展现钢筋的实际情况，便于准确计算其长度和形状变化，绘图工具可以帮助绘制出较为准确、规范的示意图，辅助配料工作顺利进行。

2. 操作流程

钢筋配料流程为：熟悉图纸与规范→钢筋下料长度计算→编制钢筋配料单。

3. 施工工艺

（1）精确计算工艺要点：钢筋下料长度的计算是钢筋配料的核心环节，必须保证计算的准确性。在计算过程中，要严格按照设计图纸和施工规范要求，准确确定各项参数，如保护层厚度要根据构件类型（梁、柱、板等）和环境类别（一、二、三类环境等）选取正确的数值，锚固长度、弯钩长度等也要依据钢筋的种类、等级以及混凝土的强度等级等因素进行精确计算，对于一些特殊的结构构件（如悬挑梁、转换梁等），其钢筋的计算还要考虑特殊的受力和构造要求，通过仔细核对每一个计算步骤和参数，利用科学的计算方法，确保下料长度计算精准，避免因计算错误导致钢筋加工和安装出现问题，影响结构安全。

（2）配料单审核工艺要点：编制好的钢筋配料单要进行严格审核，审核内容包括钢筋的规格、数量是否与设计图纸一致，下料长度的计算是否准确无误，钢筋的形状描述是否符合实际施工要求等。审核人员要具备丰富的钢筋施工经验和专业知识，通过与设计图纸再次对照、对关键计算过程进行复查以及从整体结构受力角度审视配料单的合理性等方式，确保配料单的准确性和完整性，一旦发现问题，要及时进行修改和完善，保证配料单能正确指导后续的钢筋加工和绑扎工作。

4. 检查与验收

（1）配料单核对

将钢筋配料单与设计图纸仔细核对，查看钢筋种类、规格、数量及布置位置等是否相符，重点检查梁柱节点、板筋间距等易错处。若有不符，分析是计算还是理解图纸问题，及时修改配料单。同时，核对不同构件钢筋相互关系，确保配料单科学合理，为施工提供可靠依据。

（2）下料长度复核

选取代表性钢筋，按配料单下料长度计算过程重核，查参数取值与公式运用，如弯起钢筋计算。结合加工场地测量工具，测已加工钢筋实际长度（误差允许范围内），看与下料长度是否相符。若偏差大，找计算或加工问题并纠正，确保下料准确，保障结构安全。

2.2.5 钢筋绑扎

1. 材料及工具准备

（1）材料准备

1）钢筋：经加工、运输、配料等环节准备好的符合设计要求的各类钢筋，已按规格、形状等分类存放，在绑扎前要再次核对钢筋的品种、规格、数量以及对应的绑扎位置等信息，确保无误后运至绑扎作业现场，为绑扎施工做好准备。

2）绑扎丝：前面提到通常采用镀锌钢丝作为绑扎丝，根据钢筋的粗细选择合适规格，其用量要根据绑扎钢筋的数量、间距等大致估算充足，保证绑扎过程中不会因绑扎丝不够而中断施工，同时要确保绑扎丝的质量良好，具有一定的强度和柔韧性，能牢固地绑扎住钢筋，防止钢筋松动移位。

3）垫块：常见的有水泥砂浆垫块、塑料垫块等（图 2-30），用于梁、板、柱等构件中，放置在钢筋与模板之间，使钢筋与模板保持一定的距离，起到控制钢筋保护层厚度的作用。垫块的厚度要根据设计规定的保护层厚度选用，形状和尺寸要便于放置且能稳定支撑钢筋。

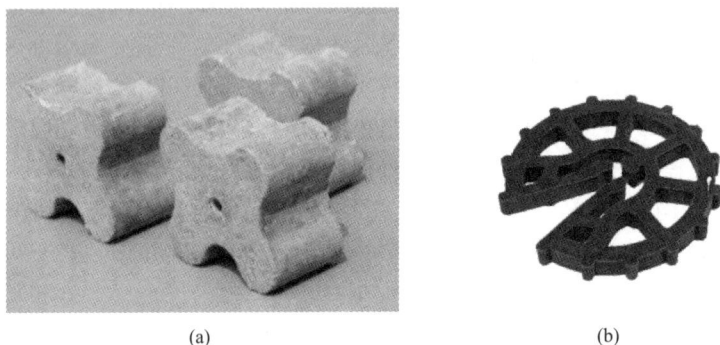

(a) (b)

图 2-30 垫块

（a）水泥砂浆垫块；（b）塑料垫块

4）马凳筋：主要应用于板类构件中，尤其是双层双向钢筋网的情况，用于撑起上层钢筋，保证上下层钢筋之间的间距符合设计要求，防止上层钢筋在混凝土浇筑过程中因自重等原因下沉，如图 2-31 所示。

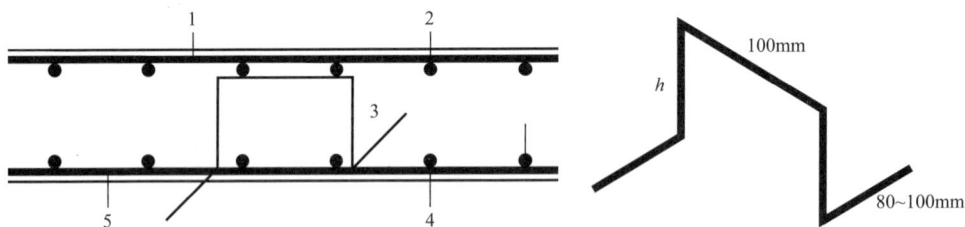

图 2-31 马凳筋

1—上层上排钢筋；2—上层下排钢筋；3—马凳；4—下层上排钢筋；5—下层下排钢筋；
h＝板厚－上、下层保护层厚度－上、下层钢筋直径；马凳制作直径 $\phi 8$

(2) 工具准备

1）钢筋钩子（又称扎钩）：是钢筋绑扎的主要工具，一般用钢筋或钢丝制作而成，其弯钩部分能方便地钩住绑扎丝，通过旋转、缠绕等操作将绑扎丝拧紧，把钢筋绑扎牢固。钢筋钩子的长度和弯钩大小要便于操作，不同工人可根据自己的使用习惯进行适当调整，以提高绑扎效率和质量（图 2-32）。

2）撬棍：在绑扎钢筋过程中，用于调整钢筋的位置，当钢筋摆放位置不准确或者相互之间有干扰时，可用撬棍撬动钢筋，使其移动到正确的位置上，撬棍通常采用钢质材料，一端为扁平状，便于插入钢筋间隙进行撬动操作，另一端可为手持的把柄，方便用力，使用时要注意避免损伤钢筋表面（图 2-33）。

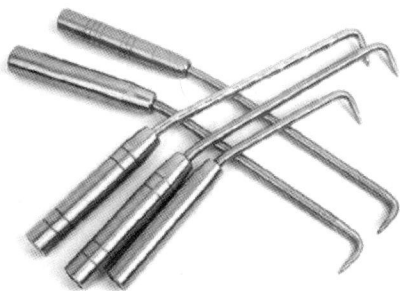

图 2-32　钢筋钩子（扎钩）　　　　　　　图 2-33　撬棍

3）扳手：如果在绑扎区域存在部分钢筋采用机械连接方式且需要进一步检查或拧紧的情况，准备合适的扳手，如活动扳手、力矩扳手（图 2-34）等，用于对连接部位进行紧固操作，确保机械连接的可靠性，扳手的规格要与所操作的连接件适配，保证能正常使用。

(a)　　　　　　　　　　　　　　　　　　(b)

图 2-34　扳手

（a）活动扳手；（b）力矩扳手

2. 操作流程

钢筋绑扎流程为：

（1）基础钢筋绑扎

放线定位→摆放底层钢筋→放置垫块与插筋→绑扎上层钢筋。

（2）柱钢筋绑扎

套箍筋→连接纵筋→绑扎箍筋。

（3）梁钢筋绑扎

摆放纵筋→套箍筋、绑扎。

（4）板钢筋绑扎

清理模板、弹线→摆放底层钢筋→放置马凳筋、上层钢筋。

3. 施工工艺

(1) 基础钢筋绑扎工艺要点

1) 钢筋交叉点绑扎：双向受力钢筋网，所有交叉点全绑牢，增强基础承载；单向受力钢筋，周边两行全绑，中间交错绑扎，保证整体稳定性，防止混凝土浇筑时钢筋移位。

2) 插筋固定与定位：柱、墙插筋锚固长度要准，通过与周边钢筋绑扎、设定位箍筋及基础周边定位筋等固定，浇筑时应专人看护，及时纠正移位。

(2) 柱钢筋绑扎工艺要点

1) 箍筋加密区控制：柱箍筋加密区关乎抗震与承载，按设计在柱根、梁柱节点等部位，严格控制加密区范围、箍筋间距与数量，加密区间距小于非加密区。

2) 纵筋连接与箍筋协同：柱纵筋连接时，注意连接位置与箍筋绑扎配合。

(3) 梁钢筋绑扎工艺要点

1) 主次梁钢筋交接：主次梁交接处，次梁纵筋置于主梁纵筋之上，主梁设附加箍筋或吊筋承受集中荷载，按设计要求设置其数量、间距、规格与形状，先绑附加箍筋或吊筋，再绑次梁纵筋与其他箍筋。

2) 梁端锚固要点：梁纵筋梁端锚固依梁类型、支座情况及混凝土、钢筋等级确定锚固方式与长度。直锚保证伸入长度，弯锚确保弯钩角度、长度与弯折位置合规，绑扎时仔细核对。

(4) 板钢筋绑扎工艺要点

1) 钢筋间距控制：板钢筋间距影响受力，用弹线与定位卡尺控制间距，误差不超过 $\pm 10mm$，摆放时按线与间距放置，绑扎中随时检查调整，保持均匀受力。

2) 马凳筋设置与支撑：马凳筋支撑上层钢筋，依板厚、钢筋间距与保护层确定高度，根据板的面积、钢筋重量设间距，采用稳定形状与规格，确保平稳、连接牢固，防止上层钢筋下沉。

4. 检查与验收

(1) 外观检查

1) 整体绑扎：看钢筋绑扎外观是否整齐，绑扎丝拧紧方向是否一致，有无外露过长、杂乱。外露多则整理或重绑，达施工要求。

2) 位置间距：查各构件钢筋位置，如柱纵筋垂直度、梁纵筋位置及板钢筋间距。用钢尺测量观察，不符合则分析原因（如操作或摆放失误）并调整，满足结构受力。

3) 保护层：通过看垫块、马凳筋等措施，检查钢筋与模板距离是否符合保护层厚度要求。偏差大处调整设置，控制偏差在 $\pm 5mm$ 以内，防止钢筋锈蚀或影响结构受力。

(2) 数量与规格检查

1) 根数核对：依设计图纸，查各构件钢筋实际根数，重点查易错部位，如柱箍筋、梁纵筋根数。若不符则找配料或绑扎问题，补充或纠正，满足承载与构造要求。

2) 规格核实：用卡尺测部分钢筋直径，查看规格是否与设计相符。如不符，则进行更换，以保障结构强度与安全。

(3) 力学性能及构造检查

1) 连接质量：查焊接、机械连接或绑扎搭接部位质量，如焊接外观缺陷、机械连接套筒拧紧度、绑扎搭接长度。抽样做力学性能检测（如拉伸试验），不合格则加固或重连。

2）构造要求：查各构件钢筋构造，如柱箍筋加密区、梁端纵筋锚固、板钢筋弯钩等是否符合设计规范。如不符，则进行整改，确保结构抗震、承载性能安全可靠。

2.3　乡村建设木工

2.3.1　测量放线

1. 材料及工具准备

（1）材料准备

墨汁：用于在测量后弹线做标记，要选择质量较好、不易褪色的墨汁，确保弹线的痕迹清晰持久，方便后续施工参照，一般可购买专用的木工弹线墨汁。

标记桩（木楔或钢筋棍等）：根据不同的放线场景选用合适的标记桩。在地面放线时，常用木楔打入地下作为标记，木楔长度一般为 30～50cm，一端削尖以便打入土中，另一端露出地面合适长度用于系线或做标记；对于需要更牢固的标记情况，如在混凝土基础上，可采用钢筋棍作为标记桩，其直径根据实际需求选择，长度露出地面部分方便识别和操作即可，标记桩用于固定放线的位置，防止移位。

（2）工具准备

工具主要包括经纬仪、水准仪、钢尺、线坠（又称铅锤）、墨斗等。

2. 操作流程

测量放线流程为：熟悉图纸与场地→设置基准点与控制线→标高传递与控制→分构件放线。

3. 施工工艺

（1）轴线控制工艺要点

在利用经纬仪放出建筑物主轴线时，要进行多次角度复测和距离丈量，以减少测量误差。一般对同一角度要正倒镜观测取平均值，对轴线间的距离采用往返丈量，其相对误差应控制在规定范围内（如 1/5000 以内），以确保轴线的准确性。同时，在轴线控制线弹好后，要定期对其进行复核检查，特别是在基础施工、每一层楼施工前等关键节点，防止因施工过程中的碰撞、沉降等因素导致轴线移位，影响整个建筑的定位准确性，若发现轴线有偏差，要及时分析原因并进行调整。

（2）标高传递工艺要点

标高传递过程中，水准仪的架设位置要选择稳固、通视良好的地方，每次读数前都要对水准仪进行精平操作，保证测量精度。每一层的标高引测至少要从两个不同的已知水准点进行引测，相互校核，避免因单个水准点出现误差而导致整层标高出现偏差。传递标高时，可采用钢尺配合水准仪的方式，钢尺要垂直悬挂，下端配重保证其拉直，并且要对钢尺进行温度、尺长等误差修正（根据实际测量环境和钢尺的实际规格），确保标高传递的准确性，标高标记要清晰、准确且不易被破坏，便于施工过程中随时参照和复核。

（3）弹线工艺要点

使用墨斗弹线时，墨斗线要绷紧，两人配合操作要协调一致，弹线动作要干脆利落，使弹出来的墨线清晰、笔直，无间断或模糊现象。对于较长的墨线，可分段弹线，确保每段墨线都能准确衔接，保证放线的连续性和准确性。在不同材质表面弹线时，要根据材质特性采取适当的辅助措施，如在粗糙的混凝土表面弹线，可先用扫帚清扫表面灰尘，使墨线能更好地附着；在木材表面弹线，要确保木材表面平整，避免因木材凹凸不平导致墨线出现偏差，影响放线效果。

4. 检查与验收

（1）轴线偏差检查

使用经纬仪或全站仪等测量仪器，对已放出的建筑物各轴线进行角度和距离的测量检查，将测量结果与施工图纸上标注的设计轴线尺寸进行对比，查看轴线的角度偏差是否在允许范围内（一般角度偏差不超过±10″），距离偏差是否符合规定（如相对误差不超过1/5000），对于超出允许偏差的轴线，要分析是测量操作失误还是受到外界因素干扰等原因导致，及时进行重新放线或调整纠正，确保建筑物的定位准确，各构件的位置关系符合设计要求。

（2）标高误差检查

运用水准仪对各楼层、各构件上标记的标高进行复测，将复测结果与设计标高进行对比，检查标高误差情况，一般楼层标高的允许偏差在±10mm以内，基础顶面标高允许偏差在±15mm以内等（不同类型建筑、不同构件有相应的规范要求），若标高误差超出允许范围，要查找标高传递过程中哪个环节出现问题（如水准仪读数不准确、钢尺误差未修正等），采取相应的措施进行调整，保证整个建筑的竖向高度符合设计意图，避免影响后续装修、排水等相关工序的施工。

（3）弹线清晰度与准确性检查

通过肉眼观察弹线的清晰度，墨线应清晰可见、粗细均匀，无模糊、间断或双线等异常情况，确保施工人员能准确依据弹线进行后续施工操作。同时，检查弹线标记的准确性，对照施工图纸查看各构件的位置、尺寸等标记信息是否与图纸一致，如墙体的边线、门窗洞口的位置线等是否准确无误，对于弹线不准确的地方，要重新弹线修正，保障放线工作的质量，为整个建筑施工提供精确的定位依据。

2.3.2 脚手架搭设

1. 脚手架的构造要求

（1）钢管脚手架

钢管脚手架主要由立杆、横杆、斜杆（剪刀撑）、脚手板、连墙件以及底座、扫地杆等部件构成，形成一个稳定的空间结构体系，为施工人员提供操作平台以及起到支撑和防护作用。钢管脚手架构造组成如图2-35所示。

1）立杆：立杆是钢管脚手架的主要竖向受力杆件，承受着脚手架自重、脚手板及施工人员、材料等传来的竖向荷载，并将这些荷载传递到地面基础上。立杆的间距要根据脚手架的用途、搭设高度、荷载大小等因素合理确定，一般在建筑施工用的落地式钢管脚手架中，立杆纵向间距（沿建筑物长度方向）多在1.2~1.8m之间，横向间距（沿建筑物宽度方向）在0.9~1.5m之间。

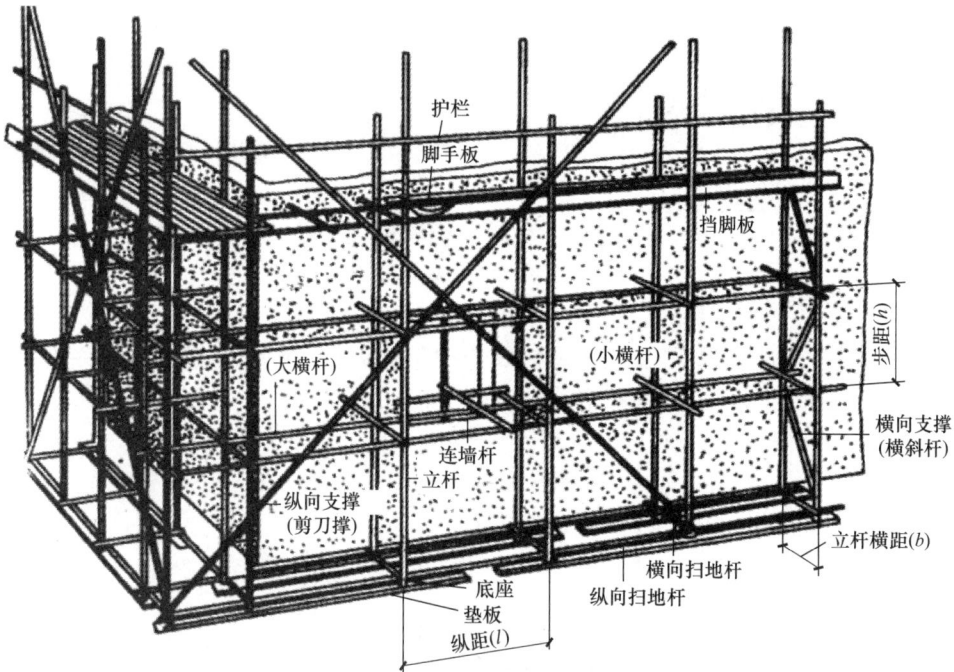

图 2-35　钢管脚手架构造组成

2）横杆：横杆又分为纵向横杆（大横杆）和横向横杆（小横杆）。纵向横杆平行于建筑物墙面，连接立杆，将立杆连接成整体，增强脚手架的纵向稳定性，其步距（相邻两层纵向横杆之间的垂直距离）通常在 1.2～1.8m 之间。

3）斜杆（剪刀撑）：斜杆（剪刀撑）是保证钢管脚手架侧向稳定性的重要部件，它通过与立杆、横杆形成三角形稳定结构，抵抗风荷载、施工过程中的水平推力等侧向力，防止脚手架倾斜、倾覆等。

4）脚手板：脚手板是施工人员站立和操作的平台，铺设在横向横杆上，其材质有多种，常见的有木脚手板、钢脚手板、竹脚手板等。木脚手板一般采用厚度不小于 50mm 的杉木或松木制作，宽度在 200～300mm 之间，长度可按需定制，要求材质良好，无腐朽、裂缝等缺陷。

脚手板应铺满、铺稳，板端探出水平架或脚手板托架的长度不宜超过 150mm，相邻脚手板之间要做好拼接和固定工作，防止出现松动、滑动等，确保施工人员在上面操作时的安全。相邻脚手板连接处可采用对接、搭接形式，其构造如图 2-36 所示。

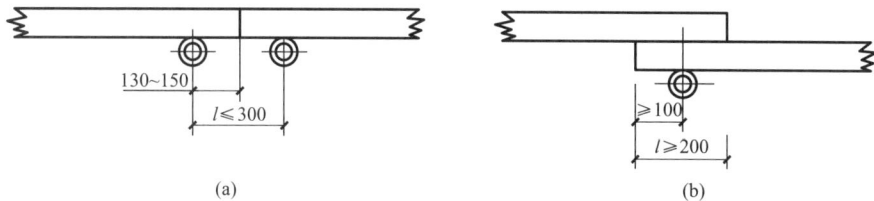

图 2-36　脚手板对接、搭接构造

（a）脚手板对接；（b）脚手板搭接

5）连墙件：连墙件是将钢管脚手架与建筑物主体结构可靠连接的部件，起着传递脚

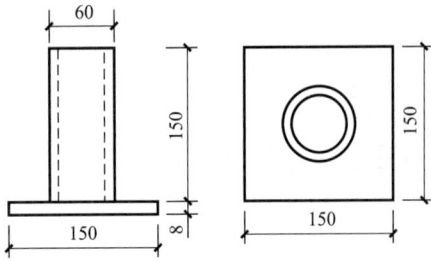

图 2-37 脚手架底座（mm）

手架水平力到建筑物结构上、限制脚手架侧向变形的关键作用，是保证脚手架整体稳定性的重要保障。

6）底座：底座（图 2-37）通常放置在立杆底部，底座的作用是增大立杆与地面的接触面积，减小立杆对地面的应力，防止立杆在受力时陷入地面，保证脚手架的竖向稳定性。

7）扫地杆：扫地杆（图 2-38）分为纵向扫地杆和横向扫地杆，贴近地面设置，纵向扫地杆固定在立杆内侧，距地面高度一般不大于 200mm，横向扫地杆在纵向扫地杆下方，固定在立杆上。

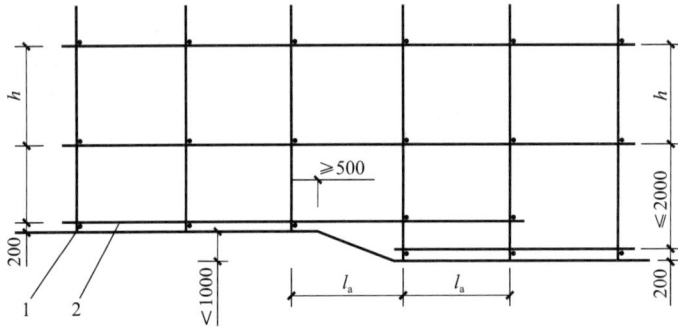

图 2-38 纵、横向扫地杆构造
1—横向扫地杆；2—纵向扫地杆

（2）盘扣式脚手架

盘扣式脚手架是一种具有自锁功能的直插式新型钢管脚手架，主要构件为立杆和横杆，盘扣节点结构合理，立杆轴向传力，使脚手架整体在三维空间结构强度高、整体稳定性好，并具有可靠的自锁功能，能有效提高脚手架的整体稳定强度和安全度，能更好地满足施工安全的需要。盘扣式脚手架如图 2-39 所示，盘扣节点如图 2-40 所示。

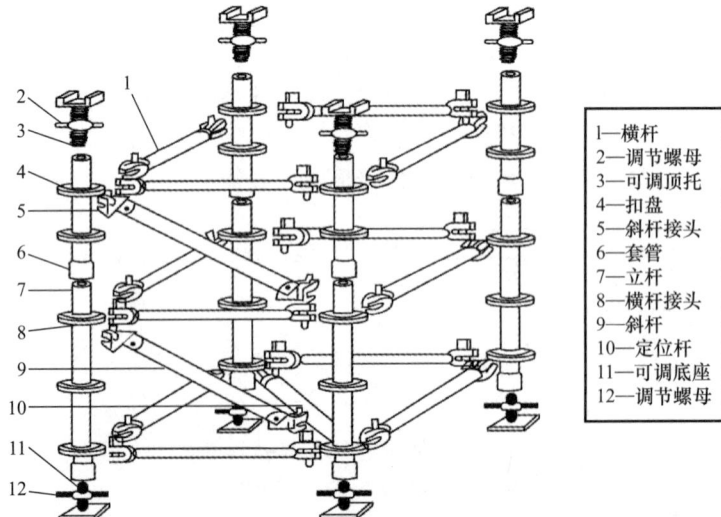

1—横杆
2—调节螺母
3—可调顶托
4—扣盘
5—斜杆接头
6—套管
7—立杆
8—横杆接头
9—斜杆
10—定位杆
11—可调底座
12—调节螺母

图 2-39 盘扣式脚手架

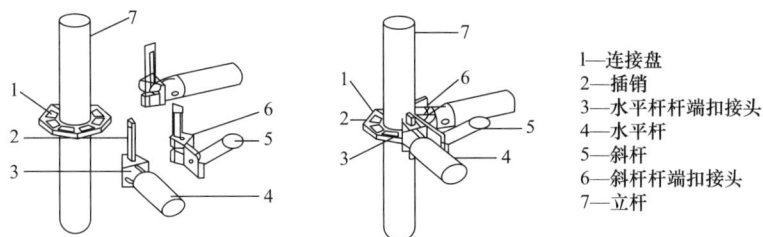

1—连接盘
2—插销
3—水平杆杆端扣接头
4—水平杆
5—斜杆
6—斜杆杆端扣接头
7—立杆

图 2-40 盘扣节点

(3) 门式脚手架

门式脚手架（图 2-41）主要由门架、交叉斜撑、水平架、脚手板、可调底座、可调托座以及连墙件等部件构成，整体形成一个结构稳定、搭建方便的脚手架体系，常用于建筑内外装修、结构施工等多种场合，能够快速搭建出满足施工操作和防护需求的工作平台。

1）门架

门架是门式脚手架的基本单元，一般由两根立杆和一根横杆（水平杆）焊接而成，形似门框，其立杆通常采用外径为 42mm 或 48mm 的钢管制作，壁厚在 2.5～3.5mm 之间，横杆的管径与立杆相适配，整体结构要保证具有足够的强度和刚度，以承载后续施

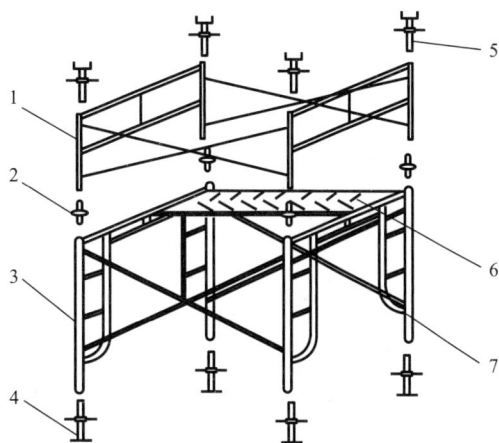

图 2-41 门式脚手架

1—门架（上架）；2—连接销；3—门架（下架）；4—可调底座；5—可调托座；6—脚手板；7—交叉斜撑

工过程中的各类荷载。门架的高度有多种规格，常见的有 1.7m、1.9m 等，宽度一般在 0.9～1.2m 之间。

2）交叉斜撑

交叉斜撑是增强门式脚手架整体稳定性的重要部件，它由两根长度可调节的斜杆通过中间的连接件交叉组成，斜杆一般同样采用钢管制作，与门架立杆通过专用的锁销或卡扣进行连接。

3）水平架

水平架用于连接相邻的门架，提高脚手架的整体刚度和稳定性，同时也为脚手板的铺设提供支撑。一般在每步门架高度（即相邻两层门架之间的垂直距离，常见为 1.8m 左右）位置设置一道水平架。

4）脚手板

脚手板是施工人员站立和操作的平台，安装在横向横杆上，要求安装稳固。

5）可调底座和可调托座

可调底座放置在门架立杆的底部，其作用是适应不同的地面平整度情况，通过调节底座的高度，使门架能够保持垂直且均匀地传递竖向荷载到地面上，避免因地面不平导致门架受力不均匀。

可调托座安装在门架立杆的顶部，常用于支撑模板、调节模板的高度以及传递上部结构传来的荷载等。

6）连墙件

连墙件是将门式脚手架与建筑物主体结构可靠连接的关键部件，它能有效地将脚手架所受的水平力传递到建筑物上，限制脚手架的侧向变形，保障整个脚手架结构的稳定性。

2. 材料及工具准备

（1）材料准备

钢管：一般选用外径为 48mm，壁厚 3.0～3.6mm 的焊接钢管，钢管应具有质量合格证明文件，其材质、规格要符合国家标准要求，表面应平直光滑，无裂缝、结疤、分层、错位、硬弯等缺陷，钢管的长度根据脚手架的搭设需求有多种规格，常见的有 1.5m、3m、6m 等。

扣件：主要包括直角扣件（用于连接两根垂直相交的钢管）、旋转扣件（用于连接两根任意角度相交的钢管）和对接扣件（用于两根钢管的对接连接）（图 2-42），扣件应采用可锻铸铁或铸钢制作，质量要合格，不得有裂纹、气孔、砂眼等影响使用性能的缺陷。

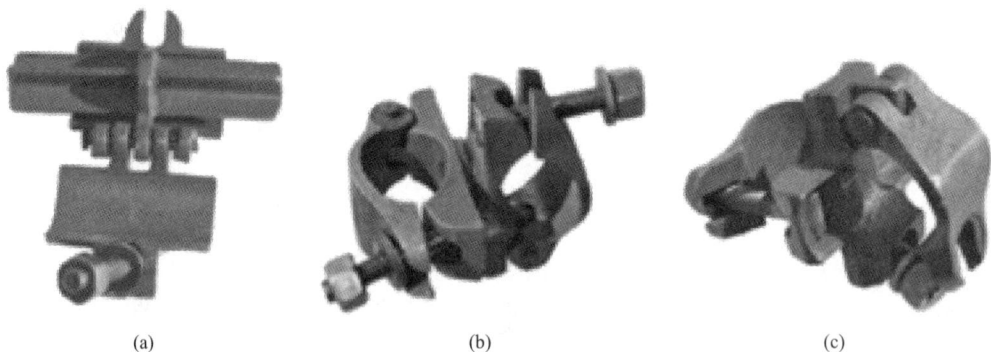

| (a) | (b) | (c) |

图 2-42　扣件

（a）对接扣件；（b）旋转扣件；（c）直角扣件

脚手板：常用的脚手板有竹脚手板、木脚手板和钢脚手板等类型，如图 2-43 所示。

| (a) | (b) | (c) |

图 2-43　脚手板

（a）竹脚手板；（b）木脚手板；（c）钢脚手板

安全网：分为立网和平网（图 2-44），立网用于脚手架的外立面，防止人员和物体从脚手架侧面掉落，平网则一般设置在脚手架底部等部位，起到缓冲和防护作用，避免人员从高处坠落造成严重伤害。安全网应具有阻燃性，强度符合标准规定，其网目尺寸、边绳、系绳等规格要满足相关安全规范要求，购买时要选择有质量认证的产品，确保防护效果可靠。

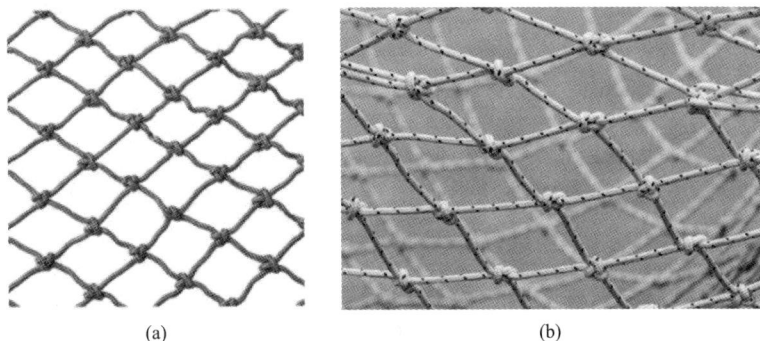

图 2-44　安全网
(a) 立网；(b) 平网

(2) 工具准备

扳手：一般用扣件扳手将直角扣件、旋转扣件拧紧力矩控制在 40～65N·m 之间，对接扣件拧紧力矩控制在 25～40N·m 之间。

钢卷尺：用于测量钢管的长度、脚手架各杆件之间的间距以及搭设的尺寸等，确保脚手架的搭设符合设计和安全规范要求，钢卷尺的精度一般能达到 0.5mm 或 1mm，在使用过程中要定期校准，保证测量数据的准确性。

锤子：在安装脚手板、固定安全网等环节可能会用到锤子，用于敲击铁钉等固定连接件，使脚手板与脚手架横杆固定牢固，安全网与脚手架杆件绑扎紧密，锤子的重量和手柄长度要便于操作，一般选用 0.5～1kg 的羊角锤等类型即可。

3. 操作流程

脚手架搭设操作流程为：基础处理→立杆定位与搭设→横杆与斜杆搭设→脚手板与安全网铺设→连墙件。

4. 施工工艺

(1) 立杆搭设工艺要点

1) 垂直度控制

立杆搭设时，随时用线坠或经纬仪检查垂直度，每搭一段进行复核，偏差超过范围允许值，可调节垫板位置或拉绳校正。较高脚手架分层分段控制，多人配合，确保立杆垂直，避免因倾斜致杆件受力不均，增加安全风险。

2) 接头处理

立杆接头按规范连接，对接扣件连接时，端口应平整无变形，扣件拧紧力矩符合标准，接头错开布置。先初步拧紧扣件，立杆就位且垂直度调好后，再最终拧紧，多层或高层搭设时，良好接头处理可防止发生安全事故。

(2) 横杆与斜杆搭设工艺要点

横杆连接牢固性：大横杆与立杆、小横杆用直角扣件紧密连接，横杆无松动晃动。安装时观察受力、用手摇晃检查，不牢固处及时处理。大横杆步距误差控制在 ±20mm 以内，以提供平稳作业平台。

斜杆设置合理性：斜杆（剪刀撑、抛撑等）按脚手架情况设角度、位置和间距。剪刀撑连续均匀分布，交叉点用旋转扣件固定，增强抗侧移；抛撑随搭设进度及时设置，角度符合规范要求，连接可靠，起临时支撑。脚手架变化时，适时优化斜杆设置，提升稳定性。

（3）脚手板与安全网铺设工艺要点

1）脚手板铺设平整与固定

脚手板铺设平整，相邻缝隙不超过 30mm。竹、木脚手板用铁钉固定，长度、钉入深度适中且分散布置；钢脚手板连接件安装到位，确保与小横杆紧密连接，提供安全操作面。

2）安全网安装严密性

安全网（立网、平网）与脚手架杆件绑扎紧密，无漏洞破损，全面覆盖。立网高于作业面 1.2m 以上，平网张挂松弛适度。定期检查，及时更换破损、老化的安全网，确保防护性能。

（4）与建筑物拉结工艺要点

1）连墙件设置准确性

连墙件靠近主节点设置，误差不超过 300mm。结合建筑结构选固定部位，如混凝土梁、柱、墙，固定方式可靠，预埋钢管深度和位置准确，膨胀螺栓规格和安装质量达标，防止脚手架外倾。

2）拉结间距控制

连墙件竖向和水平间距按设计规范执行，不得随意改变。搭设时准确测量控制，随施工进度调整补充，保证脚手架与建筑物稳固连接。

5. 检查与验收

（1）材料质量检查

钢管：查外观有无裂缝、变形、锈蚀，测外径、壁厚，偏差符合要求（外径±0.5mm，壁厚±0.36mm），核对质量证明文件，材质不符合标准的清理出场。

扣件：看外观有无裂纹等缺陷，检查活动部位转动灵活度，抽样用扭力扳手测拧紧力矩（直角、旋转扣件 40～65N·m，对接扣件 25～40N·m），不合格或力矩不达标的更换或重拧。

脚手板与安全网：查脚手板材质，如竹、木脚手板的厚度、腐朽情况，钢脚手板的强度、防滑措施；看安全网规格、材质，网目尺寸合规（立网不超过 100mm×100mm，平网不超 50mm×50mm），查阻燃性、强度等，有破损、老化的更换或修复。

（2）搭设尺寸与构造检查

立杆、横杆间距：用钢卷尺测立杆横纵距、横杆步距，与设计对比，偏差控制在允许范围（立杆横纵距±50mm，横杆步距±20mm）内，查排列与接头位置，不符合要求的调整。

斜杆与连墙件：看剪刀撑等斜杆设置角度、间距及连接，查连墙件数量、位置及连接方式，未按规定设置的补充完善。

（3）整体稳定性检查

观察检查：搭设完成后，人工施加水平推力，观察晃动情况，明显晃动说明稳定性有问题，检查薄弱环节并加固，确保抗侧移能力。

荷载试验（如有条件）：重要或大型脚手架工程，按设计荷载比例（如 80％、100％）加载，观察变形量（竖向变形一般不超过高度 1/500 等），卸载后应恢复原状，异常则重新评估整改。

2.3.3　模板安装拆卸

1. 建筑模板的构造与要求
(1) 模板的作用及要求
1）作用

建筑模板是混凝土浇筑成型的模具，能够为混凝土提供准确的形状、尺寸以及外观要求。在浇筑混凝土时，模板可以有效约束混凝土的流动，使其按照设计的结构形式（如梁、柱、板、墙等）进行凝固成型，确保最终的混凝土构件达到预期的几何形状和尺寸精度。同时，模板还能在一定程度上承受混凝土自重以及施工过程中产生的各种荷载（如振捣荷载、施工人员及设备的临时荷载等）。

2）要求

① 足够的强度和刚度：要能够承受混凝土浇筑时产生的侧向压力、自重以及施工荷载等作用，而不会发生过大的变形或破坏，确保混凝土构件的尺寸准确。

② 良好的稳定性：在整个施工周期内，包括安装、混凝土浇筑以及拆除前的时间段，模板体系要保持稳定，避免出现倾覆、移位等情况。

③ 表面平整光洁：这有助于使成型后的混凝土表面光滑，减少麻面、蜂窝等外观缺陷，满足建筑结构表面质量的要求。

④ 易于加工和安装拆卸：施工人员能够方便地根据不同的结构形状和尺寸对模板进行切割、拼接等加工操作，并且安装和拆卸过程要相对简便，以提高施工效率，降低施工成本。

⑤ 周转使用性能好：对于多次重复使用的模板，要具有较好的耐久性，在多次使用后仍能保持其原有的强度、刚度和表面质量等性能，以实现经济性要求。

(2) 模板系统的组成

建筑模板系统一般由模板面板、支撑结构和连接件三大部分组成。

① 模板面板：是直接与混凝土接触的部分，决定了混凝土表面的成型效果，其材质多样，常见的有木模板、钢模板、塑料模板等。

② 支撑结构：主要用于承受模板传来的各种荷载，并将荷载传递到地面或已有的可靠结构上，确保模板在施工过程中保持稳定。支撑结构包括各种立杆、横杆、斜撑等杆件以及底座、顶托等配件。

③ 连接件：用于将模板面板与支撑结构连接在一起，或者将不同的模板面板拼接成所需的形状，保证模板系统的整体性。常见的连接件有对拉螺栓、卡扣、销钉、钢楞等。

(3) 钢模板的组成、特点

1）组成：钢模板通常由面板、边框、横竖肋以及连接件等部分组成。面板一般采用薄钢板制作，厚度常见的有 2.3mm、2.5mm、2.75mm 等，钢板材质具有较高的强度和硬度，能承受较大的荷载，保证模板的稳定性。组合钢模板如图 2-45 所示。

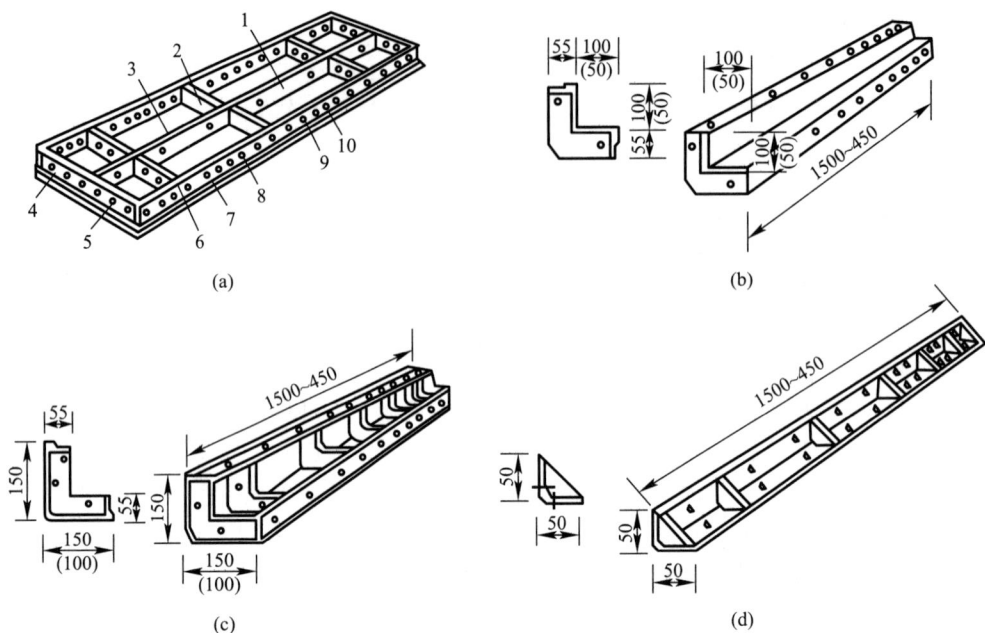

图 2-45　组合钢模板

（a）平面模板；（b）阳角模板；（c）阴角模板；（d）阴角模板

1—中纵肋；2—中横肋；3—面板；4—横肋；5—插销孔；6—纵肋；7—凸棱；8—凸鼓；9—U形卡孔；10—钉子孔

2）特点

① 优点：强度高、刚度大，周转次数多，表面质量好。

② 缺点：重量较大，加工难度较大，易生锈。

2. 材料及工具准备

（1）材料准备

模板：常见的模板有木模板、胶合板模板和钢模板等类型。

木模板一般采用质地优良、不易变形的木材（如杉木、松木等）制作，厚度根据使用部位和承载要求确定，通常在 15~25mm 之间，其优点是加工方便、成本较低，适用于一些形状不规则的构件；胶合板模板是多层胶合板，层数一般为 3~11 层，表面经过处理，具有较好的平整度和耐磨性，厚度多为 12~18mm，广泛应用于各类建筑构件的模板工程；钢模板则由钢板轧制而成，强度高、周转次数多，适用于大型、标准化的混凝土结构施工，其规格多样，有平面模板、阴阳角模板等不同形状，可根据具体施工需求选用。

木方：主要用于支撑和加固模板，通常选用规格为 40mm×60mm、50mm×80mm 等的方木，其材质要求质地坚硬、纹理直，含水率一般控制在 12%~18% 之间，木方要经过干燥处理，避免因含水率过高在使用过程中发生变形，影响模板的平整度和稳定性。

对拉螺栓：在模板安装中，对于有较大侧压力的混凝土构件（如墙体、柱子等），需要使用对拉螺栓来固定模板，防止其在混凝土浇筑过程中出现胀模现象。

隔离剂：为了便于混凝土浇筑后模板能顺利拆除，且保证混凝土表面的质量，需要在模板表面涂刷隔离剂。隔离剂应具有良好的隔离性能，能使混凝土与模板之间形成一层隔离膜，在涂刷时要均匀、无遗漏，覆盖整个模板内表面，且不能影响混凝土的强度和表面观感。

(2) 工具准备

电锯：用于对木模板、木方等木材进行切割加工，根据需要调整锯片的切割深度和角度，将木材加工成合适的长度、形状，满足模板安装的尺寸要求，电锯操作时要注意安全，佩戴护目镜等个人防护用品，防止木屑飞溅伤人。

电钻：在安装对拉螺栓、固定木方等操作时需要使用电钻钻孔，电钻的钻头要根据不同的材料（如木材、钢材等）和孔径要求选择合适的型号，操作时要确保钻孔位置准确、孔壁光滑，电钻的转速和扭矩要根据实际钻孔难度合理调节，使用后要及时清理电钻，防止灰尘、杂物影响其性能。

锤子、钉子：锤子用于敲击钉子，将木方固定在模板上或者将模板拼接固定等操作，钉子的规格根据木材的厚度和固定要求选择，一般常用的有 2～4 寸的铁钉，钉子要钉入牢固，避免出现松动现象。

扳手：在拧紧对拉螺栓的螺母等操作时使用扳手，扳手的规格要与螺母的尺寸相匹配，确保能将螺母拧紧到合适的程度，使对拉螺栓发挥固定模板的作用，对于一些需要较大力矩拧紧的情况，可选用力矩扳手，按照规定的力矩要求进行操作，防止因力矩过大或过小导致对拉螺栓失效，影响模板的稳定性。

靠尺、塞尺：靠尺用于检查模板安装后的平整度，一般选用 2m 靠尺，将靠尺紧贴模板表面，查看模板与靠尺之间的缝隙情况，塞尺则用于测量缝隙的大小，通过靠尺和塞尺的配合使用，判断模板的平整度是否符合要求，对于不符合要求的部位要及时进行调整，保证混凝土浇筑后表面平整，满足外观质量标准。

3. 操作流程

(1) 模板加工

根据施工图纸，确定各构件（如柱子、墙体、梁、板等）模板的尺寸和形状要求，对木模板、胶合板模板等进行切割、拼接等加工操作。对于尺寸较大的模板，可采用多块小板拼接的方式，拼接时要保证板缝严密，使用木工胶或钉子等进行固定，使拼接后的模板表面平整，无明显高低差。

(2) 柱模板安装

弹线定位→安装模板。柱模板安装构造如图 2-46 所示。

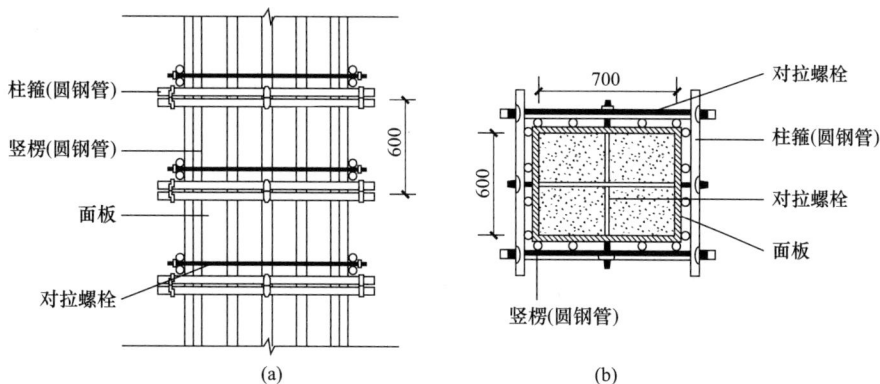

图 2-46　柱模板
(a) 立面图；(b) 剖面图

（3）墙模板安装

基层处理与放线→模板组装与固定。墙模板安装如图 2-47 所示。

（4）梁模板安装

梁底模板安装：在梁的支撑体系（如满堂脚手架等）上，根据施工图纸确定梁的位置，先在梁的两端和跨中位置用水平仪抄平，钉上水平木方，作为梁底模板的标高控制线，然后将梁底模板铺设在木方上，梁底模板的宽度要略大于梁的设计宽度，便于后续侧模板的安装，模板铺设要平整，其两端要与柱、墙等支座处的模板严密对接，若梁有起拱要求（一般跨度大于 4m 的梁要按跨度的 0.1%～0.3%起拱），要按照规定的起拱高度起拱。梁模板安装如图 2-48 所示。

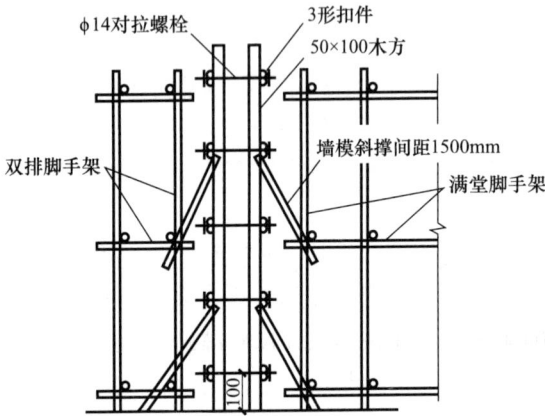

图 2-47 墙模板

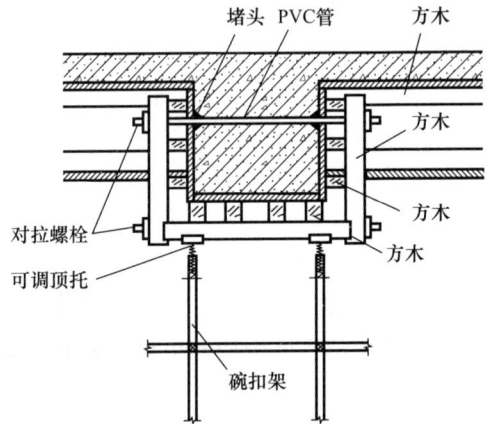

图 2-48 梁模板

（5）板模板安装

支撑体系搭设：首先根据板的跨度、厚度以及荷载等情况搭设满堂脚手架作为板模板的支撑体系，满堂脚手架立杆的间距、横杆的步距等要按照设计和规范要求合理设置，一般立杆横距在 0.9～1.5m 之间，纵距在 1.2～2.0m 之间，横杆步距为 1.5～1.8m 左右，并且要设置扫地杆（距离地面不超过 200mm）和剪刀撑（增强整体稳定性），使支撑体系具备足够的承载能力和稳定性，能够承受板模板及混凝土自重、施工荷载等。

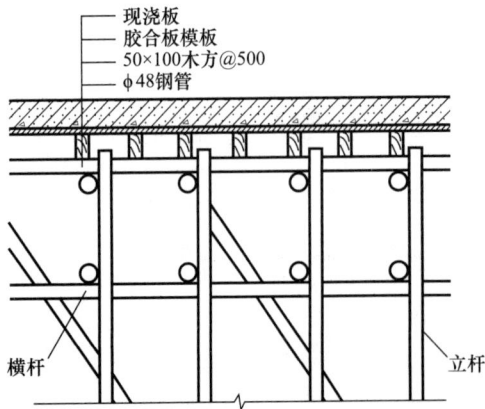

图 2-49 板模板

模板铺设：在支撑体系搭设完成并验收合格后，开始铺设板模板。将胶合板模板或木模板按照满堂脚手架的横杆布置方向逐块铺设，模板之间的拼接要严密，可采用胶带纸等进行粘贴密封，防止混凝土浇筑时漏浆，在模板下方用木方作为次楞（间距一般为 20～30cm），垂直于模板铺设方向布置，再在次楞下方用钢管作为主楞（间距根据计算确定，一般为 60～120cm），通过扣件与满堂脚手架的立杆连接牢固，使板模板通过木方和钢管的支撑形成稳定的结构，在铺设过程中，要注意控制板模板的标高。板模板如图 2-49 所示。

（6）模板拆除

模板拆除时，可采取先支的后拆、后支的先拆，先拆非承重模板、后拆承重模板的顺序，并应从上而下进行拆除。当混凝土强度达到设计要求时，方可拆除底模及支架；当设计无具体要求时，同条件养护试件的混凝土抗压强度应符合表 2-1 的规定。对于非承重模板，当混凝土强度能保证其表面及棱角不受损伤时，方可拆除侧模。

底模拆除时的混凝土强度要求

表 2-1

构件类型	构件跨度（m）	按达到设计混凝土强度等级值的百分率计（%）
板	≤2	≥50
	>2，≤8	≥75
	>8	≥100
梁、拱、壳	≤8	≥75
	>8	≥100
悬臂结构		≥100

4. 施工工艺

（1）模板加工工艺要点

切割精度：电锯切割模板、木方，靠精确测量与操作技巧保证尺寸准确。

拼接质量：用钉子、木工胶等拼接模板，确保拼接处严密无缝。

（2）柱模板安装工艺要点

垂直度控制：柱模板安装用线坠等工具，每层木方和对拉螺栓安装后复核垂直度。高柱分段安装校正，每 1～2m 调整，柱顶底部固定，使垂直度偏差控制在允许范围（不超层高 1/1000 且最大为 10mm）。

对拉螺栓布置：依柱截面尺寸、浇筑高度与速度布置，大截面、高浇筑的柱间距缩小，位置对称，确保模板稳定，防胀模。

（3）墙模板安装工艺要点

洞口模板处理：门窗洞口模板按设计制作，尺寸误差小（边长偏差 ±5mm 以内），形状规则。安装牢固，四周加固，缝隙用海绵条密封，防移位、变形与漏浆。

平整度与垂直度控制：墙模安装兼顾二者，靠尺、线坠检查调整。一侧模板固定竖楞后检查，安装对拉螺栓与另一侧模板时复核微调，使平整度偏差不超 4mm（2m 靠尺检查），垂直度偏差不超层高 1/1000 且最大为 10mm。

（4）梁模板安装工艺要点

起拱工艺：大跨度梁按规定起拱，铺设梁底模板时依跨度算起拱高度（如 6m 跨度梁，按 1‰～3‰起拱，高度 6～18mm），调节木方高度，起拱平缓均匀，避免折痕与起拱异常。

梁侧模板加固：依梁高、混凝土侧压力选择加固方式。梁高小用斜撑或步步紧，斜撑角度 40°～60°，步步紧间距 40～60cm；梁高大用对拉螺栓，严格把控设置参数，防胀模、变形。

（5）板模板安装工艺要点

支撑体系稳定：满堂脚手架支撑板模，按设计规范搭设，杆件连接牢固（扣件拧紧力矩合规），剪刀撑夹角 40°～60°，依板荷载选立杆间距、横杆步距，保证支撑稳定。

模板平整度：铺设前抄平脚手架，模板拼接严密，缝隙处理好。过程中用水准仪检查，调整木方高度，使平整度偏差不超 5mm（2m 靠尺检查）。

（6）模板拆除工艺要点

强度判断：按规定检测方法与强度标准、规范同条件试块制作、养护、送检，结合现场检测及养护条件、龄期判断，防过早或过晚拆模。

拆除规范：按拆除顺序操作，轻拿轻放。柱、墙模板先拆加固件；梁、板模板对称拆除。拆除后清理模板、木方，分类存放。

5. 检查与验收

（1）模板加工质量检查

尺寸精度：用钢尺测模板、木方尺寸，木模板厚度偏差控制在±1mm 以内，木方边长偏差控制在±2mm 以内，不符合要求则分析原因，调整或更换。

拼接质量：查模板拼接缝，肉眼观察、塞尺测缝宽，防漏浆；轻撬检查连接牢固度，拼接不佳重新处理或密封，不牢固处加强固定。

（2）模板安装质量检查

位置与尺寸：对照图纸，用钢尺、经纬仪、水准仪查模板位置与尺寸，如柱墙中心线、边线，梁板标高、跨度，偏差不符合要求应及时调整。

平整度与垂直度：靠尺、线坠检查，柱墙垂直度偏差不超层高 1/1000 且最大 10mm，2m 靠尺查平整度，柱墙偏差不超 4mm，梁板不超 5mm，不符合要求则分析原因，采取调整措施。

（3）模板拆除情况检查

拆除时间：查拆除是否按时间与强度要求，看强度检测记录，未达条件拆除严肃处理，评估影响，加固修补，督促遵守制度。

构件外观：查拆除后构件，看有无裂缝、缺棱掉角等，分析原因，依缺陷程度修补，如轻微缺棱掉角用水泥砂浆，对于较严重的裂缝要分析原因并制定专门的处理方案。

2.3.4　木构件制作安装

1. 材料及工具准备

（1）材料准备

木材：根据木构件的用途和设计要求选用合适的木材种类，常见的有杉木、松木、樟木等。杉木材质轻软，纹理直，易于加工，适用于一些对强度要求不是特别高的装饰性木构件或轻型结构构件；松木材质较硬，强度相对较高，纹理美观，常用于制作梁、柱等主要受力结构的木构件；樟木具有特殊的气味，能防虫蛀，常用于一些室内的装饰构件或对耐久性要求较高的部位。木材的质量要符合相应标准，含水率一般控制在12%～18%，避免因含水率过高导致木材在使用过程中出现干缩湿胀、变形、开裂等问题，采购时要选择正规渠道，查看木材的检验合格证明文件，确保木材品质良好。

连接件：常用的连接件包括铁钉、木螺钉、螺栓、合页、榫头榫眼等，如图 2-50 所示。铁钉用于简单的木材连接固定，其规格根据木材的厚度和连接强度要求选择，一般有2～4寸等不同长度；木螺钉相比铁钉，连接更牢固，不易松动，常用于需要较高连接强度的部位，如家具制作、木框架固定等；螺栓适用于连接较大尺寸或承受较大荷载的木构件，有不同的直径和长度规格可供选择；合页主要用于门窗等可活动的木构件连接，使其能实现开合功能，合页的材质、尺寸和承重能力要与所连接的木构件相匹配；榫头榫眼则是传统的木工连接方式，通过精确的榫卯配合，使木构件之间连接紧密、稳固，且具有较好的美观性，制作榫头榫眼需要较高的木工技艺，保证其尺寸精度和契合度，以发挥良好的连接作用，同时也要考虑不同木构件在使用过程中的受力情况来合理选用相应的连接件，确保连接可靠安全。

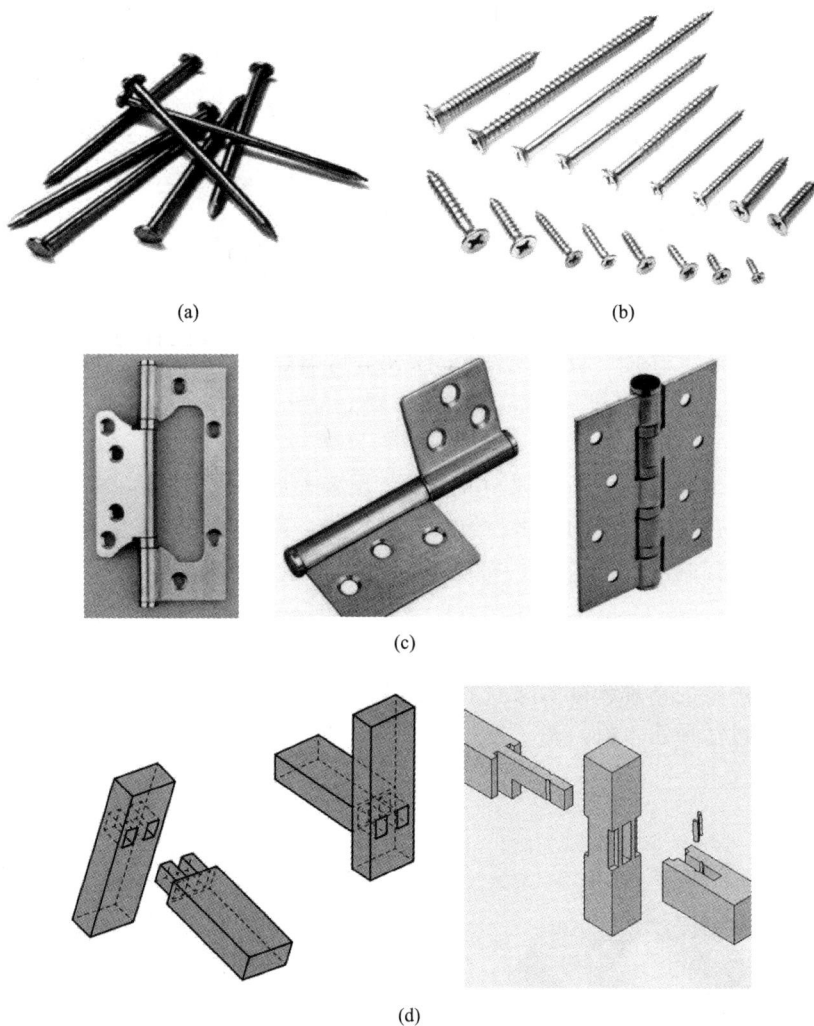

图 2-50　木构件连接件
（a）铁钉；（b）木螺钉；（c）合页；（d）榫头榫眼

防腐、防虫材料：考虑到木材长期使用可能会受到虫蛀、腐朽等问题影响，需要准备相应的防腐、防虫材料。

辅助材料：如胶水，在一些木构件的拼接、粘贴装饰面板等操作中会用到。要选择质量好、粘结强度高、环保的木工胶水，像白乳胶等，其能使木材之间的结合更紧密，在使用时要按照说明书要求均匀涂抹，控制好涂抹量，保证粘结效果。砂纸用于打磨木材表面，使其光滑平整，不同目数的砂纸（如 80 目、120 目、240 目等）可根据打磨阶段和想要达到的表面粗糙度来选择，先用低目数砂纸粗磨去除木材表面的毛刺、瑕疵等，再用高目数砂纸细磨，提升表面光滑度，为后续的涂装或直接使用做好准备。

（2）工具准备

锯子：种类多样，包括手锯、电锯等（图 2-51）。手锯操作灵活，适合小尺寸木材的精细切割或在一些没有电源的场合使用，如燕尾锯可用于切割榫头榫尾等精细操作，其锯片较窄、锯齿细密；电锯则效率更高，适用于大量木材的切割加工，使用电锯时要严格遵守安全操作规程，佩戴好防护装备，定期对锯片进行保养和更换，确保切割质量和操作安全。

(a)　　　　　　　　　　　　　　(b)

图 2-51　锯子

（a）手锯；（b）电锯

刨子：用于将木材表面刨平、刨光以及加工出各种形状的边棱等。常见的有平刨、压刨等类型，在刨削过程中，要顺着木材纹理方向操作，避免出现逆纹刨削导致木材撕裂等情况，同时要注意控制刨削的厚度，每次不宜过大，以免损坏木材或影响刨削效果，如图 2-52 所示。

凿子：是制作榫头榫眼、雕刻等操作必不可少的工具。有宽窄不同的规格，可根据榫眼的大小、雕刻图案的精细程度等来选择合适的凿子，操作时要注意保持凿子的稳定性，避免凿偏或用力过猛损伤木材，凿子使用后要及时清理刃口，防止生锈影响下次使用，如图 2-53 所示。

图 2-52　刨子

图 2-53　凿子

锤子：一般选用羊角锤，其一端为扁平的敲击面，用于敲击钉子、凿子等工具，另一端的羊角部分可方便地拔出钉子，锤子的重量要适中，太轻不利于发力，太重则不好控制，在钉钉子时，要把握好敲击力度和角度，确保钉子能顺利钉入木材且不出现歪斜、钉穿等情况，同时要注意保护木材表面，避免因敲击造成过多的损伤痕迹。

量具：像钢尺、卷尺、角尺等，钢尺精度高，常用于精确测量木材的长度、厚度等尺寸，卷尺方便携带，可用于测量较大尺寸的木材或在施工现场快速测量构件之间的距离等；角尺用于检查木材的垂直度、角度是否符合要求，在制作榫头榫眼、组装木构件确保方正等操作中起着关键作用，使用量具时要保证其准确性，定期进行校准，确保测量数据可靠，为木构件的精确制作和安装提供依据。

夹具：包括木工夹、F 夹等各种类型（图 2-54），主要用于在木材拼接、胶合等过程中固定木材，使其保持紧密贴合的状态，保证拼接质量。木工夹的夹持力要足够，根据木材的尺寸和拼接要求选择合适规格的夹子，在使用时将夹子均匀地分布在拼接部位两侧，逐渐拧紧夹子，使木材之间的缝隙最小化，同时要注意避免夹子对木材表面造成挤压损伤，特别是对于一些较软质地的木材，更要控制好夹紧力度。

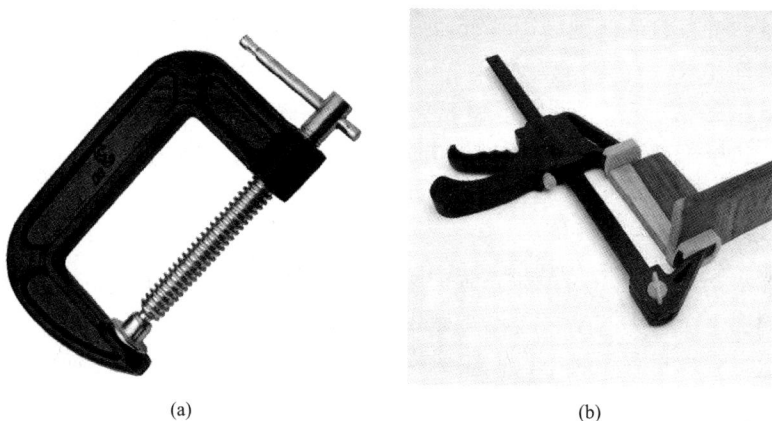

|(a)　　　　　　　　　　　　(b)|

图 2-54　木工夹
（a）木工夹；（b）F 夹

2. 操作流程

木构件制作流程为：木材干燥处理→木构件制作［下料→刨削加工→榫头榫眼制作（如需采用榫卯结构）］→雕刻装饰（如有需要）→木构件安装（定位放线→组装连接→调整固定）→表面处理（可选）打磨→涂装。

3. 施工工艺

（1）木材干燥工艺要点

自然干燥：选通风好、阳光足且不暴晒、无积水处场地。用枕木垫高木材 20～30cm，按种类、规格分类堆放。定期（1～2 个月）翻动，保证均匀干燥，防变形、开裂。

人工干燥：依木材种类、厚度设烘干房温湿度与通风条件。初始温度 30～40℃，最高不超 80℃，湿度 70%～80% 渐降，保持通风。用设备监测含水率，实时调参数。

(2) 木构件制作工艺要点

下料精度：用精准量具多次测量木材尺寸，切割选锋利锯子，锯口垂直，留修整余量。长度偏差控制在±2mm以内，宽、厚偏差控制在±1mm以内。

榫头榫眼：榫眼略大于榫头，单边间隙0.1～0.3mm。常试装调尺寸，保证角度、方正度。大或重要构件用样板、模具辅助。

雕刻细节：准确绘制图案，熟练用刀，依图案选刀法，慢雕细节，控深度与线条，重整体艺术效果。

(3) 木构件安装工艺要点

定位放线：用墨线放线要拉紧，长距离分段弹线衔接准确。用卷尺测量准确，多人核对。结合建筑轴线、标高基准点，保证位置协调。

组装连接：榫头榫眼连接可涂木工胶，用楔子加固；连接件连接要控钻孔与钉、螺栓参数，荷载大的构件增加可靠性措施。

调整固定：按精度标准检查木构件垂直度、水平度。合理调整偏差，按规定力矩紧固连接件。

(4) 表面处理工艺要点

打磨质量：按目数从低到高用砂纸，清理碎屑，顺纹理打磨，边角精细处理，使表面光滑，符合装饰要求。

涂装效果：在5～35℃、湿度不超85%且通风好的环境涂装。选好刷子，按原则涂刷清漆、色漆，每层干透再刷下一层；均匀薄涂木蜡油，顺纹理擦拭，清理多余部分。

4. 检查与验收

(1) 木材质量检查

品种与含水率：核对木材品种，通过纹理等特征与样本对比。用测定仪多点测含水率，使其控制在12%～18%，不符合要求的应进行处理。

外观质量：查木材有无腐朽、虫蛀、节疤、裂缝、弯曲等缺陷。腐朽、严重虫蛀、影响强度美观的节疤、宽裂缝及严重弯曲木材不符合要求。

(2) 木构件制作质量检查

尺寸精度：用钢尺等量具检查木构件尺寸，与设计对比，各尺寸偏差控制在允许范围内。

形状与工艺：查构件形状，如柱梁直度、弧形弧度，不符合要求矫正或重制。看榫卯配合、雕刻图案线条等工艺细节，确保制作精良。

(3) 木构件安装质量检查

位置与间距：依放线基准，用卷尺等查安装位置与间距，分析偏差原因并调整，保证布局合理。

垂直度与水平度：用水准仪等工具检测，柱垂直度偏差不超过层高的1/1000且最大为10mm，梁及门窗等按标准校正，确保结构稳定美观。

(4) 表面处理质量检查

打磨效果：肉眼观察和手摸，表面应光滑无打磨痕迹、毛刺等，不到位处再次打磨。

涂装质量：查漆膜均匀完整性，无流坠等问题，清漆显纹理，色漆颜色一致，木蜡油自然润泽。检查附着力，质量不佳分析原因并补救。

2.4 乡村建设水电安装工

2.4.1 室内给水管道安装

1. 材料及工具准备

(1) 材料准备

管材：常用的室内给水管道管材有 PPR 管（无规共聚聚丙烯管）、PE 管（聚乙烯管）、镀锌钢管等。管材要选择质量合格、管壁厚度均匀、无裂缝、无破损的产品，并且要有相应的质量检验合格证明。

管件：根据选用的管材配套相应的管件，如 PPR 管的管件包括弯头、三通、直接头、内丝弯头、外丝弯头等，用于管道的连接、转弯、分支等操作，管件的材质要与管材一致，尺寸规格要匹配，保证连接紧密且无渗漏现象，购买时要注意管件的质量，检查其外观有无缺陷，内部的管径是否通畅，避免影响水流通过。

阀门：如截止阀、球阀、闸阀等，用于控制水流的通断和调节流量。阀门的规格要根据管道的管径来选择，其密封性能要好，材质符合饮用水卫生标准，且操作灵活，手柄等部件牢固可靠，避免出现漏水或操作失灵的情况。

密封材料：像生料带、橡胶密封圈等，生料带常用于螺纹连接部位，缠绕在螺纹上，增强连接的密封性，防止漏水，其材质要柔软、有韧性且不易老化；橡胶密封圈则用于管件与管材的承插连接等情况，橡胶的材质要耐水、耐老化，密封圈的尺寸要与连接部位相适配，保证密封严实，防止出现渗漏隐患。

(2) 工具准备

热熔机（针对 PPR 管等热熔连接管材）：用于对 PPR 管等进行热熔连接，通过加热板将管材和管件的连接部位加热到一定温度，使其熔化后迅速对接并保持一定时间，完成连接操作。热熔机如图 2-55 所示。

管钳：用于拧紧或松开钢管、带螺纹的管件等，其规格有多种，要根据管道的管径大小选择合适的管钳，操作时将管钳的钳口卡住管道或管件，通过旋转手柄施加扭矩，使连接部位拧紧或松开，使用过程中要注意用力均匀，避免损坏管道或管件的螺纹。管钳如图 2-56 所示。

图 2-55 热熔机

图 2-56 管钳

此外，还需准备扳手、钢卷尺以及水平仪等。

2. 操作流程

室内给水管道安装流程为：施工准备→管道支吊架安装→管材切割与连接→管道安装与阀门水表安装→压力试验与冲洗。

3. 施工工艺

(1) 支吊架安装工艺要点

位置精准：综合管道走向、连接点及建筑结构确定支吊架位置。

固定牢固：依墙体或楼板材质、厚度选合适膨胀螺栓固定，保证钻孔深度，完全打入，防止管道运行时支吊架松动致管道移位。

(2) 管材切割与连接工艺要点

切割达标：塑料管材切割避免管口变形与过多毛刺；金属管材切割后打磨，控制管口直径偏差（如公称外径以 DN 表示的管材，其直径偏差不超过±1mm）。

热熔参数严控：PPR 管等热熔连接，按管材规格与厂家要求控加热、冷却时间及温度。

螺纹密封精细：镀锌钢管螺纹连接，生料带顺螺纹（一般顺时针）缠绕 10～15 圈，适中为宜，旋入管件时确保配合紧密，控制拧紧力矩。

(3) 管道及阀门水表安装工艺要点

管道平整：水平管道用水平仪监测，及时调整偏差；垂直管道用线坠保证垂直度，确保水流顺畅与美观。

阀表规范：阀门装于易操作检修处，选合适类型，手柄便于操作；水表按水流方向装正，保证两端同轴，避免撞击震动，预留检修空间。

(4) 压力试验与冲洗工艺要点

试压严控：注水慢且充分排气，控制升压速度，稳压时查渗漏变形，降压亦要缓慢。

冲洗到位：保证冲洗水流速度与时间，观察出水口水质，适当延长冲洗，注意排水，冲洗后排空积水。

4. 检查与验收

(1) 材料质量检查

管材管件：查看管材外观，有无裂缝、孔洞等，用卡尺测 PPR 管等管壁厚度，偏差应控制在±10％以内；检查管件尺寸与管材是否匹配，内部有无毛刺、缩径，抽样确保合格，不合格品予以清出，禁止用于施工。

阀门水表：查阀门密封性，手动操作看关闭有无渗漏，手柄是否灵活，材质规格是否符合设计要求；看水表计量标识、外观，型号规格与系统适配性，进出口管径是否合格无堵塞，保证正常工作。

(2) 安装质量检查

支吊架：用钢卷尺、水平仪查间距，偏差不超过±150mm，手摇、轻敲看与建筑结构固定是否牢固，不牢固的及时加固。

管道：对照图纸查走向、位置，用工具测水平度（偏差不超过 1/1000 且最大为 20mm）和垂直度（偏差不超过 1/1000 且最大为 10mm），不符合的予以分析调整。查管道及与部件连接是否紧密，外观及通水试验看有无渗漏，有隐患部位的应重新密封。

（3）试验与冲洗情况检查

压力试验：查看记录，试验压力、稳压时间等参数应符合要求，过程规范，复查管道外观有无渗漏、变形，有问题进行分析、修复，确保安全运行。

冲洗情况：检查记录，了解水流速度、时间，看出水口水质，冲洗不彻底则继续，保证管道清洁正常。

2.4.2　水表的安装

1. 材料及工具准备

（1）材料准备

水表：依给水系统流量、管径及使用要求选水表。小口径（≤50mm）常用旋翼式，靠水流冲击旋翼计量，适合居民住宅；大口径（>50mm）用螺翼式，水流推动螺翼旋转计量，适合工业及大型公共建筑。选质量可靠、经计量认证且符合卫生标准产品，查外观无破损、刻度清，部件质量好，核对公称口径、流量等与设计相符。

配套管件：按水表连接方式与管径备管件，如螺纹连接配带螺纹管件，法兰连接备法兰盘、螺栓、垫片。管件材质与管材匹配，尺寸精准，确保安装与使用。

密封垫片：常用耐水、耐老化、弹性好的橡胶垫片，用于水表连接密封。依连接部位选厚度与尺寸，内径略大于水表接口，外径适配管件，防漏水。

（2）工具准备

扳手：活动或固定扳手用于拧紧或松开连接水表的螺母、螺栓。按水表及管件规格选合适开口尺寸，按力矩要求操作，防损坏或松动漏水。

管钳：用于钢管或螺纹管道与水表连接，选适配管径规格，正确卡紧管道旋拧，保证连接质量，防刮伤管道与损坏螺纹。

水平仪：检测水表水平度，关乎计量准确性。放于表壳，观察气泡调至水平，可通过调整支吊架或管件高度实现。

钢卷尺：测水表安装位置尺寸，如与周边间距，核对进出口管径。定期校准，确保测量准确，助力精确安装。

2. 操作流程

水表安装的流程为：安装准备→支吊架安装（如需）→水表连接→法兰连接（适用于大口径水表）→位置调整与固定→通水检查与调试。

3. 施工工艺

（1）支吊架安装工艺要点

承载匹配：依水表重量、水流冲击力，结合水表规格、材质及管道工作压力，选适配支吊架，确保稳定支撑，避免因承载力不足致支吊架损坏影响水表运行。

位置合理：支吊架位置要便于水表安装与检修，靠近重心或均匀分布两侧，避免偏载。同时，考虑与周边管道、建筑结构协调，确保给水系统有序稳定。

（2）水表连接工艺要点

螺纹连接把控：螺纹连接时，生料带从起始端顺螺纹均匀紧密缠绕，避免重叠或疏密不均。旋入水表保持同轴，通过观察间隙判断，出现偏斜应及时调整。按管件力矩要求及经验，适中拧紧，防止渗漏与损坏。

法兰连接保障：法兰焊接焊缝饱满无缺陷，法兰盘与管道垂直，误差不超过 1/1000。选适配橡胶垫片，居中平整放置。对称交叉、按力矩拧紧螺栓，确保密封可靠，防止漏水。

（3）位置调整与固定工艺要点

水平度控制：用高精度水平仪调水表水平度，通过微调支吊架螺杆或在管件下加垫片改变倾斜角度，多方向测量，确保水流均匀，减少计量误差。

固定牢固：检查支吊架与水表、水表与管道连接的牢固性。支吊架连接件要拧紧，固定点稳固；水表与管道连接确认螺纹或法兰螺栓拧紧到位，手动摇晃观察，不牢固及时加固。

（4）通水检查与调试工艺要点

通水全面观察：通水时关注水表表盘显示、内部声响及水流情况。指针或数字应平稳转动，无异常声响、卡顿等。若有异常，关闭阀门检查清理。同时留意水流是否顺畅，确保正常使用。

渗漏细致排查：不仅肉眼观察，还需手触检查水表连接部位渗漏。通水 10～15min 后再次查看，发现渗漏依连接方式分析原因，如螺纹密封或垫片问题，针对性修复，确保无渗漏。

4. 检查与验收

（1）材料质量检查

水表：查外观，表壳无裂缝、划伤、变形，刻度、数字清晰，指针转动灵活，标识信息（型号、规格等）齐全且符合设计。

管件与垫片：管件尺寸与水表及管道匹配，外观无砂眼、气孔、毛刺，内部通畅；密封垫片材质耐水、耐老化，尺寸合适，无破损、杂质，抽样保证质量满足需求。

（2）安装质量检查

支吊架：用钢卷尺、水平仪检查位置是否准确，间距偏差不超过 ±150mm，高度偏差不超过 ±10mm，手摇、轻敲看与建筑结构固定是否牢固，不牢固的及时加固。

水表连接：查连接方式是否正确。螺纹连接看生料带缠绕及拧紧、渗漏情况；法兰连接查法兰盘垂直度、垫片安装、螺栓拧紧力矩。通过多种方法确保连接紧密无渗漏。

水平度与固定：用水平仪测水表水平度，偏差不超过 0.5mm/m，观察、摇晃查固定情况，不符合要求则分析调整或加固。

（3）通水调试情况检查

水表运转：通水后看表盘显示，指针或数字转动应平稳连续，无卡顿、异响。异常则分析原因维修或更换，保证准确计量。

渗漏复查：通水一段时间后，细查水表及连接部位有无渗漏，有问题排查修复，确保无隐患，保障长期稳定运行。

2.4.3 室内排水管道

1. 材料及工具准备

（1）材料准备

管材：室内排水常用 PVC-U 管和铸铁管。PVC-U 管轻质、耐腐蚀、易安装、价廉，适用于多数排水系统，规格以外径和壁厚表示，如 De110 等；铸铁管强度高、耐用、噪声小，用于要求高的场所，规格以公称直径表示，如 DN50 等。应选择管壁均匀、无裂缝破损且有质检证明的管材。

管件：依管材配相应管件，如 PVC-U 管的弯头、三通等。管件材质与管材一致，尺寸匹配，外观无缺陷，内部通畅。

密封材料：有 PVC 胶水（用于 PVC-U 管）和橡胶密封圈（用于铸铁管等）。PVC 胶水粘结强、耐水耐腐蚀；橡胶密封圈耐水耐老化，尺寸适配，防渗漏异味。

(2) 工具准备

锯管工具：PVC-U 管可用专用 PVC 管锯或钢锯，铸铁管常用砂轮切割机或手动割管器，切割后清理管口。

胶粘剂涂抹工具：用毛刷涂 PVC 胶水，依管径选毛刷大小，保证粘结牢固密封。

管钳或扳手：安装铸铁管或相关部件用。管钳依管径选规格，扳手用于拧紧螺母螺栓，按要求把控力度。

水平仪和线坠：水平仪测水平管道坡度，线坠查垂直管道垂直度。

钢卷尺：测管道长度、位置尺寸及管件间距，定期校准，保证安装精确。

2. 操作流程

室内排水管道安装操作流程为：施工准备→预留孔洞及支吊架安装→管材切割与连接→管道安装及附件设置。

3. 施工工艺

(1) 预留孔洞及支吊架安装工艺要点

孔洞精准预留：建筑施工预留排水管道孔洞，依图纸坐标和尺寸操作，中心位置偏差不超过 ±10mm，尺寸偏差按管径规定（如 DN100 管，预留孔直径偏差不超 ±15mm），兼顾与结构构件间距，满足安装维修空间。

支吊架稳固安装：支吊架固定方式和质量关键。用膨胀螺栓要依墙体楼板选规格，保证钻孔深度并完全打入。结构设计考虑管道重量、充水重量及外力，经力学计算定形式、尺寸和间距，确保承载稳定。

(2) 管材切割与连接工艺要点

切割质量保证：PVC-U 管锯切控转速和进刀，打磨平整，铸铁管切割防管口氧化铁和毛刺，清理彻底。管口直径偏差控制在允许范围（如公称直径以 DN 表示的管材，其直径偏差不超过 ±1mm）。

承插连接关键操作：PVC-U 管承插，控制胶水涂抹量、均匀度、插入深度和速度。按遍数涂抹，均匀覆盖连接面，迅速平稳插入到标记位置，适度旋转，保证密封整体。

(3) 管道安装及附件设置工艺要点

管道坡度严控：水平排水管道按设计坡度施工，用水平仪多点测量，长横管保证坡度连续，防积水。

附件规范安装：检查口中心距地约 1m，便于开启操作；清扫口距地不低于 100mm，位置、高度和朝向符合规定。

(4) 通水试验及验收工艺要点

通水全面试验：从各进水点注水，模拟实际排水，观察各楼层及卫生器具排水，查水流、堵塞、反流、积水及渗漏，通过观察水渍判断。

严格验收标准：对照施工图纸和验收规范，细查排水系统各方面，从管材质量文件到安装情况及附件设置，确保指标达标。

4. 检查与验收

(1) 材料质量检查

管材管件：查管材外观有无裂缝、孔洞等，用卡尺测 PVC-U 管壁厚，偏差控制在±10%以内；查管件尺寸与管材匹配度、内部管径情况，抽样确保合格，不合格的清理出场。

密封材料：查 PVC 胶水保质期、粘结性能，看有无结块、变色等变质现象。

(2) 安装质量检查

预留孔洞及支吊架：用钢卷尺查预留孔洞位置、尺寸，偏差分别不超过±10mm、±15mm；看支吊架间距、位置及与建筑结构固定情况，手摇、轻敲判断，不牢固则予以加固。

管道安装：对照图纸查管道走向、位置，用水平仪、线坠测坡度和垂直度，水平管道坡度偏差不超过标准值一半，垂直管道垂直度偏差不超过 1/1000 且最大为 10mm，不符合要求的予以分析调整。

附件安装：检查检查口、清扫口等附件位置、高度、朝向及与管道连接情况，手动操作观察，不符要求整改。

(3) 通水试验情况检查

通水复查：看通水试验记录，复查排水系统，重点查问题部位整改情况及有无新堵塞、渗漏，有问题则予以分析修复。

验收判定：综合材料、安装质量及通水试验结果，依标准判定，全项合格才判定室内排水管道系统验收合格，可投入使用。

2.4.4　卫生器具安装

1. 材料及工具准备

(1) 材料准备

卫生器具：常见有坐便器、蹲便器、洗脸盆、淋浴器、水龙头等。坐便器分直冲式与虹吸式，依卫生间空间、排水及用户需求选，外观无破损、釉面光滑，水件可靠灵活；蹲便器适公共卫生间，分带与不带存水弯，选择时考虑排水管道；洗脸盆形式多样，材质有陶瓷、亚克力等，兼顾美观实用与装修风格，盆体无裂缝变形，下水口通畅；淋浴器含花洒等，要求出水均匀、调节方便、材质耐用；水龙头注重阀芯，开关灵活、密封良好，造型符合装饰要求。

连接管件：按卫生器具类型及排水、进水方式备管件，如给水管弯头、排水管存水弯等。管件材质与管材匹配，给水管件符合饮用水卫生标准，排水管件排水顺畅、密封好，尺寸精准，外观无砂眼等缺陷，内部管径通畅。

密封材料：有橡胶密封圈、密封胶等。橡胶密封圈用于连接部位密封，材质耐水耐老化，尺寸适配，防漏水异味；密封胶用于缝隙填充，需粘结性、耐水性、防霉性好，选择可靠产品以保证密封持久。

（2）**工具准备**

包括扳手、螺丝刀、水平仪、钢卷尺和管钳等。

2. 操作流程

卫生器具安装操作流程为：施工准备→定位放线→给水管连接→卫生器具安装（坐便器安装→洗脸盆安装→淋浴器安装）→装顶喷的固定支架→排水管连接与密封→调试与验收。

3. 施工工艺

（1）定位放线工艺要点

位置精准：放线是卫生器具安装基础，用墨线放线要拉紧，长距离分段弹线并衔接准确。用卷尺测量确保起点终点无误，多人核对防误差，结合卫生间基准点放线，保证与整体布局协调，避免返工。

兼顾便利美观：依图纸并考虑实际使用便利与整体美观。如洗脸盆台面高 80～85cm，淋浴喷头距地 2～2.2m，预留器具间使用空间，布局合理对称。

（2）给水管连接工艺要点

螺纹密封：生料带顺螺纹（一般顺时针）从管口端部均匀缠绕，避免重叠或疏密不均，防密封不佳或挤入管道影响水流。

热熔控质：严格按管材规格与厂家要求，控热熔机加热温度、时间和冷却时间。不同管径参数不同，偏差影响熔合与连接质量。

（3）卫生器具安装工艺要点

坐便器稳密：选合适规格螺栓，按要求钻孔深度，用水平仪调平，均匀拧紧螺栓，保证使用安全稳定，避免晃动。

洗脸盆贴顺：不同类型洗脸盆注重与台面或支架贴合及排水顺畅。台上盆密封胶均匀涂抹，台下盆嵌入贴合牢固。连接下水确保管径匹配、坡度合理、存水弯正确密封，防积水返味。

淋浴器适调：龙头距地 1～1.2m，花洒喷头角度可调节，各部件连接牢固，软管无扭曲，提供舒适淋浴。

（4）排水管连接与密封工艺要点

存水弯功能密封：存水弯起水封关键作用，保证方向、高度正确，水封高度达标（如 P 型不低于 50mm），用密封圈密封，防异味污水泄漏。

伸缩节适配：排水立管每隔 4 层左右或横管易热胀冷缩处装伸缩节，吸收管道变形，防破裂渗漏。

（5）调试与验收工艺要点

全面调试：全面检查卫生器具各项功能，不局限通水排水，及时发现处理水流不畅等问题，确保正常使用。

严格验收：对照规范与设计要求，从位置、水平度、密封性、功能等多维度检查。位置偏差在允许范围（如水平度偏差不超 0.5mm/m），确保无渗漏，功能正常。

4. 检查与验收

（1）材料质量检查

卫生器具：查外观有无裂缝、破损、釉面缺陷，测试坐便器水件、洗脸盆下水器、淋浴器花洒等功能，核对型号规格，查看合格证明，不符合要求及时更换。

（2）连接管件及密封材料检查

连接管件：看外观有无砂眼等瑕疵，量具测管径、长度等尺寸，偏差在规定范围（如管径偏差不超±1mm），内部通畅，螺纹管件螺纹规整，防漏水。

密封材料：橡胶密封圈查材质耐水、耐老化性，表面光滑无缺陷，尺寸适配连接部位。

（3）安装质量检查

定位放线：用钢卷尺、靠尺依图纸核卫生器具位置，检查与墙、相邻器具及基准线距离偏差。

给水管连接：查看连接方式，螺纹连接看生料带缠绕与管件拧紧度，观察有无渗漏；热熔连接看熔接处外观，打压试验密封强度，不符合要求的应及时整改。

1）卫生器具安装

坐便器：用水平仪测水平度，偏差不超过 0.5mm/m，手摇轻踩检查固定，看排水口等连接部位密封与冲水功能，发现问题及时调整修复。

洗脸盆：检查盆体稳固性，检查台下盆固定、台上盆粘结情况，放水试下水及排水情况，不符合要求的应加固、密封或疏通。

淋浴器：检查龙头固定、位置及操作，看花洒高度、角度，试水温调节等功能，发现问题调整紧固或换部件。

2）排水管连接与密封：看存水弯安装及水封功能，查伸缩节位置与伸缩、连接情况，有问题重新密封或调整。

（4）调试与验收情况检查

调试复查：看调试记录，重点检查卫生器具功能，重点查问题部位，功能异常应深入分析，针对性进行维修更换。

验收判定：依验收标准，综合材料、安装、调试结果判定。全项合格，位置准确、连接牢固密封、功能正常，方可判定整体验收合格，方可投用。不符合标准指出问题，督促整改，整改后再验收直至合格。

2.4.5 强弱电线路敷设

1. 材料及工具准备

（1）材料准备

电线电缆：强电电线如 BV、BVR 线，依用电负荷和场所选规格，线芯材质纯、导电好，绝缘层无破损老化及质量认证标识；电缆用于室外或长距离供电，选符合设计要求的 VV、YJV 等电缆。弱电线缆如网线、电话线、有线电视线，满足传输标准，外皮无损、芯线导通。

线管：常用 PVC、JDG、KBG 管。PVC 管价廉易装，适用于一般室内；JDG、KBG 管防火防腐，用于防护要求高场所。管壁厚度达标，表面光滑无缺陷。

线盒：有接线、开关、插座盒，材质分塑料和金属，依环境选择，尺寸与线管、附件匹配，内部便于接线，外观无破损变形。

桥架：用于集中布线，有槽式等多种形式，材质多样。依线路、重量、环境选择，规格满足线缆要求，表面平整，连接牢固，具有防腐防火性能。

配件及辅料：线管管件材质与线管一致、尺寸匹配；管卡固定线管，间距合理。另备绑扎带、防火封堵材料等。

（2）工具准备

电工工具：有电烙铁、剥线钳、压线钳、万用表等，定期维护保性能。

线管加工工具：PVC 线管配专用剪和弯管器；JDG、KBG 管等金属线管需电动切管机、手动弯管器、管箍等，确保加工安装准确。

安装工具：含冲击钻、电钻、水平仪、钢卷尺等，辅助强弱电线路敷设，保障施工质量与效率。

2. 操作流程

强弱电线路敷设为：施工准备→线管、线盒及桥架安装→电线电缆敷设（穿线准备→穿线操作）→线路连接与测试→标识与清理。

3. 施工工艺

（1）线管、线盒及桥架安装工艺要点

1）线管敷设

管卡安装：管卡固定方式依混凝土结构选膨胀螺栓或塑料胀塞，按规定设间距，保障线管稳固，避免晃动移位，兼顾成本与效率。

线管连接：PVC 线管承插到位并用胶黏剂均匀涂抹密封，金属线管管箍拧紧并清管内毛刺，转弯分支处管件角度符合设计，确保连接紧密、线路通畅。

线管弯曲：用弯管器按管径与弯曲半径操作，PVC 线管弯曲半径不小于外径 6 倍，金属线管不小于 4 倍，大管径金属线管可灌沙辅助，防止折皱、破裂、裂缝、瘪管。

2）线盒安装

定位精准：按施工图纸放线定位，水平、垂直度偏差不超 5mm，依使用场景定高度，普通插座盒距地约 300mm，开关盒距地 1300～1400mm，特殊场所按需调整并保证统一规范。

固定与连接：塑料线盒用水泥砂浆饱满填充，金属线盒用适配螺栓固定。线管伸入线盒 5～10mm，用锁母拧紧密封，防止线管脱出与杂物进入。

3）桥架安装

吊架或支架：依桥架规格、重量、敷设环境定间距，一般不大于 2m，重载或特殊场所应缩小间距。用合适螺栓牢固固定于楼板、梁等结构，按规程操作，防止下沉、变形。

桥架连接与接口：部件用螺栓、连接板紧密连接，螺栓拧紧，连接件适配。接口平整或密封，穿越楼板、防火墙按防火、防水规范用防火封堵材料严密封堵，确保安全可靠。

（2）电线电缆敷设工艺要点

穿线前准备：检查电线电缆绝缘层与线芯导通性，清理线管、桥架杂物，选择合适直径的预穿钢丝，长或细管径线管可分段预穿。

穿线操作：电线电缆与钢丝牢固绑扎，控制牵拉力度，多根线缆按用途、线芯规格分组穿入，保证排列整齐，注意穿线方向与预留长度。

线路连接：依线缆类型、规格、环境选择连接方式。铰接要紧密并用绝缘胶布包扎，焊接需熟练技术与合格焊料，压接用适配工具并检查牢固性。电缆连接按规范操作，连接后检测绝缘电阻。

（3）标识与清理工艺要点

标识清晰：在电缆两端、接线盒、桥架等关键部位标识线路用途、编号、起止点等信息，采用线标、挂牌、喷漆等形式，确保标识牢固、清晰、不易褪色，方便维护。

清理与保护：施工后彻底清理杂物、灰尘、污渍，用防护板覆盖、警示标识设置等方式保护强弱电线路，确保调试与使用前线路完好。

4. 检查与验收

（1）材料质量检查

电线电缆：查外观有无绝缘层缺陷，用卡尺测线芯直径，偏差不超±1%，用仪器检测导电、绝缘电阻等指标。

线管、线盒及桥架：卡尺测线管壁厚，PVC线管偏差不超±10%，查表面瑕疵与管件情况；线盒材质、尺寸与设计同，外观无问题，内空间便于接线；桥架材质、规格承重，表面平整，部件连接牢固，检查防腐、防火性能证明，不符合的不予采用。

配件及辅料：查线管管件材质、尺寸、连接，管卡强度，绑扎带强度，防火封堵材料防火等级，抽样保证质量。

（2）安装质量检查

1）线管、线盒及桥架安装

线管：用钢卷尺、水平仪查敷设位置等，管卡间距偏差不超过±150mm，水平、垂直度偏差不超过1/1000且最大为10mm，看连接密封性，不符合的应调整加固。

线盒：检查位置、高度等偏差不超5mm，看与线管连接程度，不符合的应予以整改。

桥架：用工具检查位置、吊架间距等，查看固定、连接、封堵情况，水平、垂直度偏差要求同线管，不符合的应进行修复处理。

2）电线电缆敷设

穿线：检查线缆有无绞缠、划伤，有问题应予以分析解决。

线路连接：检查连接方式、牢固性与绝缘，用仪器测绝缘电阻，不符合要求的重新连接处理。

3）标识与清理

标识：检查标识完整、清晰、准确与否，不符合的应补充更正。

清理：查看现场清理与线路保护情况，不达标的应做好清理保护。

（3）测试情况检查

通断测试：查看测试记录，排查问题线路原因并修复，保证全部导通。

绝缘电阻测试：检查测试记录，电阻不达标则分析整改，保证绝缘良好。经严格检查验收，确保工程质量合格。

2.4.6 电气设备安装

1. 材料及工具准备

（1）材料准备

电气设备：常见有配电箱、配电柜、开关、插座、灯具、电动机等。配电箱（柜）依用电负荷等选规格配置，电器元件可靠灵敏，箱体坚固，防护等级适配环境，外观无缺陷；开关按场景选，操作灵活，触点、绝缘达标；插座规格多样，插孔符合国家标准，面板耐用同时应防火绝缘，接线端子牢固；灯具依照明与场所选，外观完整，配件齐全，发光正常；电动机按设备要求选型，外壳无损，绝缘良好，接线盒密封。

连接导线：依电气设备功率等选导线，材质、线芯截面面积满足载流，绝缘层无破损老化，特殊环境用导线具备相应耐环境性能，备好配套连接件。

安装配件：配电箱（柜）支架能承重且安装稳，螺栓等连接件规格强度合适；灯具配件与灯具匹配，安装牢固可调节；开关、插座底盒与面板适配，便于接线。

(2) 工具准备

电工工具：有电烙铁、剥线钳、压线钳、万用表等，做好保养维护，确保性能正常。

安装工具：含冲击钻、电钻、水平仪、钢卷尺等，辅助安装，保障质量与效率。

登高工具：高处安装用脚手架、人字梯等，登高作业配安全带，确保安全。

2. 操作流程

电气设备安装操作流程为：施工准备→配电箱（柜）安装［定位放线→基础安装（如需)→箱体安装→内部接线]→开关、插座安装［底盒清理与检查→接线操作→面板安装]→灯具安装［灯具组装（如需)→固定安装→接线与调试]→电动机安装［基础安装→电机就位与固定→接线与调试→]调试→验收。

3. 施工工艺

(1) 配电箱（柜）安装工艺要点

定位精准：用钢卷尺准确测量，多人核对防误差，清晰弹墨线，长距离分段放线。考虑操作、间距与建筑结构，确保位置合理。

稳固水平：选择合适螺栓固定，用水平仪调平，通过增减垫片微调，水平、垂直度偏差不超过 1/1000 且最大为 5mm，保证稳固端正。

接线规范：依电气原理图与规范接线，选择合适连接方式，标记导线回路等信息，按序排列导线，确保整齐美观利于散热。

(2) 开关、插座安装工艺要点

底盒处理：彻底清理杂物，检查尺寸深度符合标准与面板要求。

接线正确牢固：依标识接线，用合适螺丝刀按力矩拧紧，多根线先绞合再压接，防短路漏电。

面板美观平整：面板与墙面贴合，对角拧紧螺栓，保证平整无倾斜，符合装修风格便于使用。

(3) 灯具安装工艺要点

精细组装：按说明书组装，查光源与灯罩，确保灯具合格能正常照明。

安装准确牢固：依设计定位置高度，用工具保证水平垂直，高处安装注意安全，选择合适挂件固定，避免影响他物。

接线调试严谨：分清导线功能，牢固接线并绝缘，调试查亮度等指标及开关控制，有问题应进行针对性修复。

(4) 电动机安装工艺要点

基础适配：依电机型号、功率与环境制作基础，选择合适材料，控制尺寸、标高与水平度，水平偏差不超过 1/1000，标高控制在 ±10mm 以内。

就位对中精确：用百分表对中，控制轴向、径向偏差，考虑热膨胀留间隙，提高传动效率。

（5）接线与调试安全性及准确性

接线：按铭牌与接线图接线，注意相序，大功率电机选适配电缆与端子，做好绝缘处理，核对线路。

调试：绝缘电阻合格后空载试运行，留意启动与运行状况，监测电气参数，异常停机排查解决，正常后带载测试。

（6）调试与验收工艺要点

1）调试全面精细

① 涵盖电气系统各环节，检查各设备运行及联动情况，确保功能符合设计。

② 用精度达标仪表测电气参数，关注电压波动、电流匹配，防止设备受损。

2）验收严格整改

① 对照规范检查安装位置、牢固性、接线与功能各维度。

② 记录分析问题，督促施工方整改，复查至符合标准，保障系统安全稳定高效运行。

4. 检查与验收

（1）材料质量检查

1）电气设备检查

配电箱（柜）：查箱体材质、厚度、防护等级标识，看外观有无变形等。开箱查元件品牌、型号等，试验动作是否灵敏，检查布线与标识。

开关、插座：看面板材质与外观，检查接线端子。测试开关通断，用检测仪检查插座接线与漏电等问题。

灯具：观灯具外观，检查配件材质强度，看结构是否稳固。查看光源，测试发光效果与异常情况。

电动机：看外壳、铭牌，检查接线盒。测绝缘电阻，转动轴伸端查机械性能。

2）连接导线及安装配件检查

连接导线：检查材质，测线芯截面面积偏差，查看绝缘层，检导电性能，检查是否存在多股线绞合情况。

安装配件：检查配电箱（柜）支架材质、焊接与尺寸，连接件规格强度。查灯具挂件承重等，开关、插座底盒材质与空间。

（2）安装质量检查

1）配电箱（柜）安装检查

位置与基础：用工具查位置、水平垂直度偏差，看基础安装、连接及间距情况。

固定与接线：检查箱体固定情况，看内部接线方式、质量、标记与排列，测绝缘电阻。

2）开关、插座安装检查

底盒与面板：检查底盒清理、位置深度，查看面板平整度与外观情况。

接线：对照标识查接线，检查连接牢固度与安全隐患，用工具检测。

3）灯具安装检查

组装与固定：检查灯具组装情况，看固定水平垂直偏差、挂件及高处安装安全。

接线与照明：检查接线与绝缘情况，测试照明效果与控制功能。

4）电动机安装检查

基础与就位：检查基础强度、水平度与标高偏差，查看电动机就位、对中情况。

接线与运行：检查接线与绝缘情况，试空载、带载运行，观启动、声音、振动及电气参数。

（3）调试情况检查

调试记录：审记录完整性、准确性与人员签字，督促完善不符合要求处。

实际运行：复查电气系统运行，重点查问题部位，有问题深入分析解决，确保稳定运行，保障工程质量。

第 3 部分　建筑安全与防灾减灾

3.1　建　筑　安　全

3.1.1　乡村房屋的建设安全

1. 选址安全

（1）避开危险地段

乡村房屋建设选址时，要远离容易发生地质灾害的区域，像山体滑坡、泥石流易发的山坡地带、河岸的冲刷地段以及有塌陷隐患的采空区等。

（2）考虑周边环境影响

要留意周边已有建筑、树木等对新建房屋的影响。如果相邻建筑间距过小，可能会影响房屋的采光、通风，甚至在火灾等紧急情况下不利于疏散逃生；而靠近高大树木时，树木的根系可能会破坏房屋基础，枝干在大风天气也有可能掉落砸坏屋顶等结构，所以要保证合理的间隔距离。此外，还要关注附近是否有工厂等可能带来污染或者噪声干扰的场所，尽量选择环境相对安静、无污染的地方建房，保障居住的舒适性和安全性。

2. 基础安全

（1）基础类型选择

根据房屋所在场地的地质条件来确定合适的基础类型。比如在土质较为坚实、均匀的场地，可采用条形基础，它施工相对简单，造价也较为经济，能够为一般的单层或多层乡村住宅提供稳定的支撑；而在软土地基上，像淤泥质土较多的地方，则可能需要采用桩基础，通过桩身将房屋荷载传递到更深、更稳定的土层上，避免房屋因地基沉降过大而出现墙体开裂、倾斜等问题。对于有抗震要求的地区，基础的构造还要考虑如何增强房屋整体的抗震性能，例如采用整体性更好的筏形基础等。

（2）基础施工要点

施工时，基础的深度要符合设计要求，一般来说，基础底面应埋置于冰冻线以下（在寒冷地区），防止土壤冻胀对基础产生破坏作用。开挖基础坑时，要保证坑壁的稳定性，对于较深的基坑，可能需要采取放坡或者支护措施，例如采用土钉墙支护、钢板桩支护等方式（根据具体土质和周边环境情况选择），避免坑壁坍塌伤人。在浇筑基础混凝土时，要严格控制混凝土的配合比，保证其强度和密实性，振捣过程要充分均匀，防止出现蜂窝、麻面等质量缺陷，影响基础的承载能力。

3. 结构安全

（1）结构选型合理

乡村房屋常见的结构形式有砌体结构、框架结构等。砌体结构造价较低，适用于层数不多的住宅，但要注意墙体的砌筑质量，保证砖块之间的砂浆饱满度，提高墙体的整体性和稳定性；框架结构则具有空间布置灵活、抗震性能相对较好的优点，多用于有一定功能需求或者抗震设防要求较高的乡村建筑，不过其施工技术要求相对较高，如梁柱节点处的钢筋锚固、混凝土浇筑等都需要严格按照规范操作。选择结构形式时，要综合考虑房屋的用途、层数、所在地区的地震设防烈度等因素，确保结构安全可靠。

（2）构造措施到位

为增强房屋的结构安全，需要采取一系列构造措施。在砌体结构中，要按规定设置圈梁和构造柱，圈梁能增强房屋的整体刚度，约束墙体裂缝的开展，构造柱则可以提高墙体在地震等水平力作用下的抗剪能力，它们的设置位置、尺寸以及配筋等都要严格遵循设计和规范要求。在框架结构中，梁柱的截面尺寸、配筋率要合理，梁柱节点处的箍筋加密区范围和箍筋间距等也要符合规定，保证节点在受力时的可靠性，防止结构因局部破坏而引发整体坍塌。

4. 材料质量安全

（1）建筑材料选用

选用的建筑材料质量直接关系到房屋的安全性能。对于砖块，要选择强度等级符合要求、外观规整、无裂缝的产品；水泥要选用正规厂家生产、质量合格且在保质期内的，其强度等级要与混凝土或砂浆的设计强度相匹配；钢材的材质、规格也要满足结构受力要求，如用于梁柱的受力钢筋应采用 HRB400 等强度较高的品种，并且钢筋的表面不得有裂纹、油污等影响质量的缺陷。

（2）材料检验把关

在材料进场时，要进行严格的检验。查看材料的质量证明文件，如产品合格证、检验报告等，核对其规格、型号、数量是否与采购合同一致。同时，可按一定比例对材料进行抽样送检，通过专业检测机构检测其各项性能指标是否合格，对于不合格的材料坚决不能用于房屋建设，要及时退场处理，避免埋下安全隐患。

3.1.2　乡村住房拆除安全

1. 拆除准备工作

（1）制定拆除方案

在进行乡村住房拆除前，必须制定详细、科学的拆除方案，方案要根据房屋的结构类型、建筑面积、周边环境等因素来制定。明确拆除的顺序、方法以及相应的安全保障措施，防止拆除作业过程中损坏管线引发安全事故。

（2）人员与设备准备

安排具备专业拆除技能和经验的施工人员参与作业，所有施工人员都要进行安全培训，熟悉拆除过程中的安全注意事项以及应急处置方法。同时，准备好合适的拆除设备，如挖掘机（用于拆除大面积的墙体等结构）、气割设备（用于切割钢结构构件等）、起重机（用于吊运拆除下来的较大构件等），要确保设备性能良好，操作人员熟悉设备的操作规范，并且对设备进行提前检查、维护，防止在使用过程中出现故障。

（3）设置警示标识与防护措施

在拆除现场周围设置明显的警示标识，如警示围栏、警示灯等，划定危险区域，阻止无关人员进入。对于靠近道路、公共场所等的拆除现场，要设置足够高度和强度的围挡，避免拆除过程中产生的灰尘、碎片等飞溅到外面，影响行人安全和公共秩序。在房屋周边如有需要保护的树木、电线杆等物体，也要采取相应的防护措施，如用防护栏围起来或者包裹防护材料等。

2. 拆除过程安全要点

(1) 遵循拆除顺序

严格按照既定的拆除顺序进行操作，不可随意更改。在拆除过程中，要时刻留意房屋结构的变化情况，尤其是承重结构拆除时，要做好临时支撑等防护措施，防止房屋突然坍塌。

(2) 安全操作设备

操作人员使用拆除设备时，要严格按照操作规程进行。比如使用挖掘机拆除墙体时，要控制好挖掘臂的伸展范围和力度，避免因操作不当使挖掘机失衡或者对未拆除部分的房屋结构造成过度冲击；使用气割设备时，要注意防火防爆，操作现场要配备灭火器材，远离易燃易爆物品，防止火花飞溅引发火灾事故，切割后的高温构件要等冷却后再进行吊运等处理，避免烫伤施工人员或者引发其他安全问题。

(3) 监控周边环境

在拆除过程中，安排专人对周边环境进行实时监控，密切关注相邻建筑、道路、地下管线等的状态，一旦发现异常情况，如相邻建筑出现裂缝、道路地面下陷等，要立即停止拆除作业，采取相应的应急措施进行处理，确保拆除工作不会对周边环境造成不可挽回的破坏，保障公共安全。

3. 拆除后清理与检查

(1) 建筑垃圾清理

房屋拆除完成后，要及时对现场的建筑垃圾进行全面清理，按照当地的规定将建筑垃圾运送到指定的消纳场所进行处理，避免随意倾倒造成环境污染或者影响周边土地的正常使用。在清理过程中，要注意分拣出可回收利用的建筑材料，如完好的砖块、钢材等，进行合理回收，提高资源利用率。

(2) 场地安全检查

对拆除后的场地进行仔细检查，查看是否存在未拆除彻底的结构构件、残留的地下基础等可能影响后续土地利用或造成安全隐患的情况，如有，要进一步处理，确保场地平整、安全，符合后续规划要求。

3.1.3 乡村建设不安全案例

案例一：选址不当导致房屋受损

案例情况：在某山区乡村，一户村民为了方便自家农田劳作，将新建房屋选址在一处靠近山坡的低洼地带，且该山坡植被稀疏，岩土体较为松散。房屋建成后的次年夏季，遭遇了连续多日的暴雨天气，山坡发生了山体滑坡，大量的土石顺着山势冲向房屋，导致房屋一侧的墙体被冲垮，屋顶部分坍塌，所幸当时屋内人员及时撤离，未造成人员伤亡。

原因分析：该案例中，村民在选址时缺乏对地质灾害风险的充分认识，没有考虑山坡存在山体滑坡的潜在隐患，选择了不适合建房的危险地段，同时忽视了周边环境中植被等对地质稳定性的影响，最终导致房屋在遭遇恶劣天气时遭受严重破坏。

案例二：结构质量问题引发房屋坍塌

案例情况：某乡村的一座两层砌体结构房屋，在建设过程中，施工人员为了节省成本，未按照设计要求设置圈梁和构造柱，且墙体砌筑时砂浆饱满度不足，砖块之间存在较多空隙。房屋建成后不久，一次轻微地震发生时，房屋就出现了墙体多处开裂、倾斜的现象，随后在余震的影响下，部分墙体无法承受地震作用而倒塌，导致房屋整体坍塌，造成了一定的财产损失，幸好当时屋内人员及时逃出，未造成人员伤亡。

原因分析：此案例主要是由于施工过程中忽视了结构安全的重要性，未采取必要的构造措施来增强房屋的整体性和抗震性能，同时墙体砌筑质量差，使得房屋的结构强度远远达不到应有的标准，在遭遇地震这种水平力作用时，无法抵抗外力，从而引发坍塌事故。

案例三：拆除作业违规造成人员伤亡

案例情况：在某乡村进行老旧住房拆除工作时，施工人员没有制定详细的拆除方案，仅凭经验就开始拆除作业。在拆除过程中，未按照先上后下、先非承重后承重的合理顺序进行，而是直接对房屋的承重墙体进行拆除，且未采取任何临时支撑措施。当拆除到一半时，房屋突然整体坍塌，正在作业的两名施工人员来不及躲避，被掩埋在废墟下，最终因伤势过重抢救无效死亡。

原因分析：该案例凸显了拆除作业中不遵守规范流程、缺乏科学的拆除方案以及安全意识淡薄的问题。施工人员没有认识到承重墙体对于房屋整体稳定性的关键作用，盲目拆除且未做防护，导致房屋坍塌，酿成悲剧。

3.2　建筑防灾减灾

3.2.1　建筑防火

1. 建筑材料的防火性能选择

（1）外墙保温材料

外墙保温材料的防火性能至关重要，应根据建筑的高度、使用功能等因素选用合适的保温材料。保温材料在安装过程中也要保证其完整性，避免出现缝隙、空鼓等情况，以免成为火灾时的助燃剂。

（2）室内装修材料

不同功能区域的室内装修材料防火等级要求不同。在人员密集的公共场所，如商场、剧院等，顶棚、墙面、地面等部位所选用的装修材料燃烧性能等级一般要求较高，顶棚材料应达到 A 级，墙面材料至少为 B1 级，地面材料可为 B1 级或 B2 级（可燃材料，有一定防火处理要求）；而在普通住宅的卧室、客厅等区域，墙面、地面等装修材料可适当放宽要求，但也要尽量选用防火性能较好的材料，比如选用有防火涂层的木质板材等，减少火灾发生时火势的快速蔓延和产生有毒烟雾的可能性。

2. 防火分隔与疏散设施设置

（1）防火分隔

建筑内要通过设置防火墙、防火卷帘、防火门等措施来划分防火分区，阻止火势在不同区域之间蔓延。防火墙应直接设置在建筑的基础或框架等承重结构上，其耐火极限要符合规定要求。

（2）疏散设施

疏散楼梯是人员在火灾时逃生的重要通道，其形式、数量、宽度等要满足设计规范要求。对于高层建筑，一般要设置防烟楼梯间或封闭楼梯间，楼梯间的宽度要保证能容纳一定数量的人员快速疏散，同时楼梯间内不能堆放杂物，要保持畅通无阻；疏散通道要设置明显的疏散指示标志和应急照明灯具，疏散指示标志应能在烟雾环境中清晰可见，引导人员准确找到逃生方向，应急照明灯具在停电等紧急情况下要能持续提供一定时间的照明，保障人员能安全疏散；另外，建筑还应设置足够数量的安全出口，不同功能、不同层数的建筑对安全出口的数量和间距都有具体规定，如多层公共建筑每个防火分区的安全出口不应少于 2 个，且相邻安全出口之间的水平距离不应小于 5m，方便人员在火灾时能从不同方向迅速撤离。

3. 消防设施配置与维护

（1）消防设施配置

建筑内应配备相应的消防设施，常见的有消火栓系统、自动喷水灭火系统、火灾自动报警系统等。消火栓系统要保证消火栓的数量、位置符合要求，其水枪的充实水柱长度能满足灭火需求，一般室内消火栓的充实水柱长度不应小于 7m（根据不同建筑类型和使用功能有所调整），同时要与消防水池、消防水泵等组成完整的供水系统，确保在火灾时能及时提供灭火用水；自动喷水灭火系统根据建筑的火灾危险性等因素可选用不同类型，如湿式、干式、预作用等系统，喷头的布置要能覆盖需要保护的区域，且喷头的选型、动作温度等要合适，能在火灾发生初期及时喷水灭火，有效控制火势蔓延；火灾自动报警系统包括火灾探测器（如烟感探测器、温感探测器等）、手动报警按钮、声光报警器等，要合理分布在建筑的各个部位，能够及时探测到火灾信号并发出警报，提醒人员疏散。

（2）消防设施维护

要定期对消防设施进行维护保养，建立完善的维护管理制度。对于消火栓，要定期检查其阀门是否能正常开启关闭，水带、水枪是否完好无损，消防水泵是否能正常启动运行等；自动喷水灭火系统要检查喷头是否堵塞、管道是否漏水、报警阀组是否正常工作等；火灾自动报警系统要测试探测器的灵敏度、手动报警按钮的触发功能以及声光报警器的报警效果等，确保所有消防设施都处于良好的工作状态，在火灾发生时能发挥应有的作用。

3.2.2 建筑防震

1. 抗震设计理念与标准遵循

（1）抗震设计理念

建筑抗震设计要遵循"小震不坏、中震可修、大震不倒"的原则，即在遭遇低于本地区抗震设防烈度的多遇地震（小震）时，建筑结构应保持完好，能正常使用；当遇到相当于本地区抗震设防烈度的地震（中震）时，结构允许出现一定程度的损坏，但经过修复后仍可继续使用；而在遭遇高于本地区抗震设防烈度的罕遇地震（大震）时，结构虽然会遭受严重破坏，但要保证不发生整体坍塌，保障人员有逃生的机会。基于这一理念，在设计阶段就要充分考虑建筑的结构形式、布局以及抗震构造措施等，提高建筑的抗震能力。

（2）抗震标准遵循

不同地区根据其地震活动水平划分了不同的抗震设防烈度，建筑设计要严格按照相应的抗震设防烈度要求进行。

2. 结构抗震措施与构造加强

(1) 结构抗震措施

选择合理的结构体系是抗震的关键，如框架-剪力墙结构结合了框架结构空间布置灵活和剪力墙结构抗侧力能力强的优点，在地震区应用较为广泛。同时，要合理布置结构的平面和竖向形状，尽量使建筑的质量、刚度分布均匀对称，避免出现头重脚轻、刚度突变等不利于抗震的情况。

(2) 构造加强

在砌体结构中，除了按规定设置圈梁和构造柱外，还要保证圈梁和构造柱的连接质量，构造柱的纵筋要上下贯通，与圈梁可靠拉结，使它们形成一个整体的空间骨架，增强砌体结构在地震水平力作用下的抗剪能力。在框架结构中，梁柱节点处的箍筋加密范围要严格按照抗震相关规范执行，加密区的箍筋间距、肢数等都要满足要求，保证节点在地震作用下能够有效传递内力，避免节点破坏导致结构整体失效。同时，对于预制装配式建筑，要注重构件之间的连接构造，采用可靠的连接方式，如灌浆套筒连接、螺栓连接等，并对连接部位进行抗震加强处理，确保在地震时装配式结构的整体性和协同工作能力。

3. 施工质量保障对防震的重要性

(1) 钢筋工程

钢筋作为建筑结构中的主要受力材料，其施工质量直接影响结构的抗震性能。在钢筋的加工过程中，要严格按照设计要求控制钢筋的长度、弯折角度等参数，确保钢筋的形状符合构件的配筋要求。

(2) 混凝土工程

混凝土的强度等级和浇筑质量对结构抗震同样关键。施工时要严格按照设计规定的混凝土强度等级进行配合比设计，选用质量合格的水泥、砂石等原材料，确保混凝土的强度满足要求。在浇筑过程中，要保证混凝土的密实性，采用合适的振捣方法，如插入式振捣棒要快插慢拔，均匀振捣，避免出现蜂窝、麻面、孔洞等质量缺陷，因为这些缺陷会削弱混凝土构件的整体性和承载能力，在地震作用下容易导致构件破坏。对于大体积混凝土构件或者高层混凝土结构，还要注意控制混凝土的水化热，采取分层浇筑、设置冷却水管等措施，防止因温度应力产生裂缝，影响结构的抗震性能。

(3) 砌体工程

砌体施工时，砖块的砌筑方式和砂浆的饱满度至关重要。应采用正确的砌筑方法，如"三一"砌筑法（一铲灰、一块砖、一揉压），保证每块砖都能与砂浆充分粘结，使墙体的整体性更好。砂浆的强度要符合设计要求，且在砌筑过程中要铺满灰缝，灰缝厚度也要控制在规定范围内（一般为 8~12mm），严禁出现瞎缝、透明缝等情况，这样砌成的墙体在地震时才能有较好的抗剪能力，减少墙体开裂、倒塌的风险。

3.2.3　地质灾害

1. 常见地质灾害对建筑的影响及防范措施

(1) 山体滑坡

1) 影响：山体滑坡发生时，大量的岩土体快速下滑，会对位于滑坡路径上的建筑造成毁灭性打击，轻者房屋墙体出现裂缝、倾斜，重者房屋可能被直接掩埋、冲毁，导致人员伤亡和财产损失。

2）防范措施：在建筑选址阶段，要通过专业的地质勘查，避开山体滑坡易发区域，如岩土体松散、坡度较陡且植被稀少的山坡地带。对于已建在有一定滑坡风险区域周边的建筑，可以采取坡面防护措施，像种植植被护坡，利用草皮、灌木等植物的根系固土，增强坡面的稳定性；也可以采用工程防护手段，如修筑挡土墙、抗滑桩等，阻挡岩土体下滑，保护建筑安全。同时，要建立山体滑坡监测预警系统，通过安装位移传感器、雨量计等设备，实时监测山体的变形情况和降雨量等数据，一旦发现滑坡迹象，及时发出预警，组织人员撤离。

（2）泥石流

1）影响：泥石流具有强大的冲击力和破坏力，裹挟着大量的泥沙、石块等固体物质，所到之处房屋会被冲垮、掩埋，道路会被阻断，对建筑及周边基础设施危害极大。在山谷、沟谷等容易汇聚水流和泥沙的地方，建筑面临的泥石流风险更高。

2）防范措施：选址时避免在泥石流沟谷的流通区和堆积区建房，要选择地势相对较高、开阔且远离泥石流沟谷出口的地方。对于处于泥石流潜在威胁区域的建筑，可以通过修建排导槽，引导泥石流按预定路线流动，避免冲击房屋；还可以设置拦挡坝，拦截泥石流中的固体物质，降低其冲击力和流量，减少对建筑的破坏。同样，要加强对泥石流的监测预报，关注降雨量、山体变形等相关指标，提前做好防范准备，如组织人员和贵重物品的转移等。

（3）地面塌陷

1）影响：地面塌陷通常是由于地下岩溶发育、地下采矿等原因导致的地下空洞上方土体失去支撑而突然下陷，会使建筑基础出现不均匀沉降，进而造成房屋墙体开裂、倾斜甚至整体坍塌，对建筑结构安全构成严重威胁，特别是在有岩溶地貌或者曾经有过大规模地下开采活动的地区，这种风险更为突出。

2）防范措施：在建设前，要进行详细的地质勘察，查明地下是否存在岩溶洞穴、采空区等情况，若有，则需采取相应的地基处理措施，如采用注浆加固法，向地下空洞灌注水泥浆等填充材料，提高地基土体的承载能力，增强基础的稳定性；对于已建成的建筑，如果发现周边有地面塌陷迹象，要及时对建筑进行检测评估，采取加固基础、设置支撑结构等补救措施，防止塌陷进一步发展影响房屋安全，同时密切关注周边地面的变化情况，做好应急响应预案。

2. 建筑设计与施工应对地质灾害的要点

（1）建筑设计要点

1）基础设计：根据不同的地质灾害风险和场地地质条件，优化基础设计方案。

2）结构设计：在结构选型上，优先选择整体性好、抗震抗风能力强的结构形式，如框架结构、框架-剪力墙结构等，避免采用过于单薄、刚度差的结构，以应对可能出现的地质灾害带来的外力作用。同时，要适当提高结构的冗余度，也就是增加结构的备用传力路径，当局部构件因地质灾害受损时，结构仍能通过其他路径传递荷载，不至于整体坍塌，保障建筑的安全性。在建筑外形设计上，尽量减少建筑在水平方向的突出部分，使建筑的体型规整、简洁，降低在地质灾害中遭受侧向力破坏的风险。

（2）施工要点

1）地基处理：严格按照设计要求进行地基处理施工，如在进行注浆加固地基时，要准确控制注浆压力、注浆量和注浆孔的间距、深度等参数，确保注浆效果达到预期，使地基土体得到充分加固。在开挖基础坑时，要边施工边观察坑壁和基底的地质情况，若发现与勘察报告不符的地质问题，如出现软弱夹层、地下水异常涌出等情况，要及时停止施工，会同相关方商讨解决方案，避免盲目施工导致地质灾害隐患加剧。

2）结构施工：在结构施工过程中，保证施工质量，严格执行钢筋、混凝土等各分项工程的施工规范，如前所述，确保钢筋的锚固、连接正确，混凝土的浇筑密实，使结构构件具备足够的强度和整体性来应对地质灾害带来的不利影响。同时，要做好施工过程中的排水工作，特别是在雨期施工或者地下水位较高的场地，防止积水浸泡地基和基础，引发地质灾害相关的安全问题，如导致地基土软化、基础沉降等情况发生。

3. 地质灾害应急预案与灾后重建

（1）应急预案制定

针对可能发生的地质灾害，建筑所属单位或社区应制定完善的应急预案。明确应急指挥机构及各成员的职责，确定灾害预警发布的流程和方式，例如通过广播、短信、警报器等通知居民灾害即将发生。

（2）灾后重建考虑因素

在地质灾害发生后进行建筑重建时，要更加慎重地进行选址，充分吸取之前灾害的教训，避开地质灾害高风险区域，选择地质条件稳定、安全的地段。对建筑的设计和施工标准要进一步提高，综合考虑多种地质灾害的防范需求，优化建筑结构和基础设计，采用更先进的防灾减灾技术和材料。此外，还要注重生态修复，在重建区域周边合理种植植被，恢复生态平衡，从根源上减少地质灾害发生的可能性，保障重建后的建筑及居民生活的长治久安。

3.3　建筑抗震基本知识

3.3.1　地震相关概念

1. 地震成因

地震主要分为构造地震、火山地震、陷落地震以及人工诱发地震等，其中构造地震破坏作用大、影响范围广，是房屋建筑抗震研究的主要对象。构造地震是由于地壳构造运动使岩层发生断裂、错动而引起的地面振动。

2. 常用地震术语

地震常用术语包括震源、震源深度、震中、震中区、震中距和等震线，如图 3-1 所示。

（1）震源：地球内部发生地震的地方，也就是地震能量积聚和释放的初始位置。它是地震波的发源地，地震的能量从震源以地震波的形式向四周传播。

（2）震源深度：震源到地面（震中）的垂直距离，单位一般为千米（km）。震源深度是衡量地震特性的一个重要参数，它对地震的破坏程度和影响范围有着显著影响。

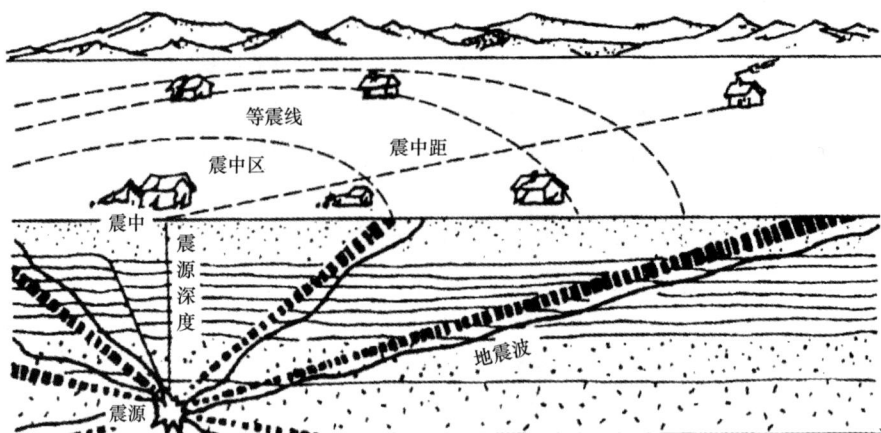

图 3-1　常用地震术语图示

1）浅源地震：震源深度小于 70km 的地震。这类地震发生的频率高，约占全球地震总数的 70％以上，而且由于距离地面较近，地震波传播到地面时能量衰减相对较小，所以对地面建筑物和人类活动的影响较大，造成的破坏也往往较为严重。例如，1976 年的唐山大地震，震源深度约为 12km，属于浅源地震，给唐山等地区带来了极其严重的破坏。

2）中源地震：震源深度在 70～300km 之间的地震。中源地震的能量在传播过程中会有一定程度的衰减，对地面的破坏相对浅源地震要小，但仍然可能造成较大影响，特别是在人口密集地区。

3）深源地震：震源深度大于 300km 的地震。深源地震发生的频率较低，约占全球地震总数的 4％左右。由于震源距地面很远，地震波传播到地面时能量已大幅衰减，通常不会对地面造成严重破坏，但它们对于研究地球内部结构和板块运动具有重要意义。

（3）震中：震源正上方的地面位置，或震源在地表的投影叫震中，它是地震发生时地面上距离震源最近的点，也是地震波最先到达地面的地方。

（4）震中区：震中及其附近的区域，也称为极震区。这是地震时地面震动最强烈、破坏最严重的地区。

（5）震中距：地面上某一点到震中的直线距离，单位通常为千米（km）。它反映了该点相对于震中的位置关系，是衡量地震对不同地点影响程度的一个重要参数。

（6）等震线：地震后，在地图上把地面震度（烈度）相等的各点连接起来的曲线。等震线描绘了地震影响的分布情况，直观地展示了不同区域受到地震影响的程度差异。

3. 地震波

地震引起的振动以波的形式从震源向四周传播，分为体波和面波。体波包括纵波（P波）和横波（S波），纵波介质质点的振动方向与波的传播方向一致，引起地面垂直振动，周期短、振幅小、波速快；横波介质质点的振动方向与波的传播方向垂直，引起地面水平振动，周期长、振幅大、波速慢。面波是体波经地层界面多次反射、折射形成的次生波，其质点振动方向比较复杂，既引起地面水平振动又引起地面垂直振动。

4. 震级与地震烈度

震级是衡量一次地震大小的等级，用符号 M 表示，一般称为里氏震级。震级相差一级，地面振动振幅增加约10倍，而能量增加近32倍。地震烈度是指某一地区的地面及建筑遭受到一次地震影响的强弱程度，我国把地震烈度分为12度，不同烈度下建筑的破坏程度不同，见表3-1。

中国地震烈度等级表 表3-1

地震烈度	人的感觉	房屋及其他震害现象
I	无感	
II	室内个别静止中的人有感觉	
III	室内少数静止中的人有感觉	门、窗轻微作响。悬挂物微动
IV	室内多数人、室外少数人有感觉，少数人梦中惊醒	门、窗作响。悬挂物明显摆动，器皿作响
V	室内绝大多数人、室外多数人有感觉，多数人梦中惊醒	门窗、屋顶、屋架颤动作响，灰土掉落，个别房屋墙体抹灰出现细微裂缝，个别屋顶烟囱掉砖。悬挂物大幅度晃动，不稳定器物摇动或翻倒
VI	多数人站立不稳，少数人惊逃户外	个别中等破坏，少数轻微破坏，多数基本完好。家具和物品移动；河岸和松软土出现裂缝，饱和砂层出现喷砂冒水；个别独立砖烟囱轻度裂缝
VII	大多数人惊逃户外，骑自行车的人有感觉，行驶中的汽车驾乘人员有感觉	少数中等破坏，多数轻微破坏和/或基本完好。物体从架子上掉落；河岸出现塌方，饱和砂层常见喷水冒砂，松软土地上地裂缝较多；大多数独立砖烟囱中等破坏
VIII	多数人摇晃颠簸，行走困难	个别毁坏，少数严重破坏，多数中等和/或轻微破坏。干硬土上出现裂缝，饱和砂层绝大多数喷砂冒水；大多数独立砖烟囱严重破坏
IX	行动的人摔倒	少数毁坏，多数严重和/或中等破坏。干硬土上多处出现裂缝，可见基岩裂缝、错动、滑坡、塌方常见；独立砖烟囱多数倒塌
X	骑自行车的人会摔倒，处于不稳状态的人会摔离原地，有抛起感	大多数毁坏或严重破坏。山崩和地震裂缝出现，基岩上拱桥破坏；大多数独立砖烟囱从根部破坏或倒毁
XI		绝大多数毁坏。地震断裂延续很大，大量山崩滑坡
XII		几乎全部毁坏。地面剧烈变化，山河改观

3.3.2 抗震设防

1. 设防目标

我国建筑抗震设防目标是"小震不坏，中震可修，大震不倒"。

（1）小震不坏：当遭受低于本地区抗震设防烈度的多遇地震影响时，建筑物一般不受损坏或不需修理仍可继续使用。

（2）中震可修：当遭受本地区规定设防烈度的地震影响时，建筑物可能产生一定的损坏，经一般修理或不需修理仍可继续使用。

（3）大震不倒：当受高于本地区规定设防烈度的预估的罕遇地震影响时，建筑可能产生重大破坏，但不致倒塌或发生危及生命的严重破坏。

2. 设防分类

根据建筑的使用功能及其重要性，按其受地震破坏时产生的后果及其严重性，抗震设防的建筑工程分为特殊设防类（甲类）、重点设防类（乙类）、标准设防类（丙类）、适度设防类（丁类）四个抗震设防类别。

3. 设防标准

抗震设防标准的依据是设防烈度，它根据建筑物的重要性和所在地区基本烈度两方面确定。

甲类建筑地震作用应高于本地区抗震设防烈度的要求，抗震措施也应相应提高；乙类建筑地震作用应符合本地区抗震设防烈度的要求，抗震措施一般应提高一度；丙类建筑地震作用和抗震措施均应符合本地区抗震设防烈度的要求；丁类建筑地震作用仍应符合本地区抗震设防烈度的要求，抗震措施可适当降低，但抗震设防烈度为 6 度时不应降低。

3.3.3 抗震设计方法

我国建筑抗震设计规范采用二阶段设计方法来实现抗震设防目标。

第一阶段设计：采用第一水准多遇烈度的地震动参数，计算出结构在弹性状态下的地震作用效应与风、重力等荷载效应组合，并引入承载力抗震调整系数，进行构件截面设计，满足第一水准的强度要求，同时计算出结构的弹性层间位移角，使其不超过规定的限值。此外，采用相应的抗震结构措施，保证结构具有相应的延性、变形能力和塑性耗能能力，自动满足第二水准的变形要求。

第二阶段设计：采用第三水准罕遇烈度的地震动参数，计算出结构的弹塑性层间位移角，满足规定的要求，并采取必要的抗震构造措施，满足第三水准的防倒塌要求。但并非所有结构都需要进行第二阶段的设计，对于大多数结构，一般可只进行第一阶段设计，而通过概念设计和抗震构造措施来满足第三水准的设计目标。

3.3.4 抗震措施

房屋建筑的设计方案应特别重视抗震概念设计，明确建筑结构的规则性分类，建筑平面形状和立面、剖面的变化应规则，结构布局应平面均匀对称、竖向连续。对不规则的建筑应按规定采取加强措施；对特别不规则的建筑应进行专门研究和论证，采取特别的加强措施；不得采用严重不规则的建筑方案。

1. 建筑体型与布局

建筑体型、平面、立面布置宜规则、对称，建筑质量分布和刚度变化均匀。

2. 设置抗震构件

按抗震设计规范设置防震缝、抗震圈梁、构造柱、芯柱及抗震支撑系统等。《建筑与市政工程抗震通用规范》GB 55002—2021 第 5.5.8 条规定：砌体房屋应设置现浇钢筋混凝土圈梁、构造柱或芯柱。

（1）砌体房屋构造柱的设置

砌体房屋应按表 3-2 和表 3-3 的要求设置现浇钢筋混凝土构造柱（以下简称构造柱）或芯柱。

多层砖砌体房屋构造柱设置要求

表 3-2

房屋层数				设置部位	
6 度	7 度	8 度	9 度		
四、五	三、四	二、三		楼、电梯间四角，楼梯斜梯段上下端对应的墙体处；外墙四角和对应转角；错层部位横墙与外纵墙交接处；大房间内外墙交接处；较大洞口两侧	隔 12m 或单元横墙与外纵墙交接处；楼梯间对应的另一侧内横墙与外纵墙交接处
六	五	四	二		隔开间横墙（轴线）与外墙交接处；山墙与内纵墙交接处
七	≥六	≥五	≥三		内墙（轴线）与外墙交接处；内墙的局部较小墙垛处；内纵墙与横墙（轴线）交接处

多层小砌块房屋芯柱设置要求

表 3-3

房屋层数				设置部位	设置数量
6 度	7 度	8 度	9 度		
四、五	三、四	二、三		外墙转角，楼、电梯间四角，楼梯斜梯段上下端对应的墙体处；大房间内外墙交接处；错层部位横墙与外纵墙交接处；隔 12m 或单元横墙与外纵墙交接处	外墙转角，灌实 3 个孔；内外墙交接处，灌实 4 个孔；楼梯斜段上下端对应的墙体处，灌实 2 个孔
六	五	四		同上；隔开间横墙（轴线）与外纵墙交接处	
七	六	五	二	同上；各内墙（轴线）与外纵墙交接处；内纵墙与横墙（轴线）交接处和洞口两侧	外墙转角，灌实 5 个孔；内外墙交接处，灌实 4 个孔；内墙交接处，灌实 4～5 个孔；洞口两侧各灌实 1 个孔
	七	≥六	≥三	同上；横墙内芯柱间距不大于 2m	外墙转角，灌实 7 个孔；内外墙交接处，灌实 5 个孔；内墙交接处，灌实 4～5 个孔；洞口两侧各灌实 1 个孔

注：外墙转角、内外墙交接处、楼、电梯间四角等部位，应允许采用钢筋混凝土构造柱替代部分芯柱。

（2）砌体房屋现浇钢筋混凝土圈梁的设置

多层砌体房屋应按表 3-4 要求设置现浇钢筋混凝土圈梁，多层砖砌体房屋圈梁配筋要求详见表 3-5。

多层砌体房屋现浇钢筋混凝土圈梁设置要求

表 3-4

墙类	烈度		
	6、7	8	9
外墙和内纵墙	屋盖处及每层楼盖处	屋盖处及每层楼盖处	屋盖处及每层楼盖处
内横墙	同上；屋盖处间距不应大于 4.5m；楼盖处间距不应大于 7.2m；构造柱对应部位	同上；各层所有横墙，且间距不应大于 4.5m；构造柱对应部位	同上；各层所有横墙

多层砖砌体房屋圈梁配筋要求 表 3-5

配筋	烈度		
	6、7	8	9
最小纵筋	4ϕ10	4ϕ12	4ϕ14
箍筋最大间距（mm）	250	200	150

3. 加强楼层整体性

选择适宜的楼层形式，加强楼层和楼梯间的整体性。

4. 构件连接处理

加强各构件间连接，如纵横墙之间、承重墙与非承重墙之间、板与板之间、板与梁之间、板、梁与墙之间等，同时处理好非结构构件与主体结构的连接。

5. 特殊建筑考虑

注意单层空旷房屋，土、木、石结构房屋的特点，有针对性地采取有效的抗震措施。

第4部分　建筑修缮、加固和修复

4.1　建　筑　修　缮

4.1.1　墙体修缮

1. 裂缝修补

表面裂缝处理：对于墙体表面较细的发丝裂缝，可采用表面封闭法。首先，用钢丝刷等工具将裂缝周围的松散灰浆、杂物等清理干净，确保表面整洁。然后，调配适量的水泥砂浆或专用的裂缝修补胶，用刮刀将其均匀涂抹在裂缝处，涂抹厚度一般控制在 2～3mm，使其覆盖裂缝并略超出裂缝边缘，待其干燥固化后，能有效阻止外界水分、空气等进入裂缝，防止裂缝进一步扩展。

较宽裂缝修补：当墙体出现宽度较大（一般大于 0.3mm）的裂缝时，须采用填充修补法。先使用凿子、冲击钻等工具沿裂缝开凿出"V"形或"U"形槽，槽的宽度和深度要根据裂缝情况而定，通常宽度在 20～30mm，深度以能保证填充材料牢固粘结为宜。清理干净槽内的碎屑后，可选用水泥砂浆、细石混凝土（对于较宽较深裂缝）或专用的填缝材料进行填充，填充时要分层捣实，确保填充密实，最后将表面抹平，使其与墙体表面齐平，恢复墙体外观和结构完整性。

2. 墙体空鼓处理

检查空鼓范围：通过敲击墙体的方式来判断空鼓部位，空鼓处敲击声音会明显不同于实心墙体，呈现出清脆、空洞的声响。用记号笔等工具标记出空鼓的边界范围，以便准确进行处理。

空鼓修复：对于较小面积的空鼓（一般空鼓面积占单块墙面面积不超过 10%），可以采用灌注粘结法。使用注射器等工具向空鼓部位注入适量的粘结剂，如环氧树脂胶黏剂等，边注入边轻轻敲击空鼓处周边墙体，使胶黏剂充分填充空鼓空间，让墙体与基层重新粘结牢固。若空鼓面积较大，则需将空鼓部分的墙体饰面材料（如墙砖、抹灰层等）剔除，重新进行基层处理，先清理干净基层表面，浇水湿润后，按照抹灰工艺要求重新涂抹水泥砂浆等材料，分层压实、抹平，保证墙体与基层粘结良好，无空鼓现象。

3. 墙体饰面修复

面砖修复：当墙体面砖出现破损、脱落时，首先要选择与原面砖颜色、规格相近的面砖进行替换。拆除损坏面砖时，要小心操作，避免对周边面砖造成破坏，可使用小型凿子等工具轻轻剔除。清理干净基层后，用专用的面砖胶黏剂将新面砖胶黏在原位，粘贴时要保证面砖的平整度和垂直度，使用水平仪和靠尺等工具辅助校准，同时确保面砖之间的缝隙宽窄一致、均匀美观，粘贴完成后，根据需要对缝隙进行勾缝处理，可选用与原勾缝材料相同的材料，如白色水泥勾缝剂等，使修复后的墙面整体协调。

抹灰层修复：若墙体抹灰层出现起皮、剥落等情况，先将损坏的抹灰层全部铲除干净，铲除范围要超出损坏边缘一定距离，防止残留的松散抹灰影响修复质量。对基层墙体进行充分的浇水湿润后，按照设计要求的配合比配制抹灰砂浆，一般底层抹灰可采用1∶3的水泥砂浆，厚度控制在7～9mm，中层和面层抹灰根据实际情况调整配合比和厚度，分层进行抹灰施工，每层抹灰间隔时间要符合要求，保证每层抹灰都能牢固粘结，最后用抹子将表面压光，使其达到平整、光滑的效果，与周边未损坏的抹灰层自然衔接。

4.1.2　屋面修缮

1. 屋面防水层修缮

(1) 卷材防水层修补

如果屋面卷材防水层出现局部鼓泡、破损等情况，对于较小的鼓泡，可先用针筒将鼓泡内的空气抽出，然后用针筒注入适量的密封胶，再用刮板将其压实，使其与基层粘结牢固；对于破损处，要先将破损区域周围的卷材清理干净，裁剪一块比破损面积略大的同材质卷材，用专用的卷材胶黏剂将其粘贴在破损部位，粘贴时要保证卷材之间的搭接宽度符合要求（一般长边搭接不小于100mm，短边搭接不小于150mm），压实后确保无气泡、翘边等现象，防止雨水渗漏。

(2) 防水涂料防水层修复

当防水涂料防水层出现裂缝、剥落等问题时，要先将损坏区域的涂料层及松散的基层清理干净，然后重新涂刷防水涂料。涂刷时要按照说明书要求的工艺进行，一般需涂刷2～3遍，每遍涂刷方向要相互垂直，保证涂层均匀、无漏刷情况，且每遍涂刷要等上一遍涂料干燥固化后再进行，使修复后的防水层能有效发挥防水功能，厚度达到规定标准。

2. 屋面瓦修缮

(1) 瓦片更换

对于屋面出现破碎、移位的瓦片，要及时进行更换。先小心拆除损坏的瓦片，注意不要损坏周边完好的瓦片和屋面基层，选择与原瓦片规格、颜色一致的新瓦片，将其准确放置在原瓦片位置，确保瓦片之间的搭接、排列符合屋面瓦铺设要求，如平瓦屋面，相邻瓦片的搭接长度应在70～100mm左右，脊瓦与坡面瓦之间的搭接宽度不小于40mm，保证屋面的排水和防水性能不受影响。

(2) 瓦面整体修复

当屋面瓦大面积出现松动、下滑等情况时，须对瓦面进行整体修复。先从屋面的一端开始，逐步拆除瓦片，清理屋面基层上的杂物、灰尘等，检查基层的平整度和牢固性，如有损坏要及时修复，然后按照正确的铺设方法重新铺设瓦片，铺设过程中要利用水平仪等工具保证瓦面的坡度和排水方向正确，同时要注意瓦片的固定，可根据瓦片类型采用合适的固定方式，如挂瓦条固定、钉子固定等，确保瓦面稳固，能经受风雨考验。

3. 屋面排水系统修缮

(1) 天沟清理与修复

天沟容易堆积树叶、杂物等，导致排水不畅，定期要对天沟进行清理，可用铲子、扫帚等工具将杂物清除干净，对于天沟出现的裂缝、破损等情况，可采用水泥砂浆修补（对于较小裂缝）或用金属板材修补（对于较大破损，如镀锌钢板天沟），修补时要保证修补处与原天沟连接紧密，无缝隙，防止雨水渗漏。若天沟坡度不符合要求，要进行调整，通过垫高或降低天沟的某些部位，使天沟向排水口方向有合适的坡度（一般不小于 0.3%～0.5%），保障排水顺畅。

（2）雨水管维修与更换

雨水管如果出现破裂、堵塞等问题，要及时维修或更换。对于轻微破裂的雨水管，可用专用的密封胶带或塑料焊接等方法进行修补，使其恢复正常排水功能；若破裂严重或堵塞无法疏通时，则需拆除损坏的雨水管，安装新的雨水管，安装时要保证雨水管的垂直度，与屋面落水口和地面排水系统连接牢固、密封良好，并且管径大小要符合屋面排水流量的要求，避免出现排水不良而积水的情况。

4.1.3　木结构构件修缮

1. 木材腐朽处理

（1）腐朽部位检查

通过观察、敲击等方式检查木结构构件（如木梁、木柱等）是否存在腐朽情况，腐朽的木材表面会出现变色、松软、有孔洞等现象，敲击时声音发闷。确定腐朽部位的范围，用标记工具做好记录，以便准确进行处理。

（2）局部腐朽修复

对于局部腐朽且腐朽程度较轻的部位，可先将腐朽的木材部分剔除，使用木工工具（如凿子、锯子等）小心操作，尽量减少对周边健康木材的影响，然后用防腐剂对处理后的部位进行涂刷或浸泡处理，如采用环保型的铜铬砷防腐剂等，待防腐剂充分渗透后，再用与原木材材质、规格相近的木材进行修补，可采用榫接、胶粘等方式使其与原构件牢固结合，恢复构件的完整性和承载能力。

（3）严重腐朽更换

若木结构构件腐朽范围较大、程度严重，已影响到构件的整体稳定性和安全性能，则需对整个构件进行更换。选择质量合格、含水率符合要求的同种木材，按照原构件的尺寸、形状进行加工制作，安装时要保证新构件的位置、连接方式与原构件一致，如木柱与基础、木梁与木柱之间的榫卯连接要紧密牢固，确保结构受力合理，能正常承载上部荷载。

（4）局部腐朽加固

当木结构构件存在局部腐朽情况时，除了前面提到的将腐朽部分剔除后用防腐剂处理并修补的常规方法外，还可采用碳纤维布包裹加固的方式。先对腐朽部位进行清理、修补，使其表面相对平整，然后裁剪合适尺寸的碳纤维布，用浸渍胶将碳纤维布缠绕包裹在腐朽处理后的部位，碳纤维布的包裹层数要根据构件的受力情况和腐朽程度确定，一般不少于 2 层，通过碳纤维布的约束作用，提高腐朽部位的承载能力，同时阻止腐朽进一步发展，增强木构件整体的耐久性和结构性能。

（5）大面积腐朽修复与加固

·若木构件出现大面积腐朽，已影响到构件的整体稳定性，但又不便于完全更换构件（如在古建筑修复等特殊情况下），可采用组合加固的方法。一方面，对腐朽严重的部分进行替换，替换材料尽量选用与原木材材质、纹理相近的木材，通过榫接、胶粘等方式与原构件结合；另一方面，在构件的关键受力部位或整体表面，采用型钢（如角钢、槽钢等）进行包裹加固，型钢与木构件之间通过螺栓连接或焊接（在保证不损伤木材性能的前提下）等方式固定，使型钢分担木构件承受的部分荷载，同时对木构件起到约束保护作用，提高其在荷载作用下的安全性，这种组合加固方式能够在保留木结构原有风貌的同时，提升其结构强度。

2. 木材虫蛀防治与修复

(1) 虫蛀检查

查看木结构构件上是否有虫蛀孔、粉末状木屑等迹象，以此判断是否存在虫蛀问题，还可借助专业的木材检测设备进一步确定虫蛀的种类和程度，对虫蛀严重的区域做好重点标记。

(2) 防治与修复措施

对于有虫蛀的木结构，首先要对整个建筑内的木材进行杀虫处理，可采用熏蒸法，将木材放置在密闭空间内，通入适量的杀虫剂气体（如磷化铝熏蒸剂等），按照规定的时间和浓度进行熏蒸，杀死木材内的害虫及虫卵，然后对虫蛀部位进行修复，将虫蛀产生的孔洞、腐朽部分清理干净，用木材修补腻子（可添加防虫剂成分）填充孔洞，使其表面平整，再按照上述木材腐朽修复的方法进行后续处理，如涂刷防腐剂、进行局部修补或更换等，确保木材不再受到虫蛀威胁，结构性能得以恢复。

3. 木结构连接节点修缮

(1) 榫卯节点检查

检查榫卯连接节点处是否有松动、磨损、开裂等情况，榫头与榫眼之间的配合是否紧密，通过手动摇晃构件等方式感受节点的牢固程度，对于出现问题的节点做好详细记录。

(2) 节点修复

若榫卯节点出现轻微松动，可将节点拆开，清理榫头和榫眼内的杂物、灰尘等，然后在榫头表面涂抹适量的木工胶，重新将榫头插入榫眼，通过夹具等工具进行临时固定，待胶固化后，节点的连接强度会得到增强；对于磨损较严重的节点，可对榫头或榫眼进行适当的修整，用砂纸打磨等方式使其表面平整，然后增加一些辅助连接件，如在榫头处打入木销钉、在榫眼周边安装铁箍等，提高节点的承载能力和稳定性；如果榫卯节点出现开裂等严重损坏情况，可考虑拆除原节点，重新制作并安装符合要求的榫卯连接，确保木结构整体的力学性能良好。

4. 木结构整体加固

(1) 增设支撑体系

为提高木结构整体的稳定性，可根据建筑的结构形式和空间布局增设支撑体系。

(2) 整体加固与修复技术应用

对于古建筑等具有历史文化价值的木结构建筑，整体加固要遵循"修旧如旧"的原则，综合运用多种传统和现代的加固修复技术。如采用传统的榫卯修复技艺，对损坏的榫卯节点进行精细修复，同时结合现代的材料分析、结构检测技术，准确判断木结构的薄弱环节，有针对性地采用碳纤维布加固、型钢加固等手段，提高木结构的抗震、抗风等性能，并且在加固过程中注重对原有建筑风貌、装饰构件等的保护，尽可能保留木结构建筑的历史文化韵味，使其在结构安全的基础上延续历史文化价值。

4.1.4　渗漏修缮

1. 外墙渗漏修缮

(1) 渗漏原因查找

通过观察外墙表面的水渍、发霉情况，结合降雨等天气因素来判断渗漏部位，也可采用淋水试验的方法，在外墙可疑渗漏区域上方进行有针对性的淋水，观察墙体内侧是否出现渗漏现象，确定具体的渗漏点或渗漏范围。

(2) 不同部位修缮措施

1) 墙体裂缝渗漏：对于因墙体裂缝导致的渗漏，按照前面墙体修缮中裂缝修补的方法进行处理，修补好裂缝后，可在外墙表面涂刷一层透明的外墙防水剂，增强墙体的防水性能，防止雨水从修补后的裂缝再次渗入。

2) 外墙孔洞渗漏：如果是外墙的预留孔洞（如空调孔洞、穿墙管孔洞等）未做好防水处理而导致渗漏，要先将孔洞周围清理干净，用防水密封胶将孔洞与管道等之间的缝隙进行密封填充，然后在孔洞周边涂刷防水涂料，涂刷范围要适当扩大，形成一定的防水防护区域，确保雨水无法通过孔洞渗漏进室内。

3) 外墙面砖渗漏：当外墙面砖勾缝不密实或面砖破损导致渗漏时，先对勾缝进行重新处理，剔除原有的松散勾缝材料，采用优质的密封勾缝剂重新勾缝，保证勾缝饱满、无空隙。对于面砖破损处，更换面砖后同样要做好勾缝和周边的防水处理，如在面砖表面整体涂刷一层外墙防水涂料，提高外墙整体的防水能力。

2. 屋面渗漏修缮

(1) 全面检查与渗漏点确定

在屋面干燥的情况下，先对屋面进行全面的外观检查，查看防水层、瓦面、排水系统等是否存在明显的破损、裂缝等问题，然后在降雨后再次观察屋面的渗漏情况，确定具体的渗漏部位，对于一些难以直接判断的渗漏情况，也可采用蓄水试验（针对平屋面）或淋水试验（针对坡屋面）的方法来查找渗漏点。

(2) 针对性修缮方案

1) 防水层渗漏：根据屋面防水层的类型（卷材防水层或防水涂料防水层等），按照前面屋面防水层修缮的相应方法进行修补，修复后要进行闭水试验等检测手段，验证渗漏问题是否得到解决，确保屋面防水层能有效防水。

2) 屋面瓦渗漏：若是屋面瓦的原因导致渗漏，如瓦片破损、搭接不当等，参考屋面瓦修缮的方法进行处理，更换损坏瓦片、调整瓦面的搭接和坡度等，保证屋面排水顺畅且无渗漏现象。

3) 屋面排水系统渗漏：对于因天沟、雨水管等排水系统问题引发的渗漏，按照屋面排水系统修缮的要求进行维修或更换，确保排水系统正常工作，避免积水导致屋面渗漏。

3. 卫生间、厨房渗漏修缮

(1) 地面渗漏处理

首先要拆除卫生间、厨房地面的饰面层（如地砖等），检查防水层是否破损、管道接口是否密封不严等情况，若防水层损坏，要重新做防水层，一般采用聚氨酯防水涂料等，按照施工规范要求，先对基层进行处理，保证基层平整、干燥，然后涂刷 2～3 遍防水涂料，每遍涂刷方向相互垂直，涂刷厚度达到规定标准，且要做好防水层的闭水试验，闭水时间不少于24h，无渗漏后再恢复地面饰面层。对于管道接口渗漏，要将接口处拆开，重新使用密封材料（如橡胶密封圈等）进行密封处理，拧紧接口，确保连接牢固、无渗漏。

（2）墙面渗漏处理

卫生间、厨房墙面渗漏可能是由于墙面瓷砖勾缝不严、墙体内部水管渗漏等原因引起。对于瓷砖勾缝问题，重新勾缝处理，选用防水性好的勾缝材料，保证勾缝密实；若怀疑是水管渗漏，可通过打压试验来确定渗漏的水管，然后更换渗漏部分的水管，修复后再次进行打压试验，确认无渗漏后，对墙面进行相应的防水处理，如在墙面涂刷防水涂料等，提高墙面的防水能力。

4.1.5 其他损坏修缮

1. 门窗损坏修缮

（1）门窗扇变形修复

当门窗扇出现变形导致关闭不严、卡顿等情况时，对于木质门窗扇，可先将其拆卸下来，放置在平整的地面上，用重物均匀施压，对变形部位进行矫正，矫正过程中要适时检查矫正效果，避免过度矫正。对于铝合金、塑钢门窗扇，若变形轻微，可通过调整门窗扇的合页、滑轮等配件的位置来纠正变形，使其能正常开关；若变形严重，则可能需要更换门窗扇，确保其与门窗框匹配良好，开关灵活。

（2）门窗框松动修复

门窗框出现松动主要是因为安装时固定不牢或使用过程中受到外力影响，对于木质门窗框，可将松动的部位拆开，清理干净缝隙内的杂物，重新注入适量的木工胶，然后用钉子或螺栓将门窗框重新固定在墙体上，固定时要保证门窗框的水平度和垂直度符合要求；对于金属门窗框，可采用膨胀螺栓等连接件对松动部位进行加固，拧紧螺栓，使门窗框与墙体连接牢固，同时检查门窗框与墙体之间的密封情况，如有缝隙，用密封胶进行填充，提高门窗的密封性和保温性。

（3）玻璃破损更换

如果门窗玻璃破损，先小心拆除破碎的玻璃，清理干净门窗扇或门窗框内的玻璃碴等杂物，测量好玻璃的尺寸，选择与原玻璃厚度、类型相同的玻璃进行更换，如原来是普通平板玻璃可继续选用同等规格的，若是中空玻璃、钢化玻璃等特殊玻璃，则要确保更换的玻璃符合相应标准，安装玻璃时，要在周边放置合适的密封胶条，保证玻璃固定牢固且密封良好，防止雨水、空气等进入室内。

2. 地面损坏修缮

（1）地面起砂修复

地面起砂现象多见于水泥砂浆地面，主要是由于水泥用量不足、养护不当等原因造成。修复时，首先将起砂的地面表层用角磨机等工具打磨掉一层，清除松散的砂粒和灰尘，然后用清水冲洗干净，待地面干燥后，涂刷地面起砂处理剂，按照产品说明书要求的用量和涂刷次数进行操作，使处理剂充分渗透到地面内部，提高地面的强度和耐磨性，最后可根据需要再进行地面的抛光等处理，使其表面平整、光亮。

（2）地面空鼓修复

地面空鼓的检查方法与墙体空鼓类似，通过敲击判断空鼓部位，对于较小面积的空鼓（一般空鼓面积占单块地面面积不超过 10%），可采用钻孔灌注水泥砂浆的方法，用冲击钻在空鼓部位钻孔，将配制好的水泥砂浆通过压力注入孔内，边注入边用木锤轻敲空鼓处周边地面，使水泥砂浆充分填充空鼓空间，待水泥砂浆凝固后，地面空鼓问题得到解决；若空鼓面积较大，则需将空鼓部分的地面面层铲除，重新铺设地面材料，铺设过程中要保证基层处理到位，地面材料铺设平整、压实，无空鼓隐患。

（3）地面裂缝修复

地面出现裂缝，若裂缝较细，可采用填缝剂进行填充，先将裂缝清理干净，然后将填缝剂填入裂缝内，用抹子等工具将表面抹平；对于较宽的裂缝，可参照墙体裂缝修补的方法，开凿出合适的槽，用水泥砂浆或细石混凝土填充，填充时要分层捣实，保证填充密实，修复后的地面裂缝不再影响地面的正常使用和美观。

4.2　建筑加固和修复

建筑加固包括生土结构房屋的修复加固、木结构房屋的加固和修复以及砌体结构房屋的加固和修复。

4.2.1　生土结构房屋的修复加固

生土结构房屋的修复加固包括生土结构房屋墙体加固和木结构加固。此处介绍生土结构房屋墙体加固，木结构加固将在 4.2.2 中介绍。

（1）承重墙体明显开裂、存在严重质量问题时，应选择下列加固方法：

1）墙体已开裂，但裂缝宽度较小，经鉴定不会继续发展时，可采用灌浆或塞浆修补裂缝。

2）当生土墙体强度偏低、砌筑质量差导致抗震承载能力不满足要求时，可在墙体的两侧采用水泥砂浆面层或钢丝网水泥砂浆面层加固，并用穿墙钢筋对拉，如图 4-1 所示；面层加固也可与灌浆结合用于裂缝墙体的修复补强。

（2）纵横墙交接处、山墙与纵墙交接处整体性连接不满足要求时，应选择下列加固方法：

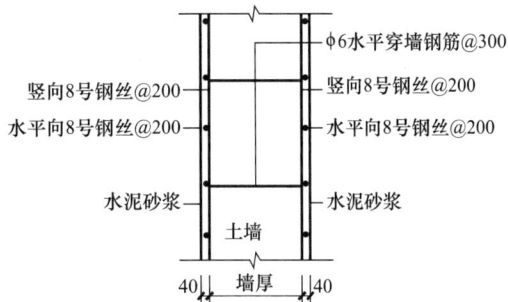

图 4-1　生土墙双面钢丝网水泥砂浆面层加固图

1）可在纵横墙交接处或山墙与纵墙转角处增设砖柱加固，也可在加固砖墙之间采用水平配筋砂浆带或高韧性混凝土条带做法加固。

2）房屋的四角及纵横墙交接处未设置木构造柱时，可增设木构造柱加固，并与原有木圈梁或楼、屋盖构件可靠拉结。

3）前后檐墙外闪或内外墙连接不可靠时，可采用水平配筋砂浆带或高韧性混凝土条带做法加固。

（3）当房屋圈梁的设置和构造不满足要求时，应增设圈梁；圈梁可采用外加配筋砂浆带或高韧性混凝土条带做法；当墙体采用双面钢丝网砂浆面层加固，且在上端增设加强筋时，可不另设圈梁：

1）当山墙上搁置檩条处无垫木或垫梁时，可采用在山墙内外两侧增设方木的方法进行加固。

2）对无下弦的人字屋架应增设下弦拉杆。

（4）对墙体已经出现局部严重酥碱、空鼓、歪闪、破损与裂缝较严重的生土墙体，应拆除重砌。

（5）生土结构房屋局部易倒塌部位不满足要求时，应选择下列加固方法：

1）窗间墙宽度过小时，可增设木窗框或采用钢丝网水泥砂浆面层加固。

2）对无拉结或拉结不牢的隔墙，可在隔墙端部和顶部采用锚固的木夹板、铁件、锚筋等加强连接；当隔墙过长、过高时，可采用钢丝网水泥砂浆面层加固或增设墙垛。

3）突出屋面无锚固的烟囱、女儿墙等易倒塌构件的出屋面高度不符合抗震鉴定要求时，可采用钢丝网水泥砂浆面层加固，并采取拉结措施。

4.2.2 木结构房屋的加固和修复

1. 木梁加固

当木梁或木龙骨的连接接头处有震损变形或松动时，应采用双面扁铁或扒钉加强接头处的连接，并与木柱之间采用 U 形扁铁、对穿螺栓等可靠连接。

2. 木柱加固

当木柱未设柱脚石或木柱与柱脚石未有效连接时，应增设柱脚石，或加强柱脚石与木柱的连接，具体做法如下：

（1）木柱下未设柱脚石，且木柱柱脚腐朽时，可采用榫卯或铁件连接法更换柱脚，如图 4-2 所示。

采用拍巴掌榫连接法更换柱脚时，拍巴掌榫连接区段应采用扁铁套箍连接；也可采用 8 号钢丝捆扎加固，8 号钢丝在拍巴掌榫连接区段内不应少于两道，每道不应少于 4 匝；更换后在柱脚下墩接混凝土墩、石墩或砖磉，如图 4-3 所示。

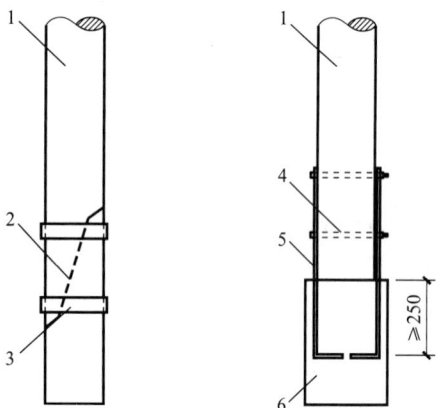

图 4-2　木柱更换柱脚做法及柱脚墩接做法
1—木柱；2—拍巴掌榫连接；3—扁铁套箍；
4—连接螺栓；5—连接铁件；6—混凝土墩

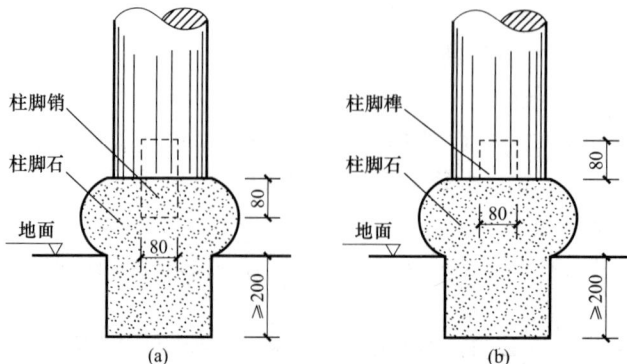

图 4-3　柱脚与柱脚石的锚固做法

（2）木柱下未设柱脚石，但木柱柱脚无明显腐朽时，可将原柱脚埋入部位适当截除后，在柱脚采用混凝土墩、石墩或砖墩连接，砖墩的砂浆强度等级不应低于 M10；木柱与混凝土墩、石墩或砖墩应采用铁件连接牢固，如图 4-4 所示。

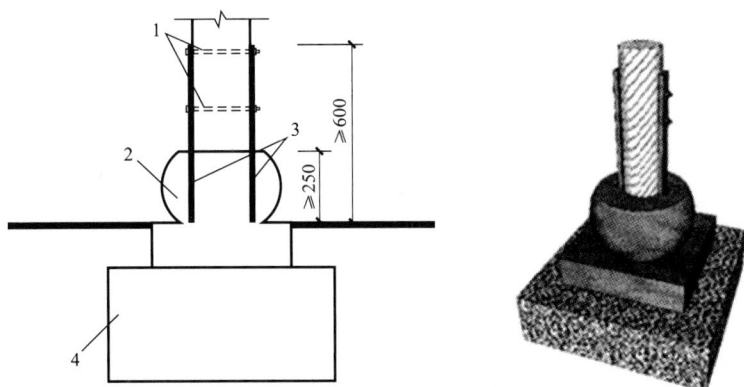

图 4-4　柱脚石加固做法

1—连接螺栓；2—柱脚石；3—连接铁件；4—毛石基础

（3）柱脚石与木柱无可靠连接时，可在木柱两对侧增设连接铁件，连接铁件可采用厚度不小于 4mm，宽度不小于 50mm 的扁铁；下端锚入柱脚石不应小于 250mm，总长不应小于 600mm，与木柱采用两道对穿螺栓连接。

（4）木柱柱脚新增连接铁件范围内增设钢丝网砂浆面层进行保护和装饰，钢丝网材质性能不低于 Q235-B，直径不小于 1.2mm，网孔不大于 20mm×20mm。钢丝网与木柱之间采用不锈钢钢钉连接，锚入木柱内 20～30mm 牢固固定，钢钉间距不大于 100mm×100mm。M5 水泥砂浆抹面，厚度不大于 20mm。

（5）房屋圆木柱构件开裂损坏的，可加钢箍绑扎进行加固处理，如图 4-5 所示。

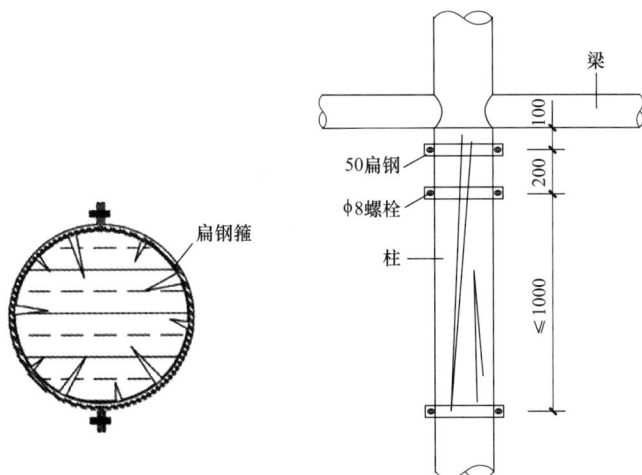

图 4-5　圆木柱加固做法

当木柱接头出现开裂、移位情况时，应对木柱接头处进行修复和加固，接头部位修复范围应大于柱接头范围；围箍应紧密贴合柱身，接口处应采用螺栓连接，在接头处围箍不应少于两道。

3. 楼、屋盖

（1）三角形木屋架或木柱木梁房屋中节点出现开裂、移位时，应进行如下修复加固（图4-6～图4-8）。

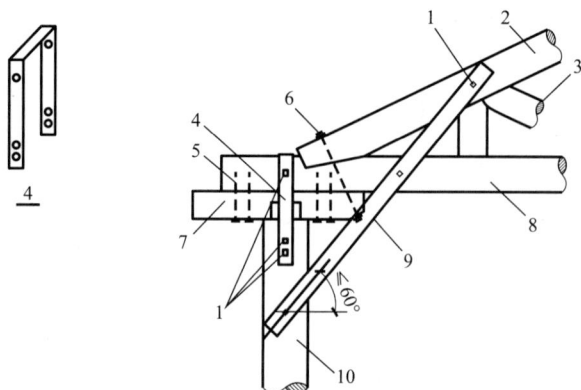

图 4-6　三角形屋架加设斜撑

1—连接螺栓；2—屋架上弦；3—腹杆；4—U 形扁铁；5—圆钉；
6—保险螺栓；7—附木；8—屋架下弦；9—斜撑；10—木柱

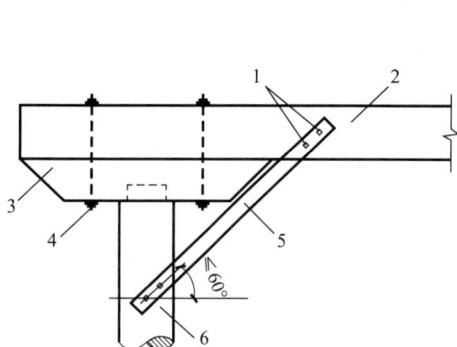

图 4-7　木柱与木梁加设斜撑

1—连接螺栓；2—木梁；3—托梁；4—保险螺栓；5—斜撑；6—木柱

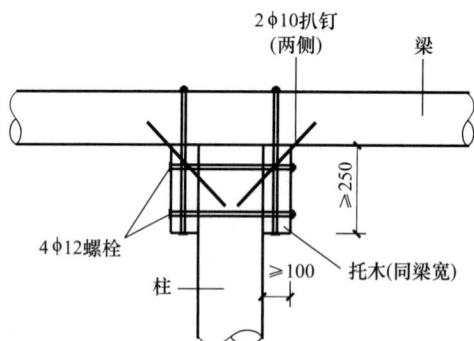

图 4-8　木柱与木梁无榫连接做法

1）斜撑应设置在屋架、木梁与木柱之间，采用木夹板时宜双面设置，并采用螺栓对穿连接；斜撑下端与木柱连接，上端与屋架上、下弦或木梁连接。

2）木柱、附木及屋架下弦宜采用 U 形扁铁和螺栓连接；托梁和木梁宜采用保险螺栓连接。

3）当木柱柱顶与木梁无榫接时，需增设托木用螺栓和扒钉将其连接为整体。

4）抗震设防烈度为 7 度时连接螺栓直径不应小于 10mm，8 度时不应小于 12mm；U 形扁铁的厚度不应小于 4mm；保险螺栓直径不应小于 18mm；木斜撑断面 7 度时不应小于 60mm×60mm，8 度时不应小于 60mm×90mm。

5）采用型钢斜撑时宜在木柱内侧与屋架、木梁底部设置，斜撑由型钢加工而成，长度不应小于 400mm，两端与木柱及屋架下弦（木梁）锚固长度不应小于 120mm；锚固部位宜采用连接螺栓或高强自攻螺钉与木柱及屋架下弦（木梁）连接。

6）采用型钢斜撑时，抗震设防烈度为 7 度时型钢斜撑宜采用 5 号槽钢或等边角钢，厚度不应小于 4mm；8 度时宜采用 ∟6.3 号槽钢或等边角钢，厚度不应小于 5mm。7 度时连接螺栓直径不应小于 10mm，8 度时不应小于 12mm，连接螺栓每个部位不应少于 2 个，且应对穿连接；高强自攻螺钉直径不应小于 4mm，7 度时每个部位不应少于 6 个，8 度时不应少于 8 个。

（2）木屋盖系统的修复，应符合下列规定：

1）当采用钢丝网水泥砂浆面层或外加配筋砂浆带修复墙体时，应将钢丝网水泥砂浆面层或配筋砂浆带中的钢丝（或钢筋）与木梁或木屋架的两端拉结牢固，如图 4-9 所示。

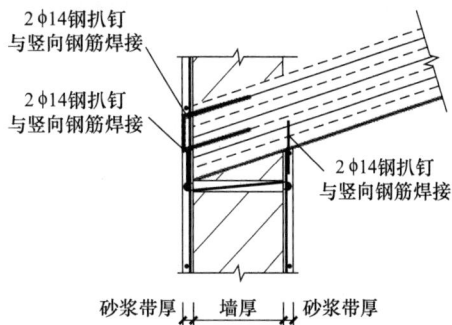

图 4-9　修复墙体与木梁或木屋架的拉结做法

2）当檩条、龙骨在木梁、屋架上弦或墙顶处搭接时，应采用螺栓、扒钉、圆钉等与屋架、木梁或墙顶圈梁牢固连接，或采用 8 号钢丝将檩条、龙骨与木梁或屋架上弦绑扎牢固。

3）当檩条、龙骨在木梁、屋架上弦处或墙顶对接时，宜采用木夹板或扁钢将檩条、龙骨的端部钉牢，并与木梁、屋架上弦、墙体牢固连接。

4）当檩条、龙骨在山尖墙搭接时，宜采用 8 号钢丝将檩条、龙骨绑扎牢固；也可采用扒钉将檩条或龙骨钉牢。

5）当檩条、龙骨在山尖墙未对接时，宜采用双面扒钉将檩条或龙骨钉牢。

6）当椽子与檩条连接较弱时，宜采用 10 号、12 号钢丝将椽子与檩条绑扎牢固。

7）当檩条与木梁连接较弱时，在木梁上檩条支撑处应采用拐角铁钉钉牢。

8）更换或增设构件应与原有的构件可靠连接。

9）当采用木屋架屋盖时，应增设剪刀撑及纵向水平系杆以加强屋盖整体性，三角形木屋架应在房屋中部屋檐高度处设置纵向水平系杆，系杆应采用墙揽与各道横墙连接或与屋架下弦杆钉牢。

（3）楼、屋盖木构件间加强连接修复时，应符合下列规定：

1）木构件截面有明显下垂时，应增设构件修复，增设的构件应与原有的构件可靠连接。

2）木构件局部腐朽、蛀蚀、疵病处，可采用局部切除后替换木材或底部加设槽钢或角钢的方法修复处理；当木构件腐朽、疵病、严重开裂而丧失承载能力时，应更换或增设构件修复；更换的构件的截面尺寸不应小于原构件的尺寸，增设的构件应与原构件可靠连接，木构件出现裂缝时可采用铁箍或钢丝绑扎修复；当裂缝宽度较大时，修复前宜用木条嵌缝。

3）当木龙骨支承长度不满足要求时，可采取增设支托或夹板、扒钉连接。

4）尽端山墙与檩条、龙骨无拉结时，宜增设墙揽。

4. 墙体加固

（1）增设墙揽修复时，应符合下列规定：

1）增设墙揽可采用角铁、梭形铁件或木条等制作。

2）檩条出山墙时可采用木墙揽，木墙揽可用木销或铁钉固定在檩条上，并与山墙卡紧；檩条不出山墙时宜采用铁件（如角铁、梭形铁件等）墙揽，铁件墙揽可根据设置位置与檩条、屋架腹杆、下弦或柱固定。

3）木墙揽厚度不应小于 3mm，长、宽分别不应小于檩条直径 140mm 和 100mm，竖向放置；墙揽套入檩条后用木销固定，木销断面不应小于 20mm×20mm，或直径不小于

20mm，长度不应小于檩条直径加 60mm。

4）型钢、铁件墙揽长度不应小于 300mm，并应竖向放置；墙揽与檩条、柱或屋架腹杆采用一头砸扁的直径为 12mm 的螺栓连接，螺栓连接处设 30mm×30mm×2mm 垫板；型钢墙揽不应小于 5 号角钢或槽钢，厚度不小于 5mm；梭形铁件中部断面不应小于 60mm×10mm。

5）墙揽应靠近山尖墙面布置，最高的一个应设置在脊檩正下方位置处，其余的可设置在其他檩条的正下方或与屋架腹杆、下弦及柱上的对应位置处。

6）抗震设防烈度为 7 度时山墙设置的墙揽数量不宜少于 3 个，8 度或山墙高度大于 3.6m 时山墙设置的墙揽数量不宜少于 5 个。

出墙面木墙揽与檩条连接做法与角铁墙揽连接做法如图 4-10 和图 4-11 所示。

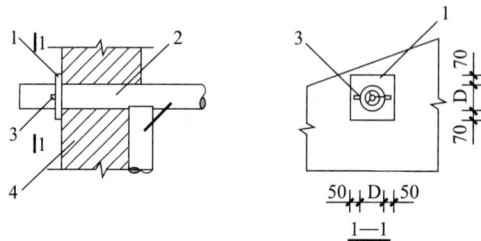

图 4-10　出墙面木墙揽与檩条连接做法

1—木墙揽；2—檩条；3—木销；4—山墙

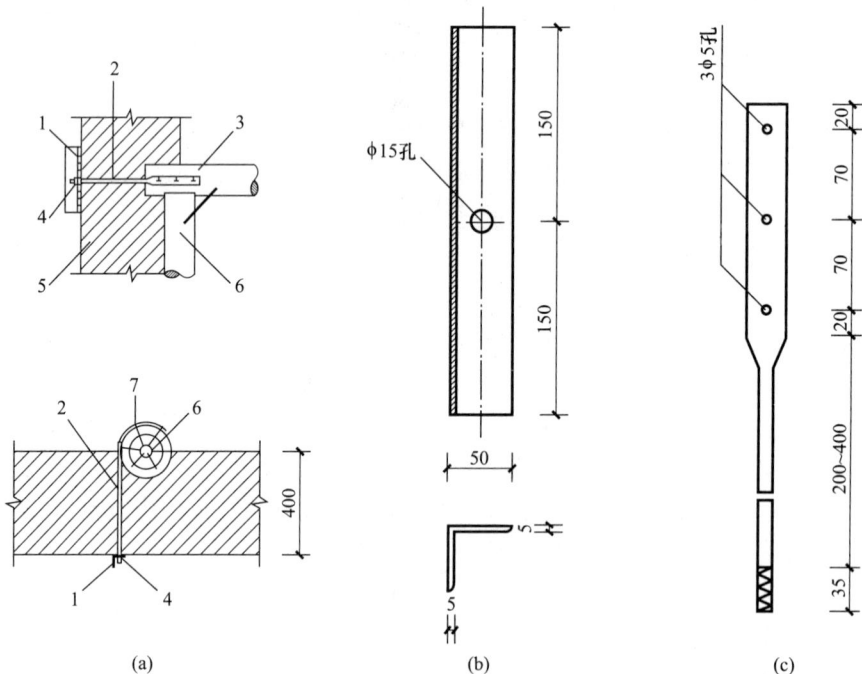

(a)　　　　　　　(b)　　　　　　　(c)

图 4-11　角铁墙揽连接做法

（a）墙揽与檩条的连接；（b）墙揽与柱（屋架腹杆）的连接；（c）角铁墙揽做法

1—角铁墙揽；2—连接螺栓；3—檩条；4—垫板；5—山墙；6—瓜柱；7—圆钉

（2）围护墙体与承重木构架的连接修复做法（图 4-12），应满足下列要求：

1）围护墙应沿墙高每隔 500mm 左右采用墙揽或 $\phi6$ 钢筋将围护墙体与木柱绑扎牢固。

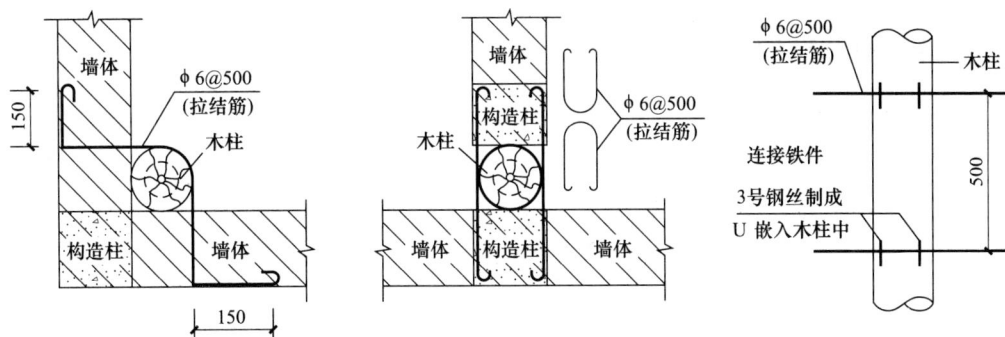

图 4-12　围护墙体与承重木构架的连接修复做法

2）当围护墙采用钢丝网砂浆面层、外加配筋砂浆带修复时，应沿墙高每隔 500mm 左右采用 6 号钢丝将面层中的钢筋（钢丝）与木柱绑扎牢固。

3）当围护墙体布置在平面内不闭合时，可在墙体开口处设置竖向外加配筋砂浆带，并沿墙高每隔 500mm 左右采用 6 号钢丝将砂浆带中的纵向钢筋与木柱拉结牢固。

4）山墙、山尖墙应采用墙揽与龙骨、木屋架或檩条拉结；墙揽可采用角铁、梭形铁件或木板等制作。

5）当端开间山墙内侧未设置木构架，即为采用硬山搁檩时，宜采用墙揽将山墙与檩条或龙骨连接牢固。

（3）后砌隔墙与木构架和屋盖无拉结的修复，应满足下列要求：

1）应在隔墙顶部采取措施与屋架下弦或梁连接，隔墙端部与木柱连接如图 4-13 所示。

2）屋架节点处应在隔墙顶部增设角铁墙挡，墙顶对侧双面设置；应采用不小于 ∟50×4 的角铁，角铁与屋架下弦及端部腹杆采用直径 12mm 螺栓对穿连接。

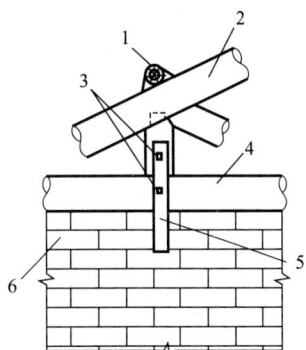

图 4-13　后砌隔墙端部墙顶
与屋架下弦的连接

1—檩条；2—屋架上弦；3—连接螺栓；
4—屋架下弦；5—角铁墙挡；6—隔墙

3）隔墙中部增设木夹板，间距不应大于 1000mm，木夹板应在墙顶对侧双面设置，平面尺寸不应小于 200mm×200mm，厚度不应小于 20mm；增设的木夹板应与木屋架下弦或木梁、隔墙顶部连接牢固（图 4-14）。

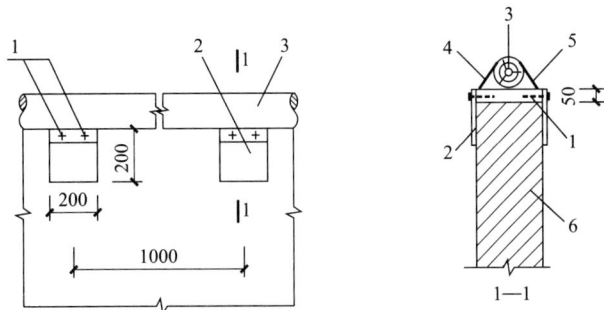

图 4-14　后砌隔墙中部墙顶与屋架下弦的连接

1—圆钉；2—木夹板；3—屋架下弦、梁或穿枋；4—扒钉；5—垫木；6—隔墙

4.2.3　砌体结构房屋的加固和修复

1. 外加配筋砂浆带加固

外加配筋砂浆带加固应符合下列规定：

（1）当墙体砌筑质量较差、需要加固墙体、加强墙体连接时，可采用配筋砂浆带加固。对有裂缝的砖墙应先采用水泥砂浆、聚合物砂浆等进行填塞修复，修复后再采用配筋砂浆带的方法进行加固。

（2）加强砌体结构构造与连接可增设配筋砂浆带，在砖墙双侧对称设置横向和竖向配筋砂浆带。竖向设置 $\phi8$ 主筋，横向设置 $\phi6$ 主筋，穿墙设置 $\phi6@600$ 拉结钢筋，穿墙孔采用水泥浆或结构胶封闭。砂浆强度等级采用 M10，钢筋保护层厚度不小于 20mm，抹灰前清理砖墙表面并刷水泥浆一道。

（3）外加配筋砂浆带加固应符合下列要求：

1）配筋砂浆带最小厚度和最小宽度按表 4-1 取值。

配筋砂浆带最小厚度和最小宽度（mm）　　　　　　　表 4-1

设防烈度		7 度	8 度
配筋砂浆带厚度（mm）		40	50
条带宽度（mm）	a	500	600
	b	400	500
	c	400	500

注：1 表中 a 表示外墙拐角处配筋砂浆竖向条带宽度；b 表示外墙中部或内墙配筋砂浆竖向条带宽度；c 表示楼（屋）盖处或墙顶（底）配筋砂浆带宽度。

2）砂浆强度等级不宜小于 M10。

3）配筋砂浆带宽度≤300mm 时，纵筋不宜小于 $3\phi6$；宽度＞300mm 时，纵筋不宜小于 $4\phi6$；系筋可采用 $\phi6@250$。

（4）水平配筋砂浆带的布置应符合以下要求：在房屋砖墙底部地面以上部位（包含内墙）通长设置配筋砂浆带一道，在檐口或门窗上部通长设置配筋砂浆带一道，且水平条带宜闭合。后墙高度超过前墙高度 2m 时，在后墙顶部加设一道。水平配筋砂浆带布置平面示意图如图 4-15 所示。

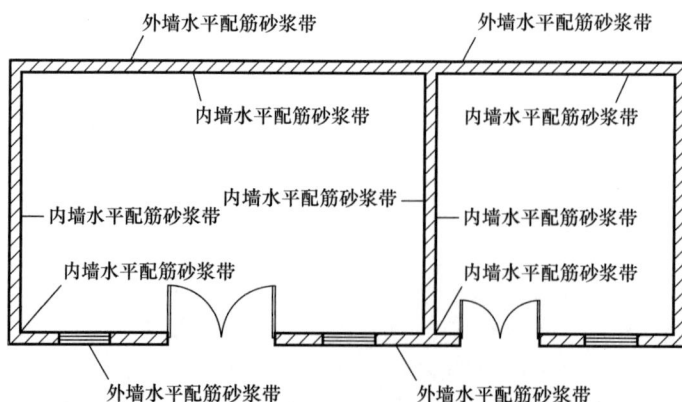

图 4-15　水平配筋砂浆带布置平面示意图

（5）竖向配筋砂浆带的布置应符合以下要求：在房屋外围四角设置"L"形配筋砂浆带，在纵墙与内横墙交接处设置"T"形配筋砂浆带，木屋架或木梁支座处设置"一"字形配筋砂浆带，并增设垫块。竖向配筋砂浆带应沿竖向通高布置，布置平面示意图详见图 4-16。

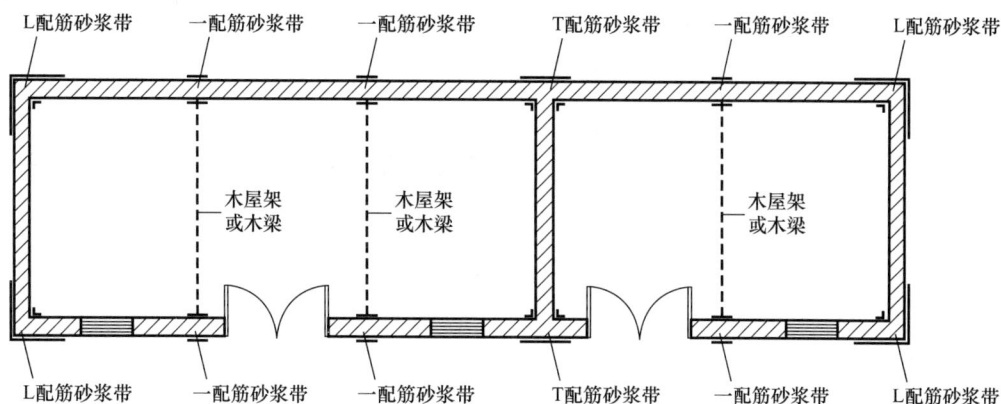

图 4-16　竖向配筋砂浆带布置平面示意图

（6）水平配筋砂浆带与竖向配筋砂浆带必须同时设置，且内部钢筋需相互可靠连接。配筋砂浆带布置立面图详见图 4-17～图 4-19。

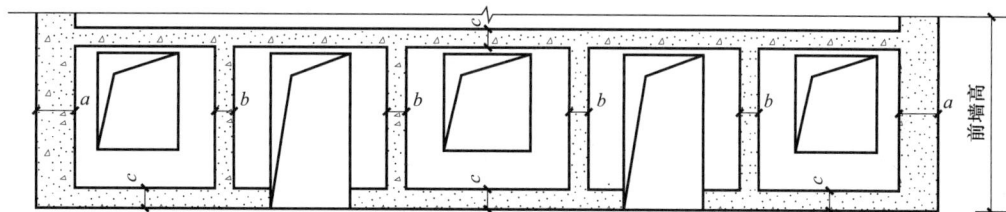

图 4-17　前墙配筋砂浆带布置立面示意图

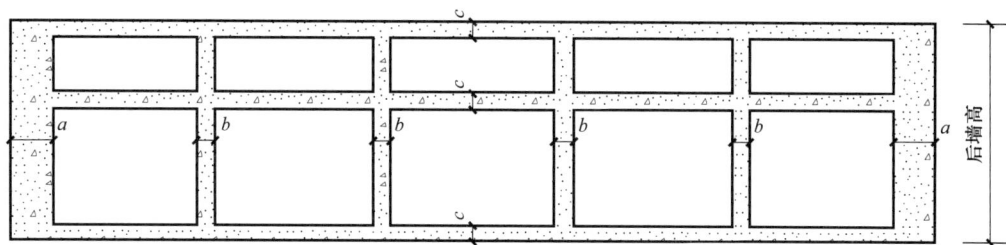

图 4-18　后墙配筋砂浆带布置立面示意图

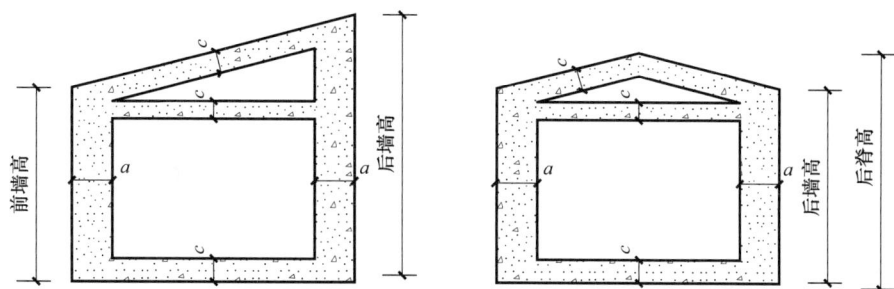

图 4-19　山墙配筋砂浆带布置立面示意图

（7）配筋砂浆带加固法的构造做法应符合下列规定：

外墙四角及纵横墙交接处设置"L"形、"T"形竖向配筋砂浆加固做法示意图见图 4-20 和图 4-21。

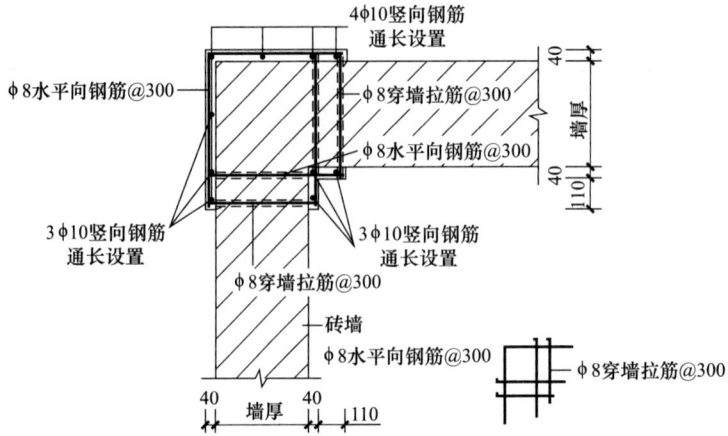

图 4-20　砌体结构四角砖墙竖向配筋砂浆带加固做法

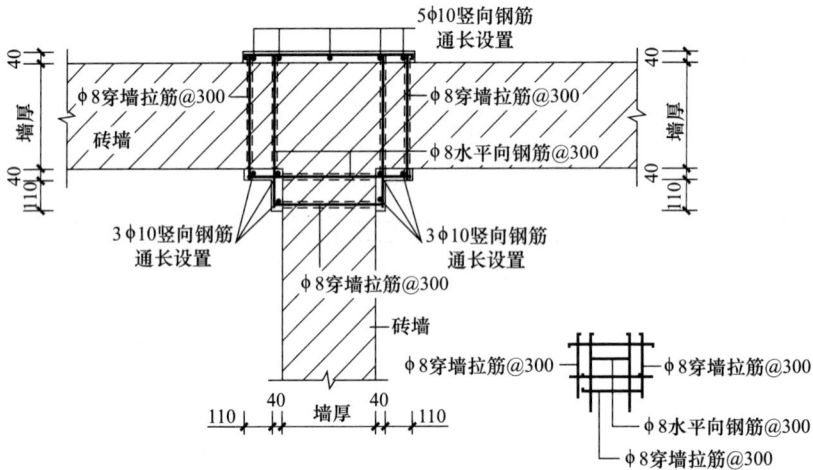

图 4-21　砌体结构纵横墙交接处承重砖墙竖向配筋砂浆带加固做法

1）木屋架或木梁支座处、混凝土大梁支座处砖墙设置"一"字形竖向配筋砂浆带加固做法示意图见图 4-22。

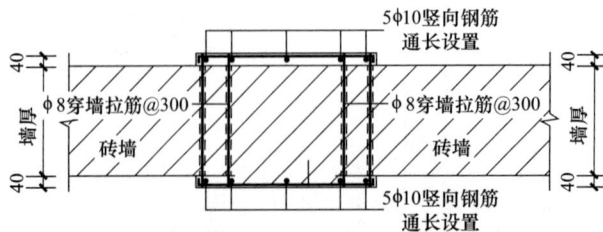

图 4-22　木屋架或木梁支座处砖墙配筋砂浆带加固做法

2）砌体墙顶部和中部双侧水平通长设置横向配筋砂浆带加固做法示意图见图 4-23。

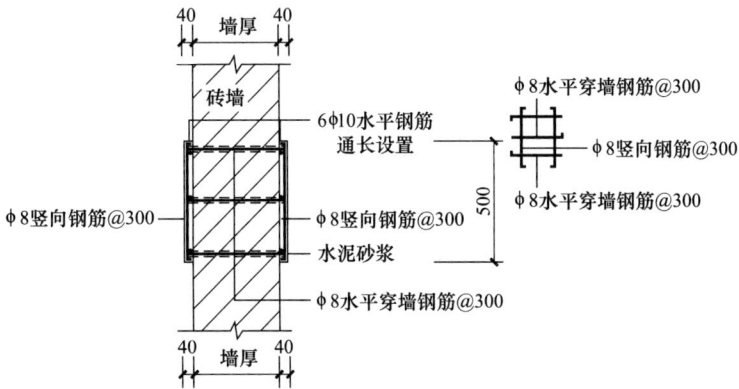

图 4-23　砌体墙顶部和中部双侧水平通长设置横向配筋砂浆带加固做法

3）砌体墙底部双侧通长设置配筋砂浆带加固做法示意图见图 4-24。

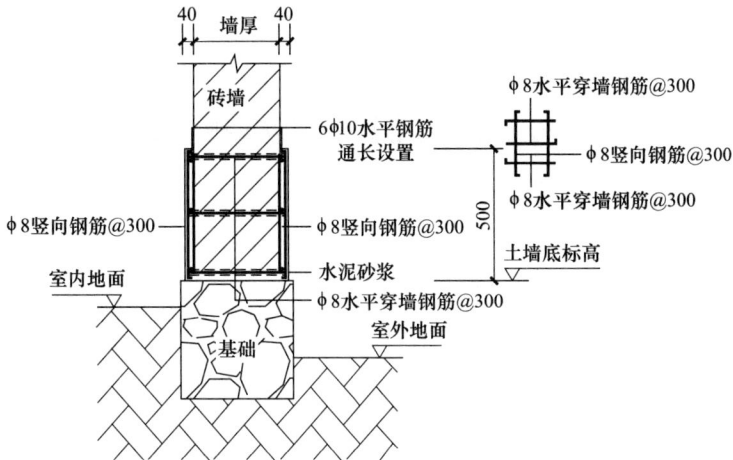

图 4-24　砌体墙底部双侧通长设置配筋砂浆带加固做法

2. 高韧性混凝土条带加固

高韧性混凝土条带加固应符合下列规定：

（1）当墙体砌筑质量较差、需要加固墙体、加强墙体连接时，可采用高韧性混凝土条带加固。

（2）采用高韧性混凝土条带加固砌体结构房屋，应同时设置竖向和水平条带，单面加固时条带宜设置在墙体外侧。高韧性混凝土施工时，墙体拐角处及水平和竖向条带相交处应连续压抹，严禁在这些部位留施工冷缝。

（3）根据抗震设防烈度，高韧性混凝土材料主要力学性能指标应满足表 4-2 的有关规定，高韧性混凝土的加固条带最小宽度和最小厚度可按表 4-3 取值。

高韧性混凝土材料的主要力学性能指标 表 4-2

指标类别	标准养护龄期	性能指标		
		Ⅰ类	Ⅱ类	Ⅲ类
等效弯曲韧性（kJ/m³）	60d	≥160.0	≥120.0	≥80.0
等效弯曲强度（N/mm²）	60d	≥14.0	≥12.0	≥10.0
抗折强度（N/mm²）	60d	≥12.0		
立方体抗压强度（N/mm²）	60d	≥50.0		

注：1. 表中性能指标均指代表值。
2. 表中Ⅰ类和Ⅱ类适用于高韧性混凝土条带加固农房；Ⅲ类适用于高韧性混凝土面层加固农房。

高韧性混凝土加固条带最小厚度和最小宽度（mm） 表 4-3

设防烈度		7 度	8 度
条带厚度		15	15
竖向条带宽度（mm）	a	1000	1500
	b	800	1200
水平及墙顶条带宽度（mm）	c	800	1000

注：表中 a 表示外墙拐角处高韧性混凝土竖向条带宽度；b 表示外墙中部或内墙高韧性混凝土竖向条带宽度；c 表示楼（屋）盖处或墙顶高韧性混凝土条带宽度。

（4）加固部位墙面应采用高韧性混凝土嵌缝处理，嵌缝深度不小于 10mm。砖砌体墙的高韧性混凝土条带嵌缝可参照图 4-25 和图 4-26 进行处理，施工条件允许时，也可全部采取嵌缝处理；砌块砌体墙的高韧性混凝土加固部位宜全部采取嵌缝处理。高韧性混凝土面层加固时嵌缝可参照图 4-27 进行处理。

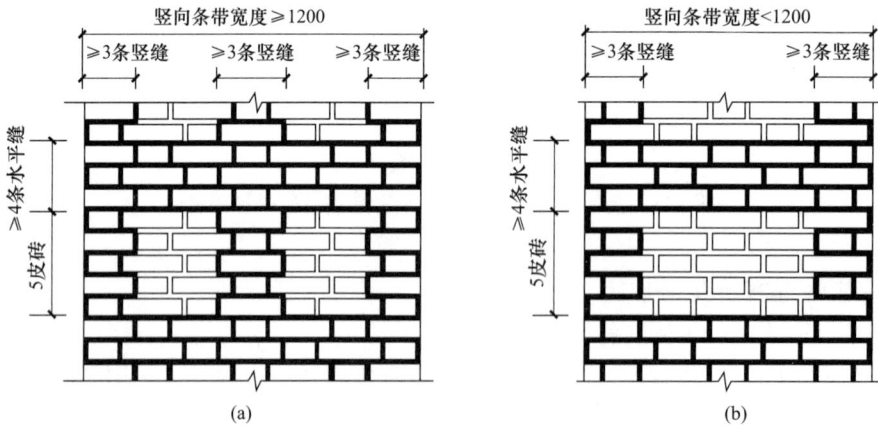

图 4-25 高韧性混凝土竖向条带嵌缝示意图
(a) 竖向条带宽度≥1200mm；(b) 竖向条带宽度＜1200mm

（5）房屋外墙拐角处、纵横墙交接处、窗间墙以及"一"字形外墙端部均宜设置高韧性混凝土竖向条带；墙体较长时宜在墙体中部增设高韧性混凝土竖向条带，竖向条带净间距不大于 5000mm（图 4-28）。

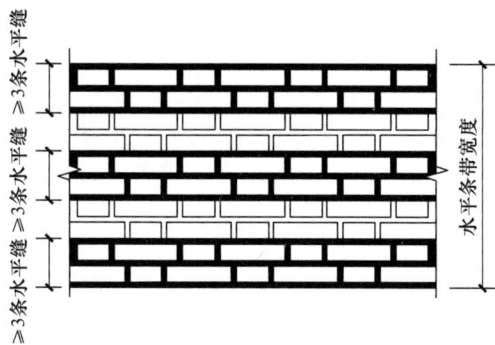

图 4-26　高韧性混凝土水平条带嵌缝示意图　　图 4-27　高韧性混凝土面层加固嵌缝示意图

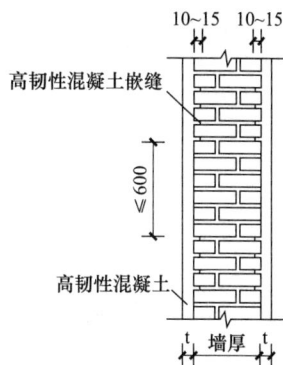

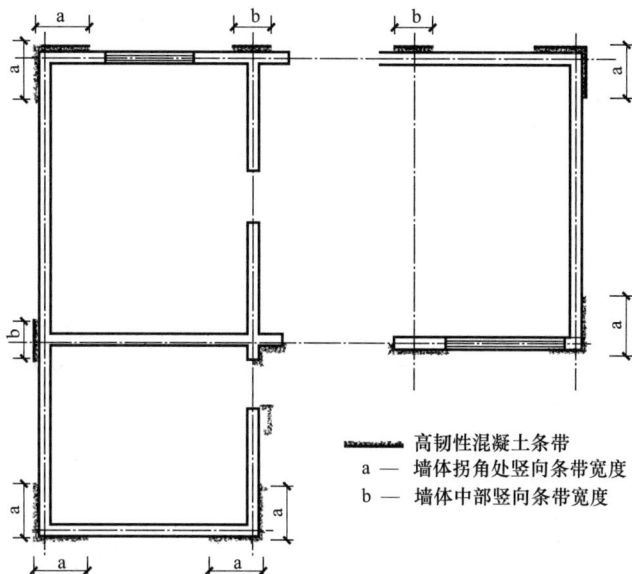

图 4-28　高韧性混凝土竖向条带设置平面示意图

外墙拐角距门窗洞口边的距离小于竖向条带宽度 a 时，应将高韧性混凝土包至洞口处门（窗）框边（图 4-29）。

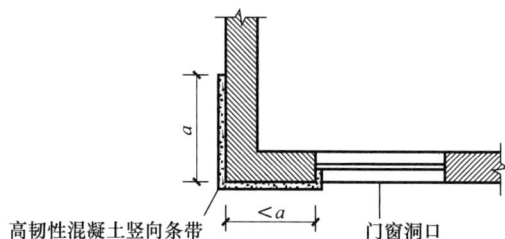

图 4-29　外墙拐角距洞口边距离小于 a 时竖向条带布置示意图

高韧性混凝土竖向条带边距洞口边距离不大于 200mm 时，宜将高韧性混凝土条带延伸至洞口边沿，并将高韧性混凝土包至洞口处门（窗）框边（图 4-30）。

一字墙端部应采用高韧性混凝土竖向条带加固，条带宽度不小于 b，高韧性混凝土应包至墙端，且竖向条带应双面布置（图 4-31）。

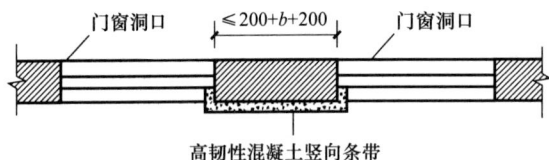

图 4-30　窗间墙加固平面示意图

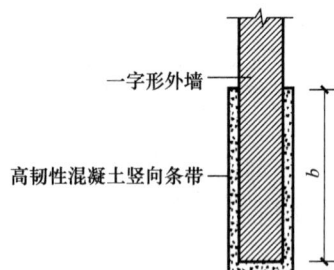

图 4-31　一字墙端部加固平面示意图

（6）加固砖砌体及砌块砌体结构的竖向条带净间距不应大于 5.0m，当竖向条带净间距不满足时，应增加竖向条带宽度或数量，不应小于表 4-3 的要求。

（7）外墙楼（屋）盖处应设置高韧性混凝土水平条带，山墙应沿墙顶设置高韧性混凝土条带（图 4-32 和图 4-33），且高韧性混凝土水平条带宜闭合。

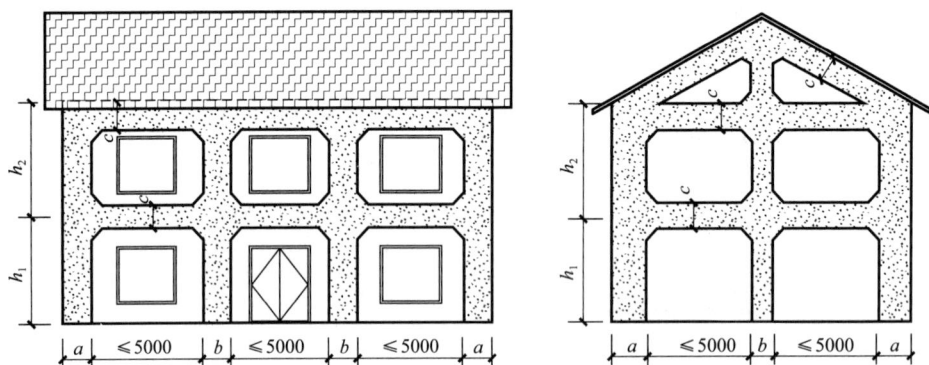

图 4-32　二层房屋高韧性混凝土加固条带立面示意图

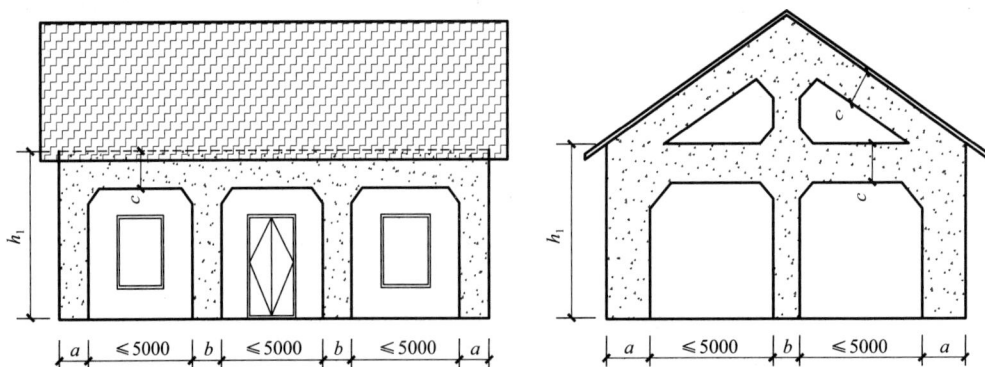

图 4-33　单层房屋高韧性混凝土加固条带立面示意图

（8）两端均设高韧性混凝土竖向条带的内墙，宜在楼（屋）盖处设置高韧性混凝土水平条带，条带宽度及厚度可按表 4-3 取值。

（9）高韧性混凝土水平条带与竖向条带相交部位应设置高韧性混凝土加腋（图 4-34），加腋宽度和高度均不小于 300mm，当相交部位位于门（窗）洞口角部时，应将竖向及水平条带延伸至门（窗）框边。加腋部位高韧性混凝土面层应与高韧性混凝土条带连续施工，严禁留施工冷缝。

3. 当需增设构造柱或构造柱设置不符合鉴定要求时的处理方法

当需增设构造柱或构造柱设置不符合鉴定要求时，应增设现浇钢筋混凝土构造柱、型钢构造柱或钢筋网水泥复合砂浆组合砌体构造柱。增设的构造柱应与墙体圈梁、拉杆连接成整体，若所在位置与圈梁连接不便，也应采取措施与现浇混凝土楼（屋）盖可靠连接。采用钢筋网水泥复合砂浆砌体组合构造柱时，应符合下列要求：

图 4-34　高韧性混凝土条带相交处加腋示意图
1—高韧性混凝土竖向条带；2—高韧性混凝土加腋；3—高韧性混凝土水平条带

（1）组合构造柱截面宽度不应小于 500mm。

（2）穿墙拉结钢筋宜呈梅花状布置，其位置应在丁砖缝上。

（3）面层材料和构造应符合下列规定：1）面层砂浆强度等级：水泥砂浆不应低于 M10，水泥复合砂浆不应低于 M20。2）钢筋网水泥复合砂浆面层厚度宜为 30～45mm。3）钢筋网的钢筋直径宜为 6mm 或 8mm，网格尺寸宜为 120mm×120mm。4）构造柱的钢筋网应采用直径为 6mm 的"Z"形或"S"形锚筋，"Z"形或"S"形锚筋间距宜为 360mm×360mm。

4. 当圈梁设置不符合鉴定要求时的处理方法

当圈梁设置不符合鉴定要求时，应增设圈梁。外墙圈梁可采用外加配筋砂浆带，内墙圈梁可采用型钢圈梁；当墙体采用双面钢丝网砂浆面层加固，且在上下两端增设加强筋砂浆带时，可不另设圈梁。采用各种加固方式应形成闭合的外加圈梁。

5. 重砌或增设抗震墙加固时，应符合的规定

重砌或增设抗震墙加固时，应符合下列规定：

（1）砌筑砂浆的强度等级应比原墙体的砂浆强度等级高一级，且不应低于 M5。

（2）沿墙高每隔 1000mm 设置配筋砂浆带，砂浆带厚度不应小于 50mm，宽度与墙厚相等，配筋可采用 3ϕ6。

（3）新增墙体应与原墙体可靠连接，可在配筋砂浆带相应高度处增设 2ϕ10mm 拉筋，一端锚入原墙体，另一端锚入砂浆带内不小于 500mm。

（4）墙顶应与楼、屋盖可靠连接；当为现浇梁板时，墙顶设现浇钢筋混凝土压顶梁，压顶梁高不应小于 120mm，纵筋可采用 4ϕ10，箍筋可采用 ϕ6@200，并每隔 750mm 与梁板采用 ϕ12 的锚筋或 M12 膨胀螺栓连接；当为木楼、屋盖时，墙顶应每隔 1000mm 采用木夹板或铁件与梁或屋架下弦连接。

（5）当两层房屋在二层增砌墙体时，应与一层原有墙体上下连续。

（6）拆除重砌墙体为承重墙时，应在拆除前采取支顶措施，保证楼、屋盖构件支承的

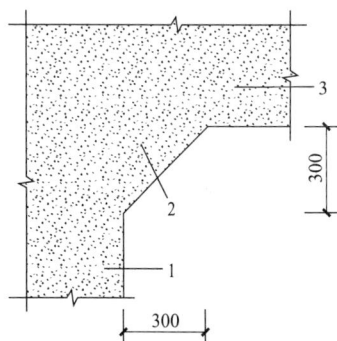

可靠性，直至墙体砌筑完成并达到应有强度。

6. 采用水泥砂浆面层加固应符合的规定

采用水泥砂浆面层加固应符合下列规定：

（1）加固墙体的砌筑砂浆强度等级不宜高于 M2.5。

（2）面层的砂浆强度等级宜采用 M10。

（3）素水泥砂浆面层厚度宜采用 20mm；钢丝网水泥砂浆面层厚度宜为 30mm。

（4）钢丝网的钢丝直径不宜小于 2mm，且不宜大于 4mm；钢丝直径为 2mm 时网格尺寸不宜大于 50mm，钢丝直径为 4mm 时网格尺寸不宜大于 150mm。

（5）单面加固面层的钢丝网可采用铁钉固定，双面加固面层的钢丝网可采用穿墙 8 号钢丝固定；铁钉的间距宜为 600mm，穿墙钢丝的间距宜为 1000mm，并呈梅花状布置（图 4-35 和图 4-36）。

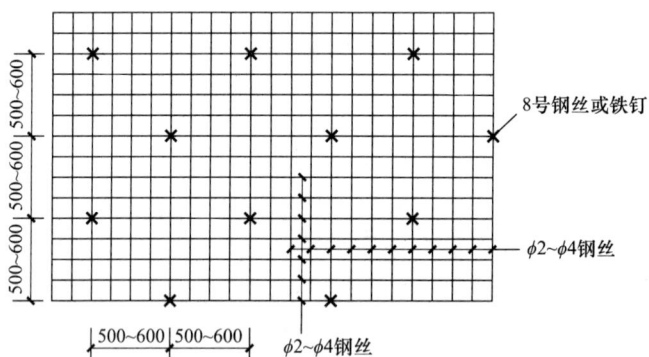

图 4-35　水泥砂浆面层加固平面示意图

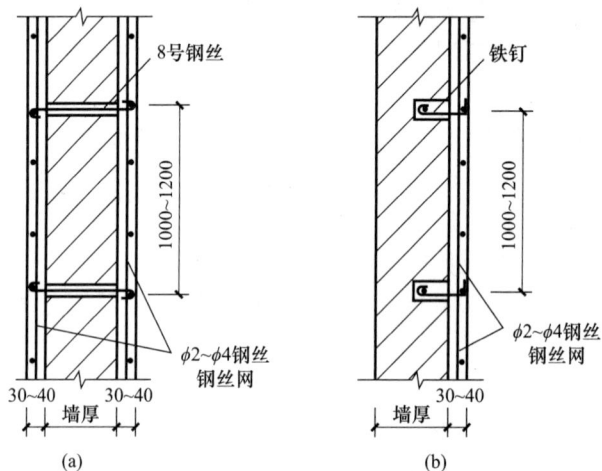

图 4-36　水泥砂浆面层加固示意图

（a）水泥砂浆双面加固；（b）水泥砂浆单面加固

（6）钢丝网面层加固在遇洞口时，宜将钢丝网弯入洞口侧边锚固。

（7）钢丝网四周宜采用直径为 6mm 的钢筋锁边，钢丝网与锁边钢筋绑扎。

（8）钢丝网四周宜采用直径为 6mm 的锚筋、插入短筋等与墙体、楼、屋盖构件可靠连接，锚筋、插入短筋应与锁边钢筋绑扎。

（9）底层加固的面层，在室外地面下应加厚 5～10mm 并伸入地面以下不小于 300mm（图 4-37 和图 4-38）。

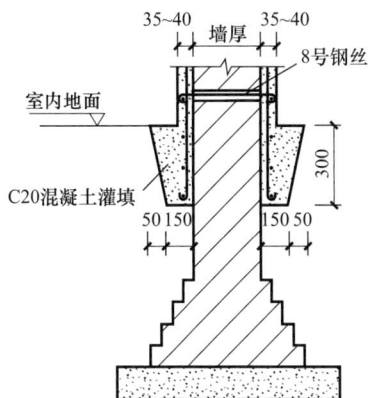

图 4-37　水泥砂浆面层加固内墙底部做法　　图 4-38　水泥砂浆面层加固外墙底部做法

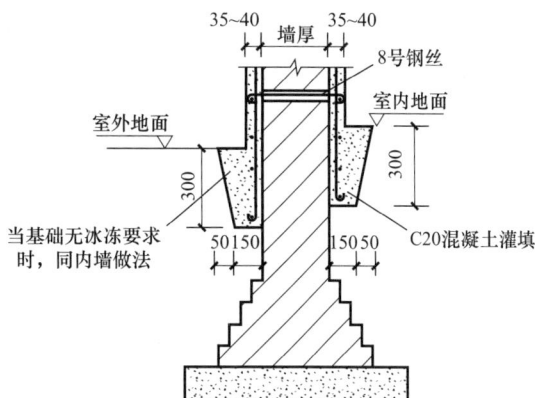

7. 实心砖墙裂缝修复应符合的规定

实心砖墙裂缝修复应符合下列规定：

（1）当墙体裂缝宽度小于 1mm 时，可对裂缝进行清理后采用水泥砂浆进行简单抹灰处理。

（2）当墙体裂缝宽度在 1～2mm 之间时，可采用水泥砂浆灌缝加固，灌注砂浆可采用配合比为 1：0.2：0.6 的 108 胶水泥砂浆或素水泥浆。

（3）当墙体裂缝宽度在 2～5mm 之间时，可先灌浆，然后在墙体表面裂缝处（剔除装饰层）铺钢丝网，抹 M10 水泥砂浆修复，钢丝网敷设宽度应超过裂缝两侧各 200～300mm。

（4）当墙体开裂严重，最大缝宽在 5mm 以上时，应视情况局部或整体拆砌，并应符合 "4.2.3 砌体结构房屋的加固和修复" 中 "5. 重砌或增设抗震墙加固时，应符合的规定" 的要求。

8. 混凝土小型空心砌块墙裂缝修复应符合的规定

混凝土小型空心砌块墙裂缝修复应符合下列规定：

（1）当墙体裂缝宽度小于 1mm 时，可对裂缝进行清理后采用水泥砂浆进行简单抹灰处理。

（2）当墙体裂缝宽度在 1～3mm 之间时，可在墙体表面裂缝处（剔除装饰层）铺钢丝网，抹 M10 水泥砂浆修复，钢丝网敷设宽度应超过裂缝两侧各 200～300mm。

（3）当墙体开裂严重，最大缝宽在 3mm 以上时，应视情况局部或整体拆砌，并应符合本节 "4.2.3 砌体结构房屋的加固和修复" 中 "5. 重砌或增设抗震墙加固时，应符合的规定" 的要求。

9. 现浇层和托梁加固应符合的规定

现浇层和托梁加固应符合下列规定：

（1）现浇叠合层厚度不宜小于 40mm，且不宜大于 60mm，应采用强度等级不低于 C20 的细石混凝土。

（2）现浇叠合层双向钢筋网配筋直径不宜小于 6mm，间距不宜大于 250mm；在板边应预留拉结钢筋，间距不应大于 750mm，伸入板内长度不应小于 700mm，端部锚入墙内不应小于 120mm。

（3）托梁可采用角钢等型材。

（4）托梁的设置位置应垂直于楼、屋面板的纵向，并紧贴板底锚固在承重墙顶。

10. 当门窗洞口采用砖过梁或钢筋砖过梁时的加固方法

当门窗洞口采用砖过梁或钢筋砖过梁时，可采用以下方式进行加固：

（1）在过梁部位压抹高韧性混凝土水平条带进行加固，高韧性混凝土在洞口边应压抹至窗框边缘或闭合，做法示意见图 4-39。

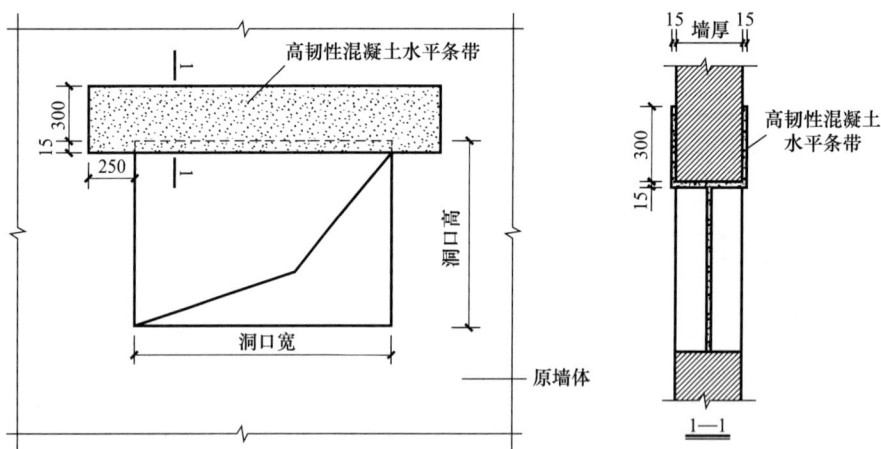

图 4-39　门窗洞口过梁加固示意图（一）

（2）砖过梁中部产生宽度大于 2mm 的竖向裂缝，或端部产生宽度大于 1mm 的斜裂缝，或过梁产生明显弯曲、下沉变形时，应在过梁底部增设 2 根 $\phi 8$ 的水平钢筋，并将钢筋嵌入墙体水平灰缝内，再采用高韧性混凝土水平条带进行加固，做法示意见图 4-40。

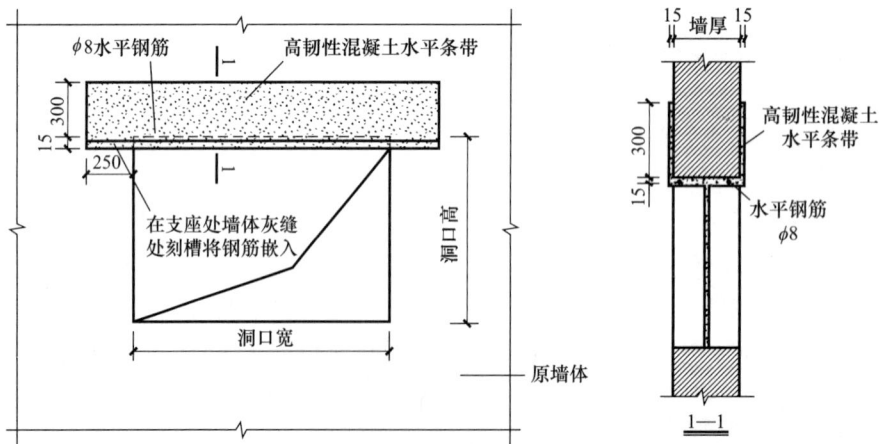

图 4-40　门窗洞口过梁加固示意图（二）

（3）可采用洞口顶部增加双角钢（2∠100×63×6）组合过梁，且在洞口两侧墙体中增加锚固连接措施。做法示意见图 4-41。

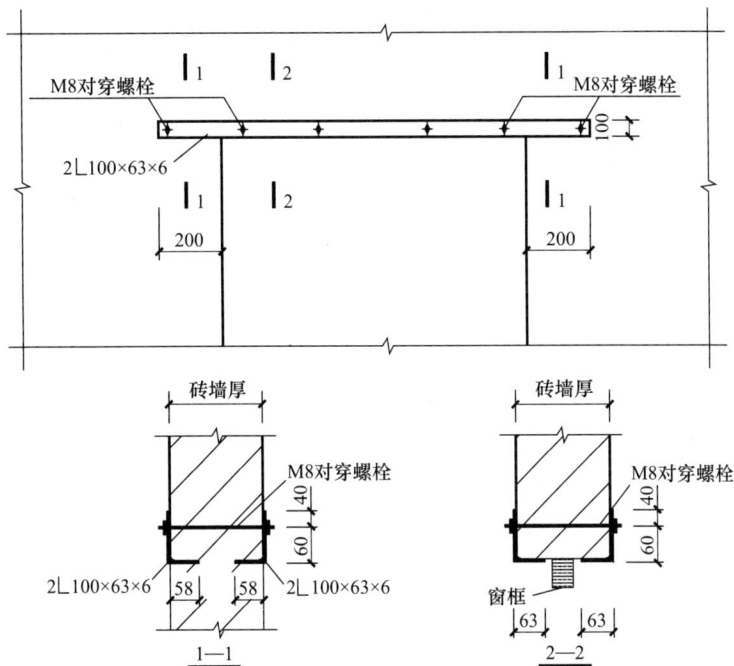

图 4-41　洞口顶部增设双角钢组合过梁示意

4.2.4　墙体的修复和加固

1. 墙体裂缝加固

压力灌浆加固：墙体多细且贯通裂缝时适用。在裂缝两侧按间距钻孔，深穿墙体或依缝深定，孔径 10～15mm。选择合适灌浆料（如环氧树脂、水泥基）装入泵，借助压力注入，至邻孔或裂缝处溢出，增强墙体整体性与抗剪抗拉强度。灌后封堵钻孔，保证墙体平整。

粘贴碳纤维布加固：因裂缝不均需增强承载时用。先处理墙体表面，剔除松散物，打磨擦拭干净。按加固范围裁剪碳纤维布，超出裂缝边缘，调配浸渍胶。将胶涂于墙体与布上，平整粘贴，用滚筒沿纤维方向滚压排气，最后再涂胶保护。碳纤维布借助高强度来分担荷载，限制裂缝发展。

2. 墙体倾斜加固

增设扶壁柱加固：墙体倾斜，依墙长、高及倾斜定扶壁柱数量、尺寸、间距。柱用钢筋混凝土，边长为 200～300mm。先挖基础坑浇筑基础，保证埋深与承载，再绑钢筋并与墙拉结，最后浇筑振捣密实。柱形成后支撑墙体，矫正倾斜，提高抗力。

锚杆静压桩加固（地基问题导致倾斜）：因地基不均沉降致墙体倾斜时采用。在墙按设计钻孔植锚杆，安装压桩架，逐节压入预制桩（如混凝土方桩、钢管桩），依据地质承载条件确定桩径。压桩控垂直度与压力，桩与墙通过锚杆、承台连接，阻止沉降，矫正倾斜，增强整体稳定。

3. 墙体抗震加固

增设圈梁与构造柱加固（砌体结构墙体），提高砌体墙抗震性能常用此方法。圈梁设墙顶、底及楼层标高处，用钢筋混凝土，高度不小于120mm，宽同或略宽于墙。先凿毛墙面，绑筋保证锚固连接，支模浇筑成封闭箍，增强整体性。构造柱设墙角、纵横墙交接及大洞口两侧，尺寸不小于240mm×180mm，绑筋与墙拉结后浇筑。圈梁与构造柱相连，约束墙体，抗水平地震作用，减小开裂以及倒塌风险。

钢构套加固法：既有建筑缺少抗震措施的墙体适用。在墙两侧装型钢（角钢、槽钢等）钢构套，焊接或螺栓连接成框架，框架与墙用水泥砂浆或粘结剂填充结合。提高墙体侧向刚度与承载力，地震时保护墙体，施工便捷，对空间影响小，适用于空间要求高且需快速加固的情况。

4.2.5 屋面修缮技术

1. 屋面结构加固

木屋架加固：如果屋面采用的是木屋架结构且出现结构老化、承载能力不足等情况，可对木屋架进行加固。对于木杆件出现腐朽、虫蛀等损坏的部分，先按照木结构构件修缮的方法进行处理，更换或修复受损杆件，然后在屋架的关键部位（如节点处、跨中位置等）增设木夹板或钢夹板，通过螺栓等连接件将夹板与木杆件固定在一起，增强杆件的抗弯、抗剪能力，提高屋架整体的结构强度，还可以在屋架下方增设支撑构件，如木撑杆或钢支撑，调整其角度和长度，使其能有效分担屋架承受的荷载，确保木屋架在屋面荷载作用下的稳定性。

钢筋混凝土屋面板加固（针对有裂缝、强度不足等情况）：当钢筋混凝土屋面板出现裂缝时，若裂缝宽度较小且不影响结构安全，可采用表面封闭或灌浆的方式进行处理，如用环氧树脂胶泥对表面裂缝进行封闭，或通过压力灌浆将水泥基灌浆料注入裂缝内，增强屋面板的整体性。对于屋面板承载能力不足的情况，可采用增大截面加固法，即在屋面板的上表面或下表面（根据实际受力分析和空间情况选择）增设钢筋混凝土层，新浇混凝土层的厚度、配筋等要经过结构计算确定，施工时要对原屋面板表面进行凿毛、清洗等处理，植入连接钢筋，保证新老混凝土接合良好，通过增大截面来提高屋面板的承载能力，满足屋面荷载要求。另外，也可采用粘贴碳纤维布或钢板的加固方法，将碳纤维布或钢板粘贴在屋面板的受拉面，利用它们的高强度特性分担屋面板承受的拉力，提高屋面板的抗弯性能，其粘贴工艺与墙体加固类似，需做好表面处理、粘结剂涂抹以及粘贴后的质量控制等工作。

2. 屋面防水加固

复合防水层加固：在原有屋面防水层出现老化、渗漏等问题时，可采用复合防水层进行加固。

增设防水隔离层（针对易受基层变形影响的屋面）：对于一些屋面基层容易出现变形（如因温度变化、结构沉降等原因）导致防水层破坏的情况，可在防水层与基层之间增设防水隔离层。防水隔离层可选用土工布、塑料薄膜等材料，铺设时要保证其完整性和平整性，使其能有效隔离基层变形对防水层的影响，避免防水层因基层的微小位移、伸缩等而产生裂缝、破损，从而提高屋面防水层的可靠性，减少渗漏风险。

3. 屋面保温加固

增加保温层厚度：若屋面保温效果变差，可考虑增加保温层的厚度来提升保温性能。先拆除原屋面的保护层（如屋面砖、水泥砂浆保护层等，如需拆除时），然后在原保温层上铺设新的保温材料，保温材料的选择要与原保温材料相匹配，保证两者之间能良好结合，且新保温材料的性能要符合要求，如采用岩棉板、聚苯乙烯泡沫板等，铺设过程中要注意保温材料的拼接要严密，避免出现缝隙，影响保温效果，铺设完成后再恢复屋面保护层，使屋面重新具备良好的保温隔热功能。

更换保温材料（当原保温材料老化严重等情况时）：如果原屋面保温材料出现严重老化、破损，失去了应有的保温作用，那么需要更换保温材料。将原保温材料全部铲除清理干净，对屋面基层进行检查和必要的修复后，选择新型的、保温性能更优的保温材料进行铺设，比如选用新型的无机保温材料或高性能的有机保温材料，按照相应的施工工艺进行操作，如采用粘结法、机械固定法等进行保温材料的固定，确保保温材料安装牢固，能长期有效地为屋面提供保温，降低建筑能耗。

4.3　建筑修缮与加固注意事项

4.3.1　施工前的准备工作

1. 资料收集与现场勘查

在进行建筑修缮与加固施工前，要全面收集建筑的原始设计资料、竣工图纸、结构检测报告等相关文件，了解建筑的结构形式、建造年代、使用历史以及曾经出现过的问题等情况，为制定合理的修缮与加固方案提供依据。同时，要组织专业人员对建筑进行详细的现场勘查，检查建筑各部位的实际损坏情况，包括墙体、屋面、木结构等构件的裂缝、变形、腐朽等状况，核对与资料记载是否相符，标记出重点需要修缮或加固的部位，对建筑周边的环境也要进行考察，如相邻建筑的距离、地下管线的分布等，避免施工过程中对周边环境造成不良影响。

2. 方案制定与审核

根据收集的资料和现场勘查结果，由专业的结构工程师、建筑师等共同制定修缮与加固方案，方案要明确具体的修缮与加固方法、施工顺序、质量控制标准以及安全保障措施等内容。对于涉及结构安全的加固项目，方案要经过相关部门的审核批准，确保方案的科学性、合理性和可行性。

3. 材料与设备准备

按照修缮与加固方案确定所需的材料和设备清单，准备好质量合格、规格相符的建筑材料，并对材料的进场要严格进行检验，查看质量证明文件，核对材料的型号、规格、数量等是否与要求一致，并按规定进行抽样送检，确保材料质量可靠。同时，准备好施工所需的各类设备，如起重机、电焊机、混凝土搅拌机、钻孔机等，对设备进行调试、维护，保证设备性能良好，能正常投入使用，为施工的顺利开展奠定基础。

4.3.2 施工过程中的质量控制

1. 严格执行施工规范

在建筑修缮与加固施工过程中，施工人员要严格按照国家和地方的相关施工规范、标准进行操作。对于不同的修缮与加固技术，如碳纤维布粘贴、压力灌浆等，也要按照其特定的技术规程进行施工，保证施工效果达到预期目标，像碳纤维布粘贴时，要严格控制表面处理、浸渍胶涂抹、滚压等环节的操作质量，使碳纤维布与被加固构件粘结牢固，充分发挥其加固作用。

2. 隐蔽工程验收

建筑修缮与加固中有很多隐蔽工程，如基础加固中的钢筋绑扎、锚杆静压桩的桩身施工、墙体加固中的拉结筋设置等，这些隐蔽工程在施工完成后会被后续工序覆盖，难以直接检查其质量。因此，在隐蔽工程施工完毕后，必须及时组织相关方进行隐蔽工程验收，验收内容包括施工质量是否符合设计和规范要求、材料使用是否正确、隐蔽部位的尺寸等是否达标等，验收合格后方可进行下一道工序，同时要做好隐蔽工程验收记录，为后续的质量追溯和工程验收提供依据。

3. 质量检测与监督

在施工过程中，要定期对已完成施工的部分进行质量检测，可采用现场检测、实验室检测等多种方式，如对新浇筑的混凝土构件进行回弹检测其强度，对加固后的墙体进行承载力检测等，及时发现施工中存在的质量问题并加以整改。同时，要建立有效的质量监督机制，安排专人负责质量监督工作，或者委托专业的监理单位进行全程质量监督，确保施工过程中的每一个环节都处于质量可控状态，保障修缮与加固工程的整体质量。

4.3.3 施工安全保障

1. 人员安全防护

施工人员是施工过程中的主体，要确保其人身安全。为施工人员配备齐全的个人安全防护用品，如安全帽、安全带、防护手套、护目镜等，要求施工人员在施工现场必须正确佩戴使用。对于从事高处作业、电气作业、焊接作业等危险作业的人员，要进行专门的安全培训，使其熟悉相应作业的安全操作规程，取得相关的作业资格证书后才能上岗作业，同时在作业现场设置必要的安全防护设施，如高处作业的脚手架、防护栏等，防止发生人员坠落、触电、烧伤等安全事故。

2. 现场安全管理措施

在建筑修缮与加固施工现场，要设置明显的安全警示标识，如在危险区域、洞口、临边地带等位置，张贴警示标语、悬挂警示灯，提醒施工人员注意安全。合理规划施工场地，划分材料堆放区、机械设备停放区、施工作业区等不同区域，保证各区域布局有序，避免出现材料随意堆放阻塞通道、机械设备操作空间不足等情况，防止引发安全事故。同时，要制定施工现场的消防安全制度，配备充足的灭火器材。

3. 施工安全风险评估与应急预案

在施工前，要针对建筑修缮与加固项目的特点进行全面的安全风险评估，分析可能出现的各类安全风险，如高处坠落风险、物体打击风险、坍塌风险、触电风险等，并根据风险评估结果制定相应的防范措施。同时，制定完善的应急预案，明确在发生安全事故时的应急响应流程、各部门及人员的职责、救援措施以及疏散路线等内容，并定期组织施工人员进行应急演练。

4.3.4　对建筑原有风貌和功能的保护

1. 风貌保护原则与要求

对于具有历史文化价值的建筑进行修缮与加固时，要严格遵循"修旧如旧"的原则，最大程度地保留建筑原有的外观风貌、建筑风格以及特色装饰构件等。在修缮材料的选择上，尽量选用与原有材料相近的材质；古建筑的墙体修复，若原是青砖砌筑，也应寻找规格、色泽相符的青砖来替换损坏部分，确保修复后的墙体与原有墙体风格一致。对于建筑表面的彩绘、雕刻等装饰艺术，要采用专业的保护和修复技术，避免在施工过程中造成损坏，必要时邀请文物保护专家进行现场指导，保证这些承载历史文化信息的元素得以妥善保存。

2. 功能优化与适应性改造

在保护建筑原有风貌的基础上，可根据现代使用需求对建筑功能进行适当的优化和适应性改造，但要确保改造过程不破坏建筑的结构安全和历史文化价值。比如，对古建筑内部空间进行改造，增加必要的照明、通风、消防等设施，以满足现代展览、参观等功能需求。在增设这些设施时，要巧妙地进行隐蔽式设计，使其与建筑整体风格相协调，如将照明线路暗藏在建筑结构内部，通风管道采用与建筑外观相符的造型等，既提升了建筑的使用功能，又不会对其原有风貌造成突兀的影响，实现历史文化传承与现代功能利用的有机结合。

4.3.5　环境保护与资源利用

1. 建筑垃圾处理

建筑修缮与加固过程中会产生大量的建筑垃圾，如拆除下来的墙体砖块、屋面瓦片、废旧木材等，要对这些建筑垃圾进行合理分类处理。对于可回收利用的材料，如完好的砖块、木材等，应进行分拣收集，运送到相应的回收加工企业进行再加工，使其重新投入建筑领域或其他行业中，提高资源的循环利用率。对于不可回收的建筑垃圾，要按照当地环保部门的规定，运输到指定的建筑垃圾消纳场进行妥善处置，避免随意倾倒造成土壤、水体等环境污染，同时在运输过程中要做好遮盖、密封等措施，防止建筑垃圾沿途散落。

2. 减少施工污染

采取有效措施减少施工过程中的各类污染。在噪声污染控制方面，合理安排施工时间，避免在居民休息时段（如中午 12 点至下午 2 点、晚上 10 点至次日早上 6 点）进行高噪声作业，如混凝土搅拌机、电锯等设备的使用，选用低噪声的施工设备和工艺，对设备进行定期维护保养，降低设备运行产生的噪声，必要时在施工现场周围设置隔声屏障，减少施工噪声对周边居民和环境的影响。在粉尘污染防治方面，对施工现场的裸土进行覆盖，在拆除、切割、搅拌等易产生粉尘的作业环节，配备洒水降尘设备，及时进行洒水降尘，对运输车辆进出施工现场要进行冲洗，防止车辆带泥上路，或扬起粉尘，保持施工现场及周边环境的空气质量良好。

3. 节能与可持续发展考虑

在建筑修缮与加固材料的选用上，优先选择节能环保的材料，如保温材料可选用新型的高效保温、隔热且环保的产品，减少建筑在使用过程中的能耗；防水材料选用耐久性好、无污染的绿色材料，降低后期维修更换的频率。同时，通过修缮与加固提升建筑的整体性能，使其结构更加稳固、保温隔热及防水等功能更加完善，延长建筑的使用寿命，从源头上减少建筑资源的消耗以及因拆除重建带来的环境影响，符合可持续发展的理念，促进建筑与环境的和谐共生。

4.3.6 后期维护与监测

1. 维护保养计划制定

建筑修缮与加固完成后，要制定详细的后期维护保养计划，明确不同建筑部位的维护周期、维护内容以及责任主体等。例如，对于屋面防水层，规定每隔一定年限（如 3～5 年）进行一次全面检查和维护，查看是否有渗漏、卷材或涂料老化等情况，及时进行修补或重新做防水层；对于木结构构件，定期检查是否有腐朽、虫蛀迹象，每年进行一次防腐、防虫处理等。

2. 结构安全监测

对于经过加固的建筑，尤其是涉及结构重大改变或加固的大型建筑、历史建筑等，要建立长期的结构安全监测机制。通过在建筑关键部位（如梁柱节点、基础等）安装传感器，实时监测结构的变形、应力、位移等参数，利用信息化技术将监测数据传输到管理平台，由专业人员定期对数据进行分析评估，判断建筑结构是否处于安全稳定状态。一旦发现监测数据异常，及时组织相关专家进行会诊，采取相应的处理措施，如进一步加固、维修等，保障建筑的结构安全，预防安全事故的发生，使建筑能够长久地服务于社会。

第 5 部分　河湟建筑文化保护

5.1　河湟地区概述

5.1.1　地理位置与自然环境

河湟地区主要涵盖青海省东部河湟文化发源区（含湟水、黄河流域多个县）及黄南、果洛部分受其辐射区域。该地区是青海重要农牧业区，超过70％青海人口聚居于此，城镇密集。大部分区域海拔2000～2500m，属严寒、寒冷地区，是中原与少数民族地区、黄土高原与青藏高原、农业与草原文化的过渡结合地带。

河湟谷地地处青海东部与甘肃西部交界，是黄河与湟水的三角区域。北靠阿尔金山、祁连山，南临昆仑山及青南高原，西接柴达木盆地，属半干旱大陆性气候，寒冷干燥、多风且日照长。水源主要源于局部降水、上游冰雪融水及地下水。地貌以山脉、河谷盆地相间为主，地形分川水区、脑山区、浅山区和高山草甸区。川水区是主要农业区，气温年变幅小，平原广、人少地肥，植被以落叶阔叶植物为主。

5.1.2　历史发展与文化背景

经过历代发展，河湟地区已经形成多文化系统并存，多元鼎立，兼容并包的文化格局。在历史上各朝代不断战火割据的历史演进中，河湟地区各种文化碰撞交融，各民族文化建构出了河湟地区特有的文化特征。河湟流域即黄河、大通河、湟水河三河间的广大区域。

5.2　河湟建筑文化的特点

5.2.1　建筑风格与形式

青海是一个多民族聚居的地区，也是多种文化的聚集之地。省域主要区域大多延续和保持着各自鲜明的民族习俗和文化特色，从而构成青海历史上特有的多民族文化并存和相互融合的文化现象。反映在青海传统河湟建筑上，各个民族在继承本民族建筑艺术的同时吸收他民族的建筑艺术，表现出历史上青海各民族之间文化的互相融合。本节主要以最常见、与群众息息相关的民居建筑为例介绍河湟建筑的相关特点。

河湟民居总体来说大多有"深宅、广院、封闭"的空间布局特点，但是具体到各民族和地区不同时也有一些差异。如图 5-1 所示，传统河湟民居建筑基本形态构成特点有：庄廊院具有外观朴素、内向封闭、注重保温的特点，高大院墙、松木大房、砖木大门、覆土平屋顶是其形态构成单元。屋顶基本平整而稍带排水坡度，常可做晾晒粮食等之用；承重结构主要为木结构，厚重而收分的夯土或土坯砖砌墙体为围护结构，具有"墙倒屋不倒"的抗震特点，这也是为了应对青海高原多震的地理环境而进化出的科学建筑结构体系。总体而言传统河湟地区民居建筑——庄廊是一种带院落的外实内虚方形封闭性空间，这种民居形态使得单体建筑之间保持较高的独立性和防御性。

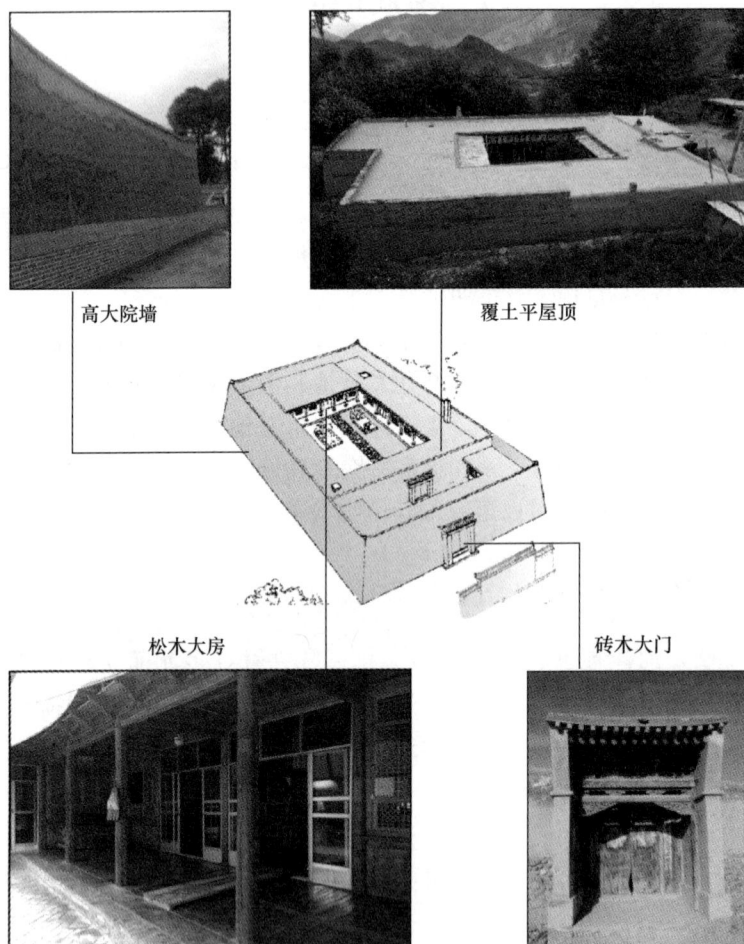

图 5-1 河湟典型庄廊院形态构成

河湟地区传统民居单体建筑平面形态多以"钥匙头"（即 L 形）、"虎抱头"（即凹形）、"一字形"为主，其中又以"虎抱头"形式最为广泛，其使用上具有如下优点：①凹进的设计方法，使得正房主入口位置得到一个放松空间，增加主入口的视觉重要性，并强化轴线尽端的收尾之势；②正房正中的房间多作为客厅，不需要太大的进深；③结合木地板等室外铺装能形成晒太阳聊天等休闲的半封闭空间；④立面层次感丰富。传统河湟民居单体建筑平面形态如图 5-2 所示。

	一字形	钥匙头(L形)	虎抱头(凹形)
平面形式	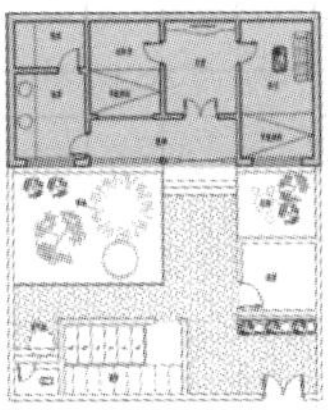	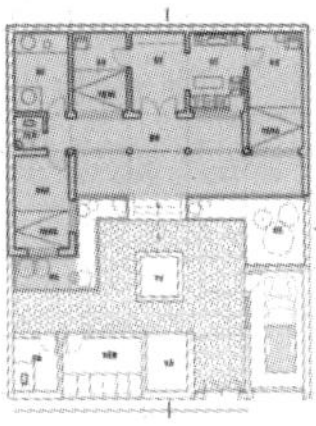	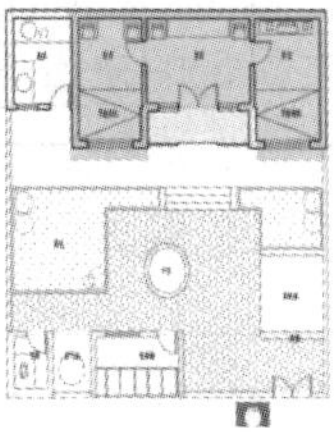
立面及整体	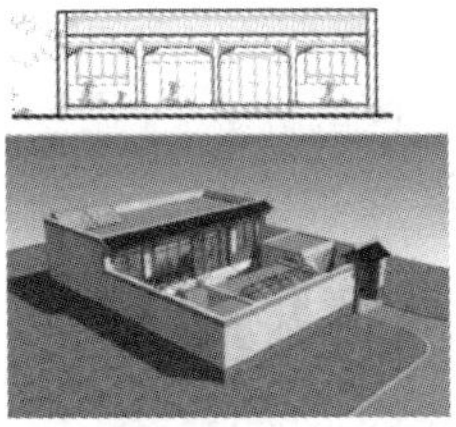	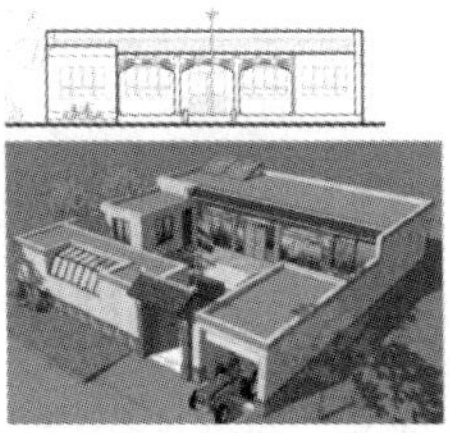	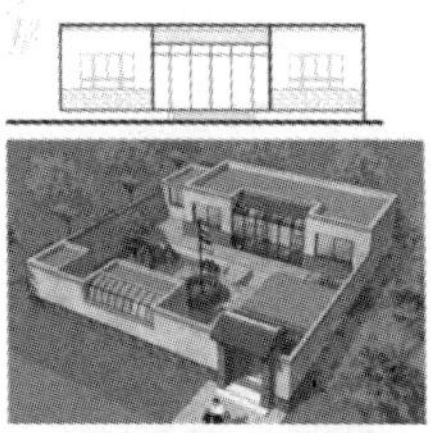
实景民居			

图 5-2　传统河湟民居单体建筑平面形态

5.2.2　传统河湟民居建筑功能布局

河湟地区传统庄廓平面呈正方形或长方形的四角多以独立角房连接着四边的房屋，这种连接方式构成的四合院不同于华北地区的四合院，边房与正房间个别庄院也有用三合头或两合头的方式连接（图 5-3）。不同方位的角房有其不同的使用功能，主要用作生活的辅助用房，如厨房、库房、柴房、茅厕和牲畜圈等。

独立角房	三合头	两合头

图 5-3　庄廓建筑间连接方式

庄廓院南墙正中辟门，院内四面靠墙建房，形成四合院，以南北中轴线左右对称，中间留出庭院，可种植花木。

庄廓的功能布局主要受社会民族习俗和民众生产生活方式两方面影响。社会民族习俗决定了庄廓建筑的格局排布，格局多中轴对称，坐北朝南，北向为正房。正房建造时其台基或房屋高度要高于其他房间，以体现其重要地位。

而回族习俗则以西为贵，不同于汉族的以北为尊，所以回族庄廓格局中的西面才是最重要的位置，多作为长辈居住的地方。生产生活方式主要影响建筑附属空间（多以角房的形式存在）的功能排布。

对于多数汉族、藏族和土族等民族来说，受传统文化的影响，庄廓院内各方位的房子按吉方、凶方有固定的用途。北方为吉方，河湟庄廓的北房即为正房（亦称上房、大房），土木结构，面阔五间或三间，单坡平顶，前出廊，明间安四扇格子门，次间、稍间各安花格支摘窗，窗下砌砖雕槛墙。

北房建造时，其用料、装饰及规格格外讲究；前檐木雕装修十分精美，内容有牡丹富贵、暗八仙等，支摘窗也有多种图案。进入正房门，明间靠墙摆条几、八仙桌，两边为官帽椅、墙上挂古训字画，条几上置古瓶、镜架和铜制供器，显得古香古色，颇有耕读传家遗风。左次间用木隔断（俗称板壁）另辟一室，供佛像和祖先神位及家谱。右侧稍间，用花罩或碧纱厨隔断辟为寝室，做满间炕，炕侧靠后墙置炕柜和门箱，放置衣物被褥，炕上铺毛毡及毛毯。炕中间摆炕桌、炕头置火盆。北房是家中长者和客人用房。传统庄廓北房内景如图 5-4 所示。

图 5-4　传统庄廓北房内景（正房）

靠东房间（东房）作子媳住房，以求家中后嗣繁续，家道昌盛。东房也可阔五间，其建筑装饰与规格逊于北房，一般前檐不做木雕，支摘窗也是简单的"一马三箭"。西房两间（有作为合头与正房连接的，也有角房形式的），为住房或用于存放粮食和工具的贮藏室、厨房。

南方为吉方，南房正中一间取大门（图 5-5），青海习俗称大门为财门，安大门有祭门庆贺的仪式，以期招财进宝、兴旺发达之意，是一种美好的愿望。东北角房一般作为驴马圈，西南为采光不好、方位不重要的辅助空间，建角房则为厕所（图 5-6）（也有独立于院外的），俗称茅坑。所谓用阴湿压毒火，且厕所门不能对正房。

受生产方式的影响，比如土族的院落南面有时不建造房屋，常用于柴草堆放或作牲畜棚。对于部分建成房屋的，主要用来堆放粮食和存放农用工具。受社会民族习俗的影响，

图 5-5　南部院墙开设大门

图 5-6　西南角房（厕所）

回族庄廓院落中常会将淋浴间设置于卧室之内，通常设置于卧室一角。而牛羊圈和农具存放会安置在厢房，很少会在院内饲养牲畜。藏族主体建筑多为两层，行动不便的老人通常住在底层，同时底层还会设置一些辅助空间，如厨房、储物间、卫生间等。

庄廓中间（图 5-7），俗称院心，以中轴线做铺砖甬路，两侧辟成砖砌小花园，种植牡丹、丁香、箭竹等，以寓富贵丁旺。其实际目的是绿化，左侧花园内用砖砌一精巧燎炉，称中宫。逢年过节，早晨焚香，以敬神灵。也有结合生活需要庭院中开辟菜地的。

图 5-7　庄廓庭院景观营造

庄廓院大门前一般有水渠环抱而流，取象"金带环抱"，东侧亦有流水，取象"青龙蜿蜒"，西侧有道路，取象"白虎驯服"。庄廓周围溪流潺潺，绿树葱茏，麦田随风起波浪，整体环境十分幽静。也有的庄廓周围辟为果园，更是花园一般，春季桃梨花丛中见屋檐，秋季累累果实掩门户，一幅优美的田园风光图（图 5-8）。

图 5-8　庄廓外自然环境景观

5.2.3　建筑材料与构造

木结构房屋是由木柱作为主要承重构件，生土墙（土坯墙或夯土墙）、砌体墙或石墙作为围护墙的房屋。

生土墙：十分流行的传统生土用法是将土、水、杂草或秸秆混合搅拌，作为建墙材料。用法主要有三种：一种是直接制土坯砖，体积不大，晒干垒墙。单人就可以完成，比较灵活；另一种是夯土墙，将土料装入模具，持续夯打，层层升高，成为一面整墙；还有一种是抹墙，土坯墙建成伊始，夯土墙年久失修，都可以用这种方式，抹土墙外皮，可以修补老墙开裂破损，日常可以糊炕糊灶。

砌体墙：砌体结构在框架结构的建筑内属于二次结构，一般不承重，但由于涉及建筑的抗震要求，砌体结构在建筑设计中属于结构设计。整体的砌体结构也属于主体结构的子项目，涉及结构安全，所以在装饰设计中，对砌体结构不能随意拆改，改动后需要增加相应的承载措施。砌体墙是这一类墙体的泛称，根据不同的砌筑材料有不同叫法，如水泥砖墙、加气块墙、石膏砌块墙等。

在青海河湟地区，夯土墙与木结构体系广泛应用于传统的庄廓民居建筑，作为主要构成材料的黄土和木材具有因地制宜、就地取材、储热性能好、维护方便、成本低廉的特点，土木结构建筑施工也很简单。其生态优势符合建筑和环境可持续发展的理念。它在当今的村庄建设中仍然具有不可替代的优势。热爱自然、尊敬自然的青海人民传统中用"土"和"木"——最接地气的建筑材料，在建筑中表达浓烈的地域建筑之美。

（1）传统夯土墙

建筑表皮的肌理是人类大脑能够感知的最直观部分。夯土墙（图5-9）作为河湟民居建筑的外皮，其蕴含着特别的力量，它的色彩和美感源于自然大地，来自劳动人民的汗水与智慧。河湟民居夯土墙历经千年提炼、沉淀，在大自然风雨霜雪的交替萃润中，充满文明的精华、时光的味道，是河湟民居建筑艺术的灵魂所在。传统夯土墙施工时留下的木板、原木的痕迹形成了青海庄廓院最原朴的肌理之美，集中体现了青海河湟民居的装饰色彩基色和艺术本底、乡土建筑的地域性特征。夯土既是河湟民居传统的建筑技艺，又是今后农村建筑生态可持续建造的标志，它凝聚着河湟地区各民族和工匠劳动者的智慧以及建筑艺术之美，具有极高的历史文化传承价值。

图5-9　夯土墙的筑成

（2）河湟建筑承重结构主要由木结构构件组成

承重结构由木柱、木梁、木架、木楼板（屋顶）组成（图 5-10）。建木屋要选择优质木材，保证木屋的寿命和质量。常见的建材包括桦木、杉木、松木、樟子松木等。在选择木材时，需要考虑木材的质量、防腐、防虫等经济因素。选木材口诀如下：

图 5-10　木结构构件
（a）木柱；（b）木梁、木架；（c）木屋顶、楼板

树木采伐冬春好，树皮不宜早剥掉。末伏剥皮锯板料，自然干燥存放好。

心材边材要区分，中材木质最适中，心材常裂边材曲，取材用料搭配用。

传统抬梁式木结构、穿斗式木结构施工顺序：确定打基础与台基，再立柱础搭木架，上楼面上大梁，里外墙体施工完马上就安门和窗，上完房泥整细节。

（3）土木结构房屋建筑主要构造

1）台基：台基是建筑下面突出地面的平台，是建筑的底座。早期台基全部由夯土筑成，随着人们生活水平的不断提高，逐步在其外表面包砌砖石。

2）屋身：由柱子支撑骨架，砌墙并在墙上开门窗。

3）屋顶：青海民居多数为覆土的平坡屋顶。

4）除以上最基本的组成大构件，还需要认识木柱、木梁、圈梁、檩条、围护墙体、山墙这些小构件。

① 木柱：柱子是房屋建筑中至关重要的承重构件，承载着整个房屋。

② 木梁：木梁是由支座支承，承受的外力以横向力和剪力为主，以弯曲为主要变形的构件。木梁是梁按照材料分类中的一种，在古代建筑中运用广泛，现代建筑中，采用木地板、木梁等天然材料来装饰家，没有奢华的装修，简约平实。

③ 圈梁：圈梁是为防止地基的不均匀沉降或较大振动荷载等对房屋的不利影响，一般应在墙体中设置钢筋混凝土圈梁或钢筋砖圈梁，以增强砖石结构房屋的整体刚度。

④ 檩条：檩条亦称檩子、桁条，垂直于屋架或椽子的水平屋顶梁，用以支撑椽子或屋面材料，檩条是横向受弯构件，一般都设计成单跨简支檩条。常用的檩条有实腹式和轻钢桁架式两种。

⑤ 山墙：山墙一般称为外横墙，沿建筑物短轴方向布置的墙叫横墙，建筑物两端的横向外墙一般称为山墙。古代建筑一般都有山墙，它的作用主要是与邻居的住宅隔开和防火。

谚语说"山墙扒门必定伤人"，这是因为传统硬山式住宅的主梁搭在山墙上的，而山墙常是承重墙，如果在墙上开门会使墙的承重能力下降，主梁有跌落的危险。

5.2.4 建筑装饰与艺术特色

1. 砖雕艺术

青海河湟民居砖雕多装饰于大门，技艺源于河州地区，历史悠久。其既有共性，又因民族文化差异在风格、手法上略有不同。总体构图丰满、纹饰繁缛，刀法浑厚粗犷，风格类似木雕。受中原文化及装饰限制影响，砖雕朝典雅精细方向发展。同时，因当地独特社会人文环境，处于中原与边地交界的河州砖雕，兼容并蓄各民族文化，成为河湟民居朴素装饰风格的理想选择。

2. 木雕艺术

木雕艺术附着于物体历史久远，史前时期，河湟地区柳湾、喇家等文化遗址的建筑装饰木雕就已独立存在。因当地自然与人文差异，各民族民宅的建筑木雕呈现多样化。

河湟民间传统建筑木雕的民族特色、精湛技艺与丰富内涵，经数千年发展创新而成。它吸收汉文化，结合当地多民族文化与地域特征，形成极具审美价值的木雕，充满地方特色、文化气息与历史人文内涵。

木雕主要用于大门、檐口、窗户等部位。河湟民居前檐木雕精美，"牙子"是其重要载体。"牙子"是房檐兼具装饰与实用的木质面板，有"柱口牙子""圈口牙子"等多种。其雕刻图案丰富，有寿山福海等，多数为花草纹样，称"花草牙子"。纹样与雕工体现古代等级制度，受房屋建造规定限制，多数木雕花草为三层。

正房前廊檐下横梁与柱子间的直角雕花，采用连续透雕、浅浮雕等手法，融合结构与美感。常见的木支摘窗也雕刻多样图案，如八卦套等。窗户木雕骨架以直线、曲线等元素构成艺术结构，小窗格与木雕形成节奏韵律。

河湟传统建筑木雕图案多元，有反映儒家、道家、佛教思想的内容，它们或独立或共存于一栋建筑。这种创作个性源于民间艺人不同的宗教情感、生活习俗等。如"富贵不断头"体现儒家"入世"思想，"卍字不断头"源自佛教，二者常于同一建筑出现，表明河湟百姓融合了儒释思想。

3. 彩绘艺术

河湟民居整体较少使用彩绘装饰，个别地区虽受宗教建筑影响有此传统，但也非大面积应用。明清时期对建筑装饰有严格规定，从皇家到士民，对装饰内容与色彩皆有明确限制，清代王府公侯与普通官民在油饰彩画方面差异显著。

河湟地区的土司府、进士府邸等官式建筑广泛采用彩绘，常用紫朱油或红土烟子油，因其暖红色调能营造亲切热烈氛围，与周边青绿彩画、青砖灰瓦形成冷暖对比，增添生机。

普通百姓民居彩绘融合汉、土、藏等民族文化元素，受"阴阳五行论"影响，以黑、赤、青、白、黄代表水、火、木、金、土，其中赤、青、黄作为三原色，精神特征强。其彩绘人物生动、色彩丰富、立体感强、保存久，兼具实用、观赏与寓教性。

河湟民居彩绘构图讲究，主要用于屋顶、隔间木板壁及家具美化（图 5-11 和图 5-12），与中原和南方不同。内容丰富，包含复杂纹样与宗教元素，图案多以土族"富贵不断图"、汉族"吉祥八宝图"、藏族"藏式八宝"等融合而成，地域与民族特征鲜明。

图 5-11　家具彩绘

图 5-12　建筑构建

5.3　河湟建筑的价值

5.3.1　河湟建筑的历史价值

1. 反映不同历史时期的社会生活

河湟建筑千百年来演化的形态呈现了河湟地区在政治、经济、文化等方面的不断发展。丰富的建造技艺，精致的木构与夯土墙体，华丽的木雕、砖雕、彩绘，都体现了不同历史时期青海各民族的建筑风格特点和文化特色。其中最具代表性的建筑——河湟民居，展现了文人墨客的才情与胸怀，民居工艺的精湛令人赞叹不已，而华丽的雕饰则反映了当时社会的审美风尚和等级制度。河湟民居建筑风格独特，汲取了院落、庄廓、廊檐等元素，展现了河湟地区独特的建筑文化。这种风格不仅美观，还具有实用性，体现了当地人民的智慧和生活方式。

河湟建筑的历史价值还体现在其文化交流上。河湟地区作为古代丝绸之路的重要节点，不同文化的交流和融合在建筑上得到了体现。例如，互助土司城遗址、大通寺遗址等，这些遗址不仅展示了古代城市的规划和建筑风貌，还反映了当时的社会结构和经济活动。

2. 见证地区的发展与变迁

河湟地区的历史可以追溯到春秋时期，当时湟水谷地"少五谷、多禽兽"，主要依靠射猎为生。随着羌人无弋爰剑从秦国逃到湟水谷地，带来了农牧业生产技术和经验，湟水谷地的农牧业逐渐发展起来。秦始皇统一全国后，河湟之地属陇西郡管辖。西汉武帝时期，河湟地区成为北击匈奴的军事重地，通过移民拓边、筑城置亭等措施，汉族逐渐成为河湟地区社会经济文化发展的主导力量。唐代以后，河湟地区经历了多次政权更替和民族融合，最终在明代成为青海新经济的增长极和现代兰西城市群崛起的重要引擎。河湟地区具有多民族共同建构出河湟文化多元并存与交融互补的文化特质。河湟地区的发展与变迁

（图 5-13），见证了汉族、藏族、回族、土族、撒拉族、蒙古族等各民族的共同繁荣与融合，这种民族文化的综合全面而具体地体现在了河湟建筑这一文化载体上。

图 5-13 河湟建筑传承与历史变迁

3. 河湟建筑体现人与自然的关系

河湟建筑还体现了人与自然的和谐共处理念。河湟地区的建筑风格和布局充分考虑了自然环境，体现了生态智慧和社会管理经验。这种理念在生态保护、可持续发展等方面仍然具有重要的现代价值。山水相依的河湟建筑群落如图 5-14 所示。

图 5-14 山水相依的河湟建筑群落

5.3.2 河湟建筑的文化价值

1. 河湟文化特征

河湟文化历史悠久、内涵丰富、底蕴深厚，具有以下六个鲜明特征：

（1）根源性

黄河地区是华夏文明发祥地，河湟地区是中华文明摇篮之一，其地处青藏与黄土高原交会地带，是人类踏入青藏高原的要道。考古成果将青藏高原人类史提前至 16 万年前，河湟地区人类活动频繁。新石器时代这里文明发达，柳湾出土大量文物，尤以彩陶著称，被誉为"彩陶王国"。河湟文化铸就黄河流域文明内核，推动其发展。

（2）地域性

河湟谷地位于青海东部，平均海拔约 2280m，相对青海其他地区，这里水系便于灌溉，土壤肥沃宜居。多民族在此融合，形成以河湟地区为中心的文化。同时，该地山河交错，多民族文化在此共存、融汇，形成独特的高原河谷文化，建筑和饮食文化地域特色鲜明。

（3）多元性

河湟地区是多民族文化交流地，农耕与游牧文化在此交融，形成多元文化。湟水流域自古是文化交汇中心，农耕文化影响其他民族生产方式转变。多民族聚居，各有独特文化，从生活各方面展现多元魅力。

（4）包容性

河湟地区汇聚多种文化，河湟文化是各民族融合其他文化形成的。如齐家、马家窑等文化见证民族融合，土族、撒拉族、东乡族文化也是多元融合产物。此外，河湟文化对外来文化有强大改造融合能力，地处文化传播交汇带，是中西方文化交融"熔炉"。

（5）创新性

文化随社会发展而创新，河湟人民从古至今创新能力强。昆仑神话中的艺术形式展现其创造力。改革开放以来，河湟文化在载体、内容、产业等方面蓬勃发展，满足人民需求，推动地区经济发展。

（6）传承性

河湟文化秉承传统、创新发展。青海各族人民形成诸多宝贵精神，如柴达木精神、"两弹一星"精神等，这些精神具时代和地域特征，是社会主义核心价值体系体现，源于中华文明与河湟文化，激励各族人民开拓创新。

2. 河湟建筑文化价值

（1）蕴含的民族文化内涵

民居建筑是河湟建筑的典型代表，承载着青海记忆的物质文化遗产也是与其息息相关的非物质文化遗产的载体。它反映了高原独特的地域气质与丰富的人文情感。传统河湟民居建筑本体是物质文化，建筑所寄居的人所具有的风俗习惯、宗教信仰、生产生活方式、家族渊源等，所蕴含的信息都是珍贵的非物质文化遗产。

（2）传统习俗与信仰的体现

在信仰藏传佛教和伊斯兰教的村庄聚落中，藏传佛寺（图 5-15）和清真寺（图 5-16）以及家庙、宗祠等不可避免地受到民居形态和细节的影响。这些建筑作为不可或缺的精神

图 5-15　藏传佛寺—果洛拉加寺

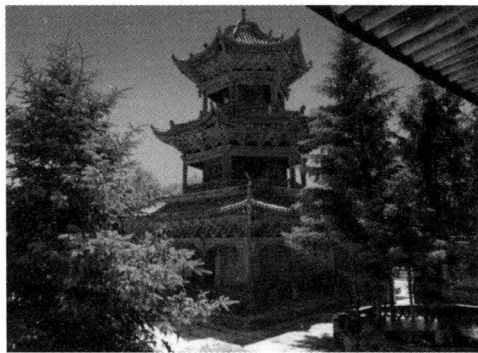

图 5-16　清真寺宣礼塔—海东洪水泉寺

中心与重要的公共活动空间节点，即便是村寺分离的村庄其藏传佛寺依然凝练了传统河湟民居文化元素将其表现在大殿、白塔、玛尼房（转经房）、煨桑炉、寺门与院墙上构成了寺庙形态单元；大殿、唤礼楼、寺门与照壁则是清真寺的形态构成单元；高大的墙门、门楼、照壁、正殿、庑房、享堂等房屋建筑与正厅两侧的厢房等构成了宗祠的形态单元。这些公共精神空间完美地承载了河湟民居建筑风格和文化，与村落整体建筑尺度、形态、风格协调而统一。

（3）地域文化特色的展示

河湟地区保留下来的古老建筑屋檐下带有繁复雕花的建筑构件，虽然经过风雨的侵蚀，已经变得色泽暗淡，可是上面浮雕和透雕的图案依旧保留了当年的风貌。所有的花卉都栩栩如生，所有的装饰纹都线条流畅。花开富贵、寿桃蝙蝠……这些有着美好寓意的图案，昭示着主人昔日的富足与显赫。

花开富贵是最具典型性的汉文化的标志性图案，这种图案在中国各地的建筑物上广为使用，只不过是河湟地区建筑物上使用的牡丹图案造型简洁，多以单瓣为主。无论牡丹的造型如何改变，它的寓意并没有改变，这是汉文化在河湟地区传播的佐证。受到了少数民族文化的影响，这使得河湟地区的建筑木雕图案逐渐形成了自己的风格。图 5-17 所示为河湟建筑典型性的汉文化标志性木雕图案。

图 5-17　河湟建筑典型性的汉文化标志性木雕图案

典型的藏族民居庄廓院以高墙围合而成，具有较强的防御性，是平顶土木结构民居。屋顶上或院落中央多会立嘛呢旗杆，并设置风玛尼。经堂多数在中央，厨房通常用使用木板装修并在墙壁上设置壁柜。

回族、撒拉族等民族的民居营建中受回族伊斯兰文化影响较多，体现有许多禁忌，如偶像崇拜禁忌，这是在伊斯兰壁画或者雕刻中绝不会出现人物或动物等生命迹象的图案的原因，由于青海回族受到外来文化尤其是汉族文化的影响，因此在建筑装饰纹样中常出现一些追求吉祥等意义植物形象和个别刻意忽略动物眼睛等五官的形象，回族民居在平面布局时往往要考虑朝向等宗教要求。

土族庄廓外观质朴，占地面积约四五分（十分为一亩），筑方形高墙。墙半腰用白卵石镶嵌宝塔形图案，墙头四角置白卵石，门面墙壁用泥抹光，还有用白灰粉刷的，既减弱了风雨对墙面的侵蚀，又显得整洁美观。土族庄廓的大门通常是木制的，檐口装饰精美丰富，开于庄廓的一角，与其所在墙面成一角度。进门后穿过一处角房进入院内，大门不正对内院，且通过一处角房作为过渡，较好地避免了风沙和视线对院内家庭活动的直接干扰。因此在院门平面形态上往往出现倾斜灵活的特点，大门向外正对神山、神树等物为之吉祥，忌讳大门正对墙角、空物等。在土族禁忌中，"忌门"土族语称"吾迭·吉拉"，认为大门是招财进宝与辟邪的重要关口，凡遇不祥征兆，传染病症，一定要忌门、断绝一切对外交往，谢绝外人入内，以防邪气犯正。由此也出现了一些民居为避免禁忌，宁可将民居大门斜向布置的习俗。

5.4　河湟建筑面临的挑战

河湟建筑保护面临的挑战主要包括：文化趋同现象明显、传统工艺传承困难、现代化和全球化带来的冲击以及保护与发展之间的平衡问题。

首先，随着现代化和全球化的推进，文化趋同现象日益明显。河湟建筑作为青海地区独特的文化遗产，面临着被同化的风险。许多传统建筑在城镇化的浪潮中逐渐消失，保护工作显得尤为重要。

其次，传统工艺的传承也面临困难。许多传统的建筑工艺和材料在现代社会中难以应用，导致传统技艺后继无人，保护和传承成为紧迫任务。

再次，现代化和全球化对河湟建筑的保护提出了新的挑战。如何在保护传统建筑的同时，利用现代科技进行创新转化，是一个亟待解决的问题。

最后，保护与发展之间的平衡也是一个重要挑战，各地区之间经济社会发展不平衡，贫困地区和少数民族聚居区的经济发展相对滞后，这给河湟建筑的建设带来了挑战。如何在保持河湟建筑文化价值的同时，满足现代城市发展的需求，是一个需用智慧和策略来解决的问题。

5.4.1　自然因素的影响

随着时代的变迁，河湟地区也面临着诸多挑战。生态环境的恶化、人口过度集中等问题日益凸显，这片曾经的"天堂"正逐渐变得脆弱起来。传统的农耕与畜牧已经难以满足当今社会的需求，且城市化的进程又带来了新的挑战。河湟地区地处青藏高原与黄土高原过渡地带，地势复杂，气候条件恶劣，自然灾害频发，给建设与传统建筑保护带来了困难。当前青海省防灾减灾设施体系正在不断完善，防御水旱灾害的能力也有待提高，重点城镇防洪能力仍然稍显不足，部分县城和乡镇尚未达到规定的防洪标准，农村水系尚未开展系统整治，中小河流治理、病险淤地坝除险加固等有待进一步加强。水蚀风蚀冻融侵蚀交错，水土流失面积占流域国土面积的 21.78%，纳入国家水土保持重点工程建设范围的县（市、区）有限，无法统筹全流域水土保持工作，水土保持率较低。受全球气候变暖影响，青藏高原呈现暖湿化，区域雪线上升、冻土消融日趋普遍，原本被高寒草甸覆盖的山体顶部出现大面积的裸露碎石。另外青海省地震活动分布广、强度大、频度高，全省97.3%以上的国土位于Ⅶ度（地震动峰值加速度0.10g）及以上的地震高烈度区。青藏高原中部的巴颜喀拉块体及其周缘是中国大陆20多年以来7级以上强震活动的主体地区。例如2023年12月18日晚，甘肃积石山6.2级地震影响了位于河湟地区的青海省海东市民和县、化隆县、循化县三县46个乡镇419个行政村，约3.8万户民众房屋受损。

恶劣的气候及生态修复的迫切性急剧影响河湟建筑的建设条件，在河湟地区进行建筑工程设计和施工中必须考虑抵抗严寒的保温设计、防止风沙侵蚀和抗震的要求。

5.4.2 人为因素的破坏

河湟建筑面临的人为因素破坏主要包括传统民居的消失和历史建筑、文物古迹的保护不足。在青海这个多民族聚居地区，传统民居是构成历史上特有的多民族文化并存和相互融合的文化现象的物质载体。然而，随着城镇化的推进，大量的传统村落和传统民居已经或即将消失在城镇化的浪潮中。当青海省个别区域开发建设中无管控措施、无序的大规模公共或私人工程威胁到河湟建筑文化的传承；城市或旅游业迅速发展计划以及年久腐变、蜕变加剧下很多老建筑无人去维护，造成河湟老建筑的消失危险。

5.4.3 缺乏保护意识和资金投入

首先，保护意识不强是制约河湟建筑遗产传承的重要因素。很多人对建筑文化遗产的价值认识不足，缺乏保护意识，导致一些建筑文化遗产在人为破坏或自然侵蚀下逐渐消失。例如，一些古村落、古建筑在城市化进程中被拆除或改建，失去了原有的历史风貌或彻底消失。

其次，传承人才的短缺也是一个突出问题。随着河湟建筑技艺老一代传承人的逐渐离世，加之年轻一代对传统文化缺乏兴趣，导致很多文化遗产面临失传的危险。例如，河湟民居特色技艺中的撒拉族篱笆楼编织技艺、玉树藏族碉楼石砌技艺等因缺乏年轻传承人而日渐式微。

最后，缺乏资金投入。河湟建筑文化遗产的传承往往需要大量的资金支持，用于修复和维护文化遗产、开展传承活动、培养传承人等。然而，由于政府拨款有限，社会资金筹集困难，很多文化遗产的传承工作因资金短缺而难以进行。例如，一些有保护价值的历史建筑、古建筑因缺乏维修资金而年久失修，面临倒塌的风险。

5.5 河湟建筑文化保护的原则与方法

5.5.1 河湟建筑文化保护的原则

河湟建筑文化保护主要有以下原则：

1. 原真性原则

原真性是指在保护河湟建筑文化时要确保其原汁原味，尽可能真实地保存建筑所蕴含的历史、文化和艺术信息。要保证建筑从形式到材料等各方面都是真实的。例如，在修缮时尽可能使用传统的建筑材料，像河湟地区建筑常用的土坯、木材等，且要遵循传统的建筑工艺，避免用现代材料简单替代。

（1）历史信息真实

河湟建筑在历史变迁中承载了当地居民的生活记忆和社会发展脉络。例如，一些古老的庙宇建筑，其建筑风格、内部的壁画、碑刻等细节都记录着当时的宗教信仰、建筑技艺等诸多历史元素。在保护过程中，要避免破坏这些历史痕迹，通过科学的方法对其进行修复和保存，确保后人能看到建筑真实的历史面貌。

（2）材料和工艺真实

建筑材料和建造工艺是体现建筑原真性的关键。河湟地区建筑有其独特的材料使用习惯，如土坯墙、木质结构等。在修缮和维护时，应尽量使用传统材料，像当地的黏土制作土坯，并且遵循传统工艺来砌筑。对于传统的木雕、石雕工艺也应原汁原味地保留，不能用现代的化学材料简单替代传统的颜料或黏合剂。

2. 完整性原则

完整性强调从整体的角度对河湟建筑文化进行保护。既要保护建筑实体本身的完整性，包括建筑的结构、外观、装饰等，也要保护和建筑相关的环境要素，像周边的庭院、围墙以及建筑在村落或者城镇中的空间布局等整体环境。

（1）建筑实体完整

建筑本身是一个有机的整体，包括基础、墙体、屋顶、门窗等各个部分。以河湟地区的传统民居为例，四合院式的布局中，正房、厢房、倒座房以及大门等建筑构件共同构成完整的居住空间。在保护过程中，不能只重视主体建筑而忽视附属建筑或建筑构件，要确保建筑的每一个部分都能得到妥善保护，保证建筑结构和外观的完整。

（2）环境要素完整

建筑与周边环境相互依存。河湟建筑往往与当地的自然环境（如山川、河流）、村落布局、邻里建筑等紧密结合。比如，建筑周边的小巷、古井、树木等环境要素也是建筑文化的一部分。在保护建筑的同时，要保护好这些周边环境，保持建筑与其所处环境的空间关系、文化氛围的完整性。

3. 可持续原则

考虑建筑长久的保护策略，在保护过程中采用对建筑本身损害小的技术手段。例如，一些古建筑的修复不能急于一时，要分阶段采用合适的技术，同时注重日常的维护，并且要平衡好保护和利用的关系，如部分建筑可以在合理的开发利用中获取资金用于维护。

（1）生态可持续

在建筑文化保护中，要考虑对自然资源的合理利用。例如，在维护河湟传统建筑时，尽量采用本地的、可再生的建筑材料（如当地的木材等）减少对环境的破坏，同时考虑建筑与周边生态系统的和谐共生，避免过度开发导致生态失衡。

（2）经济可持续

探索保护资金的多元筹集渠道。一方面争取政府专项补贴，另一方面通过合理开发利用建筑文化资源来获取经济收益。如将部分建筑改造为特色民宿、文化展示馆等，收取一定的费用，用于建筑的长期维护和保护工作，实现经济上的循环可运作。

（3）社会可持续

保护工作要符合当地社会的长远利益和发展需求。注重培养当地居民对建筑文化的认同感和自豪感，鼓励他们参与保护工作，同时在建筑利用中要考虑对当地社区的积极影响，如提供就业机会、丰富文化生活等。

4. 可操作原则

（1）技术可操作

保护措施所涉及的技术手段应当是切实可行的。这包括建筑修复技术、材料加工技术等。例如，对于河湟建筑中的木雕、砖雕等装饰部分的修复，需要有成熟的工匠技艺或者可以实现的修复技术来支撑，确保在现有条件下能够完成修复工作。

（2）管理可操作

建立有效的管理体制和运行机制。制定明确的建筑保护规则和工作流程，明确各部门和人员的职责。例如，设立专门的河湟建筑文化保护管理机构，对建筑的日常巡查、维护计划、资金使用等环节进行有效管理。

（3）经济可操作

保护成本应当在合理范围内。在规划保护项目时，要充分考虑资金的投入和产出。例如，对于一些大规模的河湟传统村落建筑保护，要根据当地经济实力和建筑的价值，选择合适的保护方式，避免因成本过高而无法实施。

5. 尊重传统原则

尊重河湟地区建筑文化原有的风格、特点和用途，充分理解当地建筑在宗教仪式、日常生活等诸多方面承载的功能，避免过度商业化或者不恰当的改造破坏其传统价值。

（1）风格与用途尊重

河湟建筑文化有着独特的风格，如庄廓院的布局紧凑、封闭性强，这是适应河湟地区的气候和社会环境而形成的。在保护过程中，要尊重这种风格，不能随意改变建筑的外观造型和内部空间布局。同时，要尊重建筑的原始用途，像宗教建筑用于祭祀、礼仪等活动，民居用于居住生活，避免不恰当的功能转换破坏建筑的传统价值。

（2）文化内涵尊重

建筑背后蕴含着河湟地区丰富的文化内涵，包括宗教文化、民俗文化等。例如，一些建筑装饰图案中体现的图腾崇拜、神话传说等文化元素。在保护和利用建筑时，要深入研究和理解这些文化内涵，不能因为商业利益等原因而忽视或歪曲这些文化意义。

5.5.2　河湟建筑的合理利用

河湟建筑利用主要从以下几个方面开展：

1. 博物馆化利用

将传统有特色、文化价值高、有一定规模的河湟建筑改造为博物馆是一种常见且有效的利用方式。通过展览和解说，充分展示建筑本身及其所承载的历史和文化价值。这种利用方式不仅保护了传统建筑，还使其成为传播和弘扬历史文化的重要场所。例如，许多古建筑群、宫殿遗址等都被改造成了博物馆，吸引了大量游客前来参观学习。

2. 商业利用

传统河湟建筑在商业领域的利用也颇为广泛。将传统河湟建筑改造成商业街区、宾馆、餐厅等，可以使其在现代社会中焕发新的生机。这种利用方式不仅保留了建筑的历史风貌，还为其注入了新的经济活力。例如，成都的宽窄巷子就是一个成功的商业利用案例，传统庭院建筑与现代商业元素相结合，成为一个集购物、餐饮、休闲于一体的热门旅游景点。

3. 教育培训利用

将传统河湟建筑改造成教育培训中心也是一种有益的利用方式。这种利用方式可以为城市提供更多的教育资源，同时让人们在学习过程中更加深入地了解和体验传统建筑的文化内涵。例如，一些古建筑群可以改造成艺术学校、传统文化研究机构等，为传承和弘扬传统文化作出贡献。

4. 文化创意利用

随着文化创意产业的兴起，传统河湟建筑在这一领域也得到了广泛的应用。将传统建筑改造成文化创意产业园区，可以吸引众多文化创意企业和个人入驻，形成集聚效应，推动文化创意产业的发展。这种利用方式不仅为传统建筑带来了新的生命力，还促进了文化产业与旅游产业的融合发展。

5. 其他利用方式

除了以上几种常见的利用方式外，传统河湟建筑还可以根据具体情况改作其他形式的利用。例如，一些具有特殊历史价值的传统建筑可以改造成纪念馆、展览馆等；一些风景优美的传统建筑可以改造成旅游景点或度假村；一些结构稳固、空间适中的传统建筑还可以改造成办公楼、图书馆等公共服务设施。

6. 政策支持与技术创新

在传统河湟建筑的利用过程中，政策支持和技术创新也起到了重要作用。政府出台一系列政策和法规来加强对传统建筑的保护和利用，例如青海省海东市出台了《海东市河湟文化保护条例》，鼓励社会各界积极参与传统建筑的活化利用工作。

综上，河湟建筑的利用是一个复杂而多面的过程，需要综合考虑建筑本身的特点、社会需求、文化传承等多个因素。通过合理的利用方式和政策支持，我们可以让传统建筑在现代社会中焕发出新的生机和活力。

5.6　河湟建筑文化保护的策略行动与未来展望

5.6.1　政府层面的政策与措施

1. 立法保护

（1）制定专项法规

政府应针对河湟建筑文化制定专门的保护法规，明确界定河湟建筑文化涵盖的范围，包括具有地域特色的传统民居、寺庙、古堡等各类建筑及其附属的装饰艺术、营造技艺等方面。法规中需详细规定保护对象的认定标准，例如建筑的年代、风格特点、所承载的历史文化价值等要素如何衡量，确保每一处有价值的河湟建筑都能被纳入法律保护范畴，为后续的保护工作提供坚实的法律依据。

（2）严格执法监督

建立专业的执法队伍，加强对河湟建筑文化保护相关法规执行情况的监督检查。对于破坏河湟建筑、擅自改变其原有风貌等违法行为，要依法予以严厉打击。执法人员需定期巡查各类保护建筑，同时设立举报渠道，鼓励民众对发现的违法违规行为进行举报，形成全社会共同监督的良好氛围，切实维护河湟建筑文化的完整性和原真性。

2. 资金支持

（1）设立专项保护资金

政府要从财政预算中安排专项资金用于河湟建筑文化的保护工作，这笔资金可以用于建筑的修缮、维护，传统营造技艺传承人的培养以及相关研究工作等多个方面。例如，对于一些年代久远、破损严重的河湟传统民居，可通过专项资金资助，聘请专业的古建筑修复团队按照传统工艺进行修复，恢复其昔日的风貌，使其历史文化价值得以延续。

（2）拓展资金筹集渠道

除了财政投入，还要积极引导社会资本参与河湟建筑文化保护。通过制定优惠政策，如税收减免、项目补贴等方式，鼓励企业、社会团体及个人投资参与保护项目。比如，可以与旅游开发企业合作，在合理保护建筑的前提下，开发特色旅游线路或文化体验项目，将部分收益反哺于建筑文化保护工作，形成保护与开发良性互动的模式。

3. 规划引导

（1）制定保护规划

结合河湟地区的城乡建设规划，制定全面、科学的河湟建筑文化保护规划。在规划中，对不同区域、不同类型的河湟建筑进行分类分级保护，明确哪些是需要重点保护、原样修复的核心建筑，哪些是可以在保留特色基础上适度改造利用的一般建筑。例如，对于一些体现河湟建筑典型风格且保存较为完整的古村落，整体规划为重点保护区，严格限制周边新建建筑的风格、高度等要素，使其与传统建筑风貌相协调。

（2）融入城市建设

将河湟建筑文化元素融入现代城市建设之中，在新建的公共建筑、市政设施等项目中，鼓励采用河湟建筑的特色符号、装饰手法等，既传承文化又提升城市的地域文化辨识度。比如，在城市公园的景观亭设计中融入河湟传统建筑的飞檐、雕花等元素，让市民和游客在日常活动中就能感受到河湟建筑文化的魅力，增强文化认同感。

4. 专业人才培养与引进

（1）本土人才培养

通过与当地高校、职业院校合作，开设相关专业课程或培训项目，培养熟悉河湟建筑文化、掌握古建筑修复、传统营造技艺等专业知识和技能的本土人才。课程设置可以涵盖河湟建筑历史、建筑构造、材料工艺以及修复技术等内容，采用理论教学与实践操作相结合的方式，让学生深入了解并能实际参与到建筑文化保护工作中，为河湟建筑文化保护储备充足的专业人才力量。

（2）人才引进激励

制定优惠的人才引进政策，吸引外地优秀的古建筑保护专家、学者以及技艺精湛的工匠等人才来到河湟地区，为他们提供良好的工作环境、科研条件以及生活待遇，鼓励他们发挥专业特长，参与到河湟建筑文化保护项目中，带来先进的保护理念和技术方法，带动本地保护工作水平的提升。

5.6.2 社会组织与公众的参与

1. 社会组织的作用

(1) 文化保护组织

各类文化保护社会组织可以发挥重要作用，它们可以深入调研河湟建筑文化的现状，收集整理相关的历史资料、民间传说等，丰富河湟建筑文化的内涵。例如，组织专业人员对分散在民间的河湟建筑营造技艺进行记录、整理成册，建立数据库，为后续的传承和研究提供翔实资料。同时，这些组织还能积极开展保护项目，通过筹集资金、组织志愿者等方式，参与到具体的建筑修缮、维护工作中，对一些政府保护力量尚未完全覆盖到的小型河湟建筑进行保护。

(2) 行业协会

建筑行业协会、民俗文化协会等相关行业协会可以制定行业规范和标准，引导从事河湟建筑修缮、改造等相关业务的企业和工匠遵循科学、规范的操作流程，保障保护工作的质量。比如，制定河湟传统民居修缮的质量标准，明确在材料选用、工艺做法等方面的具体要求，对不符合标准的企业进行督促整改，促进整个行业健康有序发展，助力河湟建筑文化保护。

2. 公众参与方式

(1) 志愿者活动

鼓励公众参与河湟建筑文化保护志愿者活动，通过宣传招募等方式，吸引不同年龄段、不同职业的人们加入。志愿者可以参与到建筑文化的宣传推广工作中，如在文化展览、民俗活动现场担任讲解员，向更多人介绍河湟建筑的特色与价值；也可以参与实地的保护工作，协助专业人员进行建筑的日常巡查、环境清理等简单工作，为保护工作贡献自己的力量，同时在参与过程中增强自身对河湟建筑文化的认知和热爱。

(2) 民间自发保护

引导民间力量自发地对身边的河湟建筑进行保护，比如居住在传统民居内的居民，自觉对房屋进行日常维护，按照传统的修缮方式修复损坏部分，不随意改变建筑的原有风貌；一些家族祠堂等民间建筑的所有者，主动筹集资金对建筑进行修缮，并将其向社会开放，展示家族文化的同时，也保护了河湟建筑文化的一部分，形成全社会共同参与保护的良好局面。

5.6.3 教育与宣传的作用

1. 学校教育

(1) 纳入课程体系

将河湟建筑文化相关知识纳入当地中小学、职业院校以及高等院校的课程体系中，根据不同年龄段和学习阶段的特点，设置相应的教学内容。在中小学阶段，可以通过校本课程、兴趣小组等形式，以通俗易懂的方式向学生介绍河湟建筑的外观特点、故事传说等，培养学生对本土建筑文化的兴趣；在职业院校和高等院校，则可以开设专业课程，深入讲解河湟建筑的历史渊源、结构技艺等知识，培养专业的研究和保护人才，从娃娃抓起，让河湟建筑文化深入人心。

（2）实践教学活动

组织学生开展与河湟建筑文化相关的实践教学活动，如实地参观古村落、古建筑，邀请民间工匠现场展示传统营造技艺，让学生亲身体验和感受河湟建筑文化的魅力。还可以开展一些创意设计活动，鼓励学生将河湟建筑元素融入自己的设计作品中，如绘画、手工制作、建筑模型等，在实践中加深对河湟建筑文化的理解，同时也激发学生的创新思维，为河湟建筑文化的传承与创新发展奠定基础。

2. 社会宣传

（1）媒体传播

利用各种媒体平台，包括电视、广播、报纸、网站、社交媒体等，广泛宣传河湟建筑文化。制作高质量的纪录片、专题节目等，展现河湟建筑的独特魅力和深厚文化底蕴，通过电视台播放，吸引更多观众了解；在报纸上开设专栏，定期介绍河湟建筑文化的知识、保护动态等；利用当下流行的各种新媒体平台，发布精美的图片、短视频以及有趣的文章，以更便捷、更生动的方式向大众传播，提高河湟建筑文化的知晓度和影响力。

（2）文化活动举办

举办各类与河湟建筑文化相关的文化活动，如建筑文化节、民俗文化展等，在活动中设置建筑模型展示、传统营造技艺演示、文化讲座等环节，吸引广大市民和游客参与。通过举办这些活动，营造浓厚的文化氛围，让人们在亲身参与中感受河湟建筑文化的魅力，增强对本土建筑文化的认同感和保护意识，促进河湟建筑文化在全社会的传承与弘扬。

5.6.4 未来展望

1. 河湟乡村建筑文化保护的发展趋势

（1）数字化保护与传承渐成主流

1）建筑信息数字化建模

随着科技的不断进步，未来对河湟乡村建筑文化的保护将越来越多地借助数字化手段。利用三维激光扫描技术、无人机倾斜摄影等，能够精准地获取河湟乡村建筑的外观、结构等详细数据，并构建出高精度的三维数字模型。

2）虚拟现实（VR）与增强现实（AR）应用

VR 和 AR 技术将在河湟乡村建筑文化展示与体验方面发挥重要作用。借助 VR 技术，人们可以身临其境地"走进"河湟传统建筑内部，感受其空间布局、氛围以及独特的民俗文化；AR 技术则能让游客在实地参观建筑时，通过手机等设备扫描建筑，获取与之相关的历史故事、营造技艺解读等丰富的虚拟信息叠加在现实场景之上，极大地增强了参观的趣味性和知识性，使更多人了解并关注河湟乡村建筑文化，促进其传承与传播。

（2）多学科融合推动深入研究

1）跨学科合作常态化

未来，河湟乡村建筑文化保护工作将吸引历史学、建筑学、民俗学、材料学、环境学等多个学科的参与，不同学科背景的专家学者将形成常态化的合作研究模式。

2）研究成果转化与应用

各学科的研究成果将更有效地转化为实际应用。例如，材料学领域对河湟传统建筑材料性能及老化机理的研究成果，可指导研发出更适配的修复材料，延长建筑使用寿命；环境学关于乡村建筑与周边生态环境相互关系的研究结论，能帮助制定更合理的建筑保护规划，使其在保护环境的同时更好地融入自然，实现可持续发展，让河湟乡村建筑文化在科学研究与实践应用的良性互动中不断焕发生机。

（3）与乡村振兴协同发展日益紧密

1）建筑文化助力乡村旅游

河湟乡村建筑文化将成为乡村振兴中乡村旅游发展的重要资源。通过对传统建筑进行保护性修缮与适度开发，打造具有地域特色的乡村民宿、文化体验场馆等旅游项目，吸引大量游客前来观光体验。

2）文化传承与人才回流

乡村振兴战略下，随着乡村基础设施不断完善、发展机会增多，越来越多的年轻人会选择回到家乡，投身于河湟乡村建筑文化保护与传承事业。他们可以学习传统营造技艺，利用现代的经营理念和设计思维，对传统建筑进行创新性改造与利用，既传承了建筑文化，又为乡村发展注入新的活力，使河湟乡村建筑文化在乡村振兴的大背景下得以更好地延续和发展。

2. 创新保护模式的探索

（1）文化生态保护区模式

1）整体保护理念

借鉴国内已有的文化生态保护区建设经验，探索在河湟地区建立涵盖乡村建筑文化在内的文化生态保护区。这种模式强调将建筑文化与周边的自然生态环境、民俗文化、传统手工艺等作为一个有机整体进行保护，而非孤立地关注建筑本身。

2）活态传承实践

在文化生态保护区内，鼓励村民按照传统方式生活、生产，传承民俗文化和传统技艺，实现建筑文化的活态传承。

（2）社会资本与公益基金合作模式

1）多元资金投入机制

探索建立社会资本与公益基金合作投入河湟乡村建筑文化保护的新模式。一方面，积极吸引有社会责任感的企业、投资机构等社会资本参与，企业可以通过参与建筑修复项目、开发文化旅游产品等形式进行投资，并获取合理的经济回报，如在修复后的建筑内开展文化主题商业活动等；另一方面，设立专门的河湟乡村建筑文化保护公益基金，接受社会各界爱心人士、慈善组织的捐赠，公益基金主要用于支持那些经济效益不明显但文化价值极高的建筑保护项目，如偏远村落的小型古祠堂修复等，形成以社会资本为主导、公益基金为补充的多元资金投入机制，保障保护工作有充足的资金支持。

2）监督与管理体系构建

为确保资金合理使用、保护项目顺利实施，构建完善的监督与管理体系，成立由政府相关部门、投资方、专家学者、村民代表等多方参与的监督管理委员会，对保护项目的资金流向、工程进度、质量标准等进行全程监督。

（3）国际合作与交流模式

1）引进先进理念与技术

积极开展与国际上在历史建筑文化保护领域有丰富经验的国家和地区的合作与交流，引进先进的保护理念、技术方法和管理经验。

2）文化输出与国际影响力提升

在引进来的同时，也要注重走出去，将河湟乡村建筑文化推向国际舞台，通过举办国际建筑文化研讨会、参加国际文化遗产展览等形式，向世界展示河湟乡村建筑的独特魅力和深厚文化底蕴，传播中国乡村建筑文化的价值与内涵，吸引国际关注，争取更多的国际合作机会以及资源支持，让河湟乡村建筑文化在国际交流中绽放光彩，为全球建筑文化多样性贡献力量。

参 考 文 献

[1] 中华人民共和国住房和城乡建设部. 房屋建筑制图统一标准：GB/T 50001—2017 ［S］. 北京：中国计划出版社，2017.

[2] 中华人民共和国住房和城乡建设部. 工程测量通用规范：GB 55018—2021 ［S］. 北京：中国建筑工业出版社，2021.

[3] 中华人民共和国住房和城乡建设部. 建筑工程建筑面积计算规范：GBT 50353—2013 ［S］. 北京：中国建筑工业出版社，2013.

[4] 中华人民共和国住房和城乡建设部. 建设工程工程量清单计价标准：GB/T 50500—2024 ［S］. 北京：中国计划出版社，2024.

[5] 卢传贤. 土木工程制图 ［M］. 北京：中国建筑工业出版社，2022.

[6] 危道军. 乡村建设工匠培训教材 ［M］. 北京：中国建筑工业出版社，2023.

[7] 张连忠. 建筑施工企业安全生产管理人员考核培训教材 ［M］. 北京：中国建筑工业出版社，2023.

[8] 张连忠. 建筑施工技术 ［M］. 长春：吉林大学出版社，2017.

[9] 中华人民共和国住房和城乡建设部. 施工脚手架通用规范：GB 55023—2022 ［S］. 北京：中国建筑工业出版社，2022.

[10] 中华人民共和国住房和城乡建设部. 建筑抗震设计标准：GB/T 50011—2016（2024 年版）［S］. 北京：中国建筑工业出版社，2024.

[11] 中华人民共和国住房和城乡建设部. 建筑与市政工程抗震通用规范：GB 55002—2021 ［S］. 北京：中国建筑工业出版社，2021.

[12] 中华人民共和国住房和城乡建设部. 建筑地基基础工程施工质量验收标准：GB 50202—2018 ［S］. 北京：中国建筑工业出版社，2018.

[13] 中华人民共和国住房和城乡建设部. 砌体结构工程施工质量验收规范：GB 50203—2011 ［S］. 北京：中国建筑工业出版社，2011.

[14] 中华人民共和国住房和城乡建设部. 混凝土结构工程施工质量验收规范：GB 50204—2015 ［S］. 北京：中国建筑工业出版社，2015.

[15] 中华人民共和国住房和城乡建设部. 混凝土结构工程施工规范：GB 50666—2015 ［S］. 北京：中国建筑工业出版社，2015.

[16] 中华人民共和国住房和城乡建设部. 建筑工程施工质量验收统一标准：GB 50300—2013 ［S］. 北京：中国建筑工业出版社，2013.

[17] 青海省住房和城乡建设厅. 震后农房修复加固技术导则 ［Z］. 2024. 1.

[18] 青海省住房和城乡建设厅. 震后农村住房使用抗震图集 ［Z］. 2024. 1.